航空機
生産工学

増補改訂第4版

半田邦夫

AIRCRAFT
MANUFACTURING
ENGINEERING

HANDA
KUNIO

オフィス HANS

はじめに

　アメリカのライト兄弟が世界最初の動力飛行に成功したのは 1903 年である．それから 1 世紀，航空機は飛躍的な発展を遂げたが，その近代化と性能の進歩を支え続けた生産技術もまた，同じ長い歴史を歩んでいる．

　日本の航空機産業は，戦前の競って外国製航空機を購入した揺籃期，外国の航空機メーカーとライセンス契約を結んで技術の国産化を目指した模倣期，軍部が積極的に航空機の技術開発を支援した国産技術最優先政策に基づく自立期を経て，戦後の航空機開発へと発展してきた．

　1952 年の航空機生産禁止令の解除以降，実質的に日本の航空機は再出発したが，それはアメリカが開発した航空機のライセンス生産と，日本固有の設計，生産技術による国産機の開発という 2 つの大きな流れの観点からとらえることもできる．そして近年は，民間航空機の分担生産が大きな比重を占めている．

　本書は，このような日本特有の航空機産業の歴史的経緯を踏まえながら，現在は世界水準にある日本の航空機技術とくに戦後の生産技術を中心に，著者が航空機メーカーで開発や生産に携わった 30 年余の経験と，大学で航空宇宙工学科の学生を対象に航空機生産工学を講義してきた知識を生かし，日本および世界の航空機生産技術について解説したものである．

　執筆にあたっては，この分野の先達である元富士重工業の本多靖正氏の好意により，同氏の講義ノート「航空機工作法」を参考に著者の実務経験を重ね合わせ，科学技術の粋を集めた"飛行機づくり"の実際について，製造技術の変遷も含めてできる限り平易にかつ広範囲に記述したつもりである．

　Part.1 は，日本の航空機産業の発展を，とくに航空機の開発と生産技術を中心に歴史的な視点から総括した．

　Part.2 は，航空機を開発・生産する場合のコスト見積り，民間航空機の損益分析，製造分割と組立計画，建屋と設備計画，工場配置，日程計画，工事計画など，製造計画全般の立案にあたっての必要な事項について解説した．

　Part.3 は，工程・組立計画や設備計画などから，生産技術者の基礎知識としての機体構造材料を中心に，アルミニウム合金，マグネシウム合金，チタン合金，鋼，ステンレス鋼，非金属材料など，理解しやすいように材料別にまとめた．

1

Part.4 は，航空機の開発費のうち大きな比重を占める治具の目的，治具装備規模と工数低減，ツーリングの展開，線図・現図作成とツーリング製作の自動化，治具の概要など，治工具計画全般について解説した．

Part.5 は，多種多様な板金部品の加工工程，素材と切断，ルータ加工，打抜きと外形加工，曲げ加工，各種成形加工，翼外板などの成形に適用するショットピーン成形，クリープ成形とエージ成形，配管用チューブ曲げ，耐熱鋼の成形加工，超塑性成形と拡散接合，板金部品の軽量化に不可欠なケミカルミリングについて紹介した．

Part.6 は，航空機の生産に特有な機械部品の特徴や切削加工，材料と機械加工性，数値制御と工作機械，同時 5 軸制御 CNC 工作機械，具体的な機械部品加工法，はめ合いによる精密組立について詳述した．

Part.7 は，接着理論と接着力のメカニズム，金属とハニカムコアや金属どうしの接着による金属接着法，近年非常に注目されている強化繊維・樹脂による複合材成形加工法について，さらに接着治具について言及した．

Part.8 は，溶接法の分類，溶接歪のメカニズムや，溶接残留応力発生などの理解を助ける溶接プロセス，航空機部品の溶接に適用する代表的な溶接法，ろう付け，さらに放電加工などの電気加工，ロストワックスなどの精密鋳造について紹介した．

Part.9 は，接着前処理，部品加工や組立作業中の油や錆などを除去するための製品の前処理と表面処理，防食や美観上重要な塗装システム，近年その重要性が増している環境を考慮した低公害化表面処理と廃液処理について解説した．

Part.10 は，航空機組立の最終段階である構造組立と艤装，整備と試験飛行，定期修理として，実際の胴体や翼の構造組立，組立に不可欠な組立治具の製作法，自動リベッティングを含む締結，艤装作業に必要なケーブル端子，チューブ，ホース継手組立とスウェージング，艤装品の機能，各種艤装作業，整備と試験飛行，定期修理，品質管理までを詳細に取り上げた．

全体として図表や写真を豊富に配置し，読者がより理解しやいように配慮して，これらを一覧するだけでも航空機生産に必要な技術の基本を把握できるようにした．用語についても「航空宇宙工学便覧」（日本航空宇宙学会編）に準拠させたつもりである．

また，日本航空宇宙学会生産技術部門などで発表された生産技術関連の文献や，航空機生産に特有な工作機械の写真，航空宇宙工学便覧の図表などを収録し，できるだけ広く日本の航空機生産技術の現状を反映させるように心がけた．

本書に掲載した写真，図表，データは，次の機関や企業から提供いただいた．
海上自衛隊，航空自衛隊，日本航空宇宙学会，日本航空宇宙工業会，ケンブリ

ッジ大学出版局，八幡浜市，石川島播磨重工業，エアバス社，川崎重工業，サーブ・スカニア社，新日本工機，新明和工業，東芝機械，富士重工業，ボーイング社，三菱重工業，三菱電機他.

とくに，Part.1 に掲載した日本の歴史的航空機の貴重な写真は，国立科学博物館の鈴木一義氏の好意によるものである．また Part.1 の内容に関しては，日本航空協会の長島宏行氏，航空ジャーナリスト協会の矢ヶ崎裕司氏から多くの有意義な助言をいただいた．さらに Part.2 の民間航空機のコスト見積り (2.3) に関しては，元・川崎重工業および日本飛行機の山田煕明氏から論文引用の快諾と教示をいただいた.

その他，引用文献に掲げた著者や各種資料を提供いただいた個人まで，実に多くの方々の協力を得て本書は完成した．関係するすべての人々に改めて厚く感謝の意を表わしたい．本書が，これから航空宇宙分野に進もうとする学生を始め，航空機やエンジン，ロケットや航空宇宙機器の設計・生産，調査研究に携わる技術者や関係者にとって真に座右の書となれば幸いである．そして，今後も日本が航空宇宙技術の開発や生産基盤を維持・継承していくための有用な文献として，長く読まれ続けられることを願っている.

最後に，本書を世に問う機会を与えてくれたオフィス HANS の辻修二氏を始め，本文のレイアウトを担当した畑邦彦氏，D.M.T の神本暁氏，図版と表紙デザインを担当したカヴァーチの大谷孝久氏に心からお礼を申し上げる.

2002 年 8 月　半田邦夫

第 4 版によせて

本書の初版後，多くの読者に支えられてここに第 4 版を重ねることができ，著者としては望外の喜びである．この間，21 世紀初頭の航空宇宙産業を取り巻く環境は，ヨーロッパのエアバス A380 や A350XWB，アメリカのボーイング 787や 777X など民間航空機の開発，生産が行なわれている．日本でも防衛省の後継哨戒機・輸送機の開発や H II B ロケット打ち上げが成功し，大きな変革があった．生産技術面でも，複合材料の大幅な適用拡大といった技術革新に対応する必要がある.

改訂にあたっては，より内容を充実するため，近年の航空機産業の動向，複合材料の適用拡大に伴い，ますます増大する難削材チタン合金部品の加工技術や，最新の複合材料一体化部品の製造技術，複合材構造組立の穴あけ加工技術などを増補した．本書が航空宇宙産業での「ものづくり」に興味を抱く学生や技術者の方々に，長く読み継がれることを願っている.

2018 年 3 月　半田邦夫

航空機生産工学　目次

はじめに……………………………………………………………………………… 1

Part.1 日本の航空機産業の発展

1.1 戦前の日本の航空機 ……………………………………………………………… 9
　　1. 揺籃期…9　2. 模倣期…10　3. 自立期…11

1.2 戦後日本の航空機産業 ………………………………………………………… 14

1.3 日本の航空機産業の特徴と規模 ……………………………………………… 22

1.4 21世紀の航空機産業 …………………………………………………………… 22

Part.2 製造計画

2.1 コスト見積り手順 ………………………………………………………………… 27

2.2 コスト見積りと慣熟逓減曲線 ………………………………………………… 31
　　1. コストの推算…31　2. 慣熟逓減曲線…35　3. 累計平均工数と個別工数理論…38

2.3 民間航空機のコスト見積りと損益分析 ……………………………………… 41
　　1. 民間航空機のコスト見積り…41　2. 民間航空機の損益分析…42
　　3. 民間航空機の投下資本利益率と損益判断指標…44

2.4 製造分割・区分と組立計画 …………………………………………………… 50

2.5 建屋と設備計画 ………………………………………………………………… 54

2.6 工場配置 ………………………………………………………………………… 55
　　1. 立地条件…55　2. 航空機工場の機能とレイアウト…55　3. 建屋の性能…56

2.7 日程計画 ………………………………………………………………………… 58
　　1. 開発日程管理…58　2. 継続生産日程管理…61

2.8 工事計画 ………………………………………………………………………… 62

Part.3 航空機構造材料

3.1 構造材料の要求条件 …………………………………………………………… 67

3.2 アルミニウム合金 ……………………………………………………………… 69
　　1. アルミニウム合金の種類と特性…69
　　2. アルミニウム合金の強さと軽さ…73
　　3. 腐食とアルクラッド材…73
　　　　(1)腐食　(2)アルクラッド材
　　4. アルミニウム合金の熱処理…75
　　　　(1)時効硬化合金と非時効硬化合金　(2)熱処理の原理　(3)熱処理と成形加工プロセス
　　5. アルミニウム合金の熱処理設備…77
　　　　(1)溶体化処理(焼入れ)炉　(2)人工時効炉　(3)冷蔵庫　(4)焼入れ歪
　　　　(5)内部応力と切削歪　(6)グレンフローと応力腐食割れ
　　6. 新しいアルミニウム合金の適用…81
　　7. Al-Li合金かCFRPか　新しいアルミニウム合金の適用…82

3.3 マグネシウム合金 83
1. マグネシウム合金の特性…83　2. マグネシウム合金の加工法…83

3.4 チタン合金 85
1. チタン合金の特性…85　2. チタン合金の加工法…87

3.5 鋼 88
1. 鋼の種類と特性…88　2. 鋼の状態図…90
3. 高張力鋼の航空機構造への適用…90　4. 鋼の強度レベル…91
5. 鋼の性質…93
　　(1)鋼の低温脆性　(2)鋼の脱炭と浸炭　(3)鋼の表面調整
　　(4)鋼の焼割れと焼入れ歪
6. 鋼の加工法…95
7. 鋼の熱処理設備…96
　　(1)焼入れ炉と雰囲気ガス発生装置　(2)焼戻し炉

3.6 ステンレス鋼 97
1. マルテンサイト系ステンレス鋼…97　2. オーステナイト系ステンレス鋼…98
3. 析出硬化型ステンレス鋼…98

3.7 非金属材料 100
1. 高分子材料…100
　　(1)シーリングコンパウンド　(2)アクリル樹脂　(3)ポリカーボネート，ABS樹脂
　　(4)接着剤　(5)塗料
2. ガラス…104

Part.4 治工具計画

4.1 治具の目的 105

4.2 治具装備規模と工数低減 106
1. 試作治具…106　2. 先行生産治具…107　3. 量産治具…107

4.3 ツーリングの展開 109
1. ツーリング系列…109　2. 基本線図…111　3. 基準面と基準線…115
4. 部品現図…115　5. マスターツーリング…118
6. 線図，現図作成とツーリング製作の自動化…120

4.4 治具の概要 121
1. 治具の種類…121　2. 治具管理…122

Part.5 板金加工

5.1 板金部品の製造工程 123

5.2 素材と切断 124

5.3 ルータ加工 125

5.4 打抜きと外形加工 127

5.5 曲げと成形加工 128
1. ブレーキプレス曲げ…128　2. フォーミングローラ曲げ…129　3. ゴムプレス成形…130
4. ホイロンプレス成形…132　5. ストレッチ成形…132　6. ドロップ成形…136
7. その他の成形法…136
　　(1)ロール式レベラ　(2)爆発成形　(3)スピニング，玉ローラ，ロール成形
　　(4)手加工成形
8. ショットピーン成形とショットピーニング…139

9. クリープ成形とエージ成形…142
10. チューブ曲げ…143
11. 耐熱鋼の成形加工…144
 (1)熱間ゴムプレス成形　(2)ホットサイジング成形　(3)その他の熱間成形法と成形型
12　超塑性成形と拡散接合…146

5.6 ケミカルミリング ……………………………………………………………… 147
1. ケミミルの特徴…148　2. ケミミル加工…148　3. ケミミルの加工品質…150
4. ケミミル溶液の劣化と再生…151

Part.6 機械加工

6.1 機械部品の特徴 …………………………………………………………… 154

6.2 切削加工 ……………………………………………………………………… 155
1. 被削材の性質…155　2. 切削の所要動力…157　3. 撓みと剛性…157
4. 取付具…159　5. 工具材種…159

6.3 材料と機械加工性 ………………………………………………………… 160

6.4 NC（数値制御）と工作機械 …………………………………………… 161
1. NC（数値制御）…161　2. 日本の NC 開発と発展…161
3. NC 工作機械の加工手順…162

6.5 同時 5 軸制御 CNC 工作機械 ………………………………………… 163
1. ルールドサーフェス…163　2. 同時 5 軸制御 NC データの作成法…164
3. プロファイラ…167　4. スキンミラー…167　5. マシニングセンタ…168

6.6 機械部品の加工 …………………………………………………………… 169
1. アルミニウム合金製主翼後縁支持金具…169
2. 高張力鋼製フラップキャリッジ支持金具…170
3. アルミニウム合金製金具類，長尺と幅広部品の高速加工…172
 (1)高速加工　(2)ルータ加工　(3)ハニカムコア加工　(4)高速マシニングセンタ加工
 (5)高速ストリンガーミラー加工　(6)高速スキンミラー加工
4. アルミニウム合金の進歩と一体化部品の高能率加工…175
5. 難削材チタン合金部品の加工技術…177

6.7 はめ合いによる精密組立 ……………………………………………… 181
1. 焼きばめ…181　2. 冷やしばめ…181　3. 圧入…182　4. かしめ…183

Part.7 金属接着と複合材成形加工

7.1 接着 …………………………………………………………………………… 186
1. 接着の原理…186　2. 接着力のメカニズム…186

7.2 金属接着 ……………………………………………………………………… 187
1. 航空機用接着剤の発展…187　2. 接着接合構造の利点…188
3. 接着剤と保管管理…189
 (1)金属－金属の接着　(2)金属とハニカムコアの接着
4. 金属接着工程…191
 (1)仮合わせ　(2)接着前処理　(3)プライマ塗布　(4)接着組立
 (5)硬化　(6)仕上げ　(7)検査

7.3 複合材成形加工 …………………………………………………………… 200
1. 高性能強化繊維と特性…202　2. 高性能樹脂と特性…204　3. 成形加工法…205
4. 複合材成形工程…206
 (1)材料の出庫　(2)プリプレグのプリカット　(3)レイアップ　(4)バギング

（5）オートクレーブ硬化　（6）2次加工　（7）検査
　　5. 接着治具のタイプと特徴…215
　　6. ウォータジェット加工…216
　　7. A380の複合材適用…218
　　8. 複合材料の新しい部品加工技術…220
　　　（1）複合材料の進歩と機体構造への適用　（2）複合材一体化部品の成形加工技術

Part.8 溶接とろう付け，特殊加工，精密鋳造

8.1 溶接法の分類 …………………………………………………………………… 228

8.2 溶接プロセス ……………………………………………………………………… 229
　　1. 溶接組織と溶接歪…229　2. 溶接残留応力…230　3. 溶接欠陥と継手効率…231
　　4. 溶接検査…232

8.3 代表的な溶接法 ………………………………………………………………… 232
　　1. ガス溶接とアーク溶接…232　2. 不活性ガスシールドアーク溶接…233
　　3. 電子ビーム溶接…234　4. スポット溶接とシーム溶接…236
　　5. 拡散溶接…237　6. 摩擦撹拌接合…237
　　7. ろう付け…239
　　　（1）銅ろう付け　（2）銀ろう付け　（3）アルミニウムろう付け

8.4 特殊加工 ………………………………………………………………………… 240
　　1. 放電加工…240　2. 電解加工…242

8.5 精密鋳造 ………………………………………………………………………… 243
　　1. ロストワックス…243　2. ショープロセス…244

Part.9 表面処理と塗装

9.1 表面処理と前処理 ……………………………………………………………… 245
　　1. アルミニウム合金の洗浄プロセス…245　2. 接着前処理…246
　　3. アルミニウム合金の防食処理…247
　　　（1）化成皮膜処理 MIL-C-5541　（2）陽極酸化皮膜処理 MIL-A-8625
　　4. 銅の防食，耐摩耗処理…250
　　　（1）カドミウムめっき QQ-P-416　（2）ハードクロムめっき QQ-C-320
　　5. 表面処理の検査…252
　　　（1）塩水噴霧試験 ASTMB117　（2）カドミウムめっき膜厚試験
　　　（3）スポット溶接前処理検査

9.2 塗装 ……………………………………………………………………………… 253
　　1. 塗装の種類と塗料の構成…253
　　2. 塗装手順…254
　　　（1）塗装前処理と準備作業　（2）塗装設備と器具　（3）塗装
　　3. 塗装検査…256

9.3 低公害化表面処理と廃液処理 ………………………………………………… 257
　　1. 低公害化表面処理…257
　　　（1）前処理　（2）防食処理　（3）塗料　（4）塗装剥離
　　2. 廃液処理…259

Part.10 構造組立と艤装，整備と試験飛行，定期修理，品質保証

10.1 構造組立 ………………………………………………………………………… 261

1. 中型旅客機の胴体構造組立…262
2. 大型旅客機の後部胴体構造組立…263
3. 中型旅客機の翼構造組立…266
4. 新しい構造組立…266
5. 複合材構造組立の穴あけ加工技術とファスニング…269

10.2 組立治具 271

10.3 締結（ファスニング） 276
1. リベットとリベット締結…278
2. ブラインドファスナと特殊ファスナ…283
　(1)チェリーリベット　(2)ハックリベット　(3)ハイシアリベット
　(4)ハイロックファスナ　(5)ジョーボルト
3. ボルトとスクリュ…285　4. ナットとワシャ…287
5. ヘリカルコイルインサートとロッキングリング…288

10.4 ケーブル端子，チューブ，ホース継手組立とスウェージング 288
1. ケーブル端子…288　2. チューブ継手…289　3. ホース継手とエルボ…290
4. スウェージング…292

10.5 主な艤装品 292
1. 動力装備…293　2. 降着装置…294　3. 操縦装置…294　4. 油圧・空気圧系統…295
5. 空気調和・与圧系統…295　6. 防水，除氷・防曇・除雨系統…295　7. 計器…296
8. 電気・電子系統…296
　(1)電気系統　(2)航空電子システム
9. 武装装置…298

10.6 艤装の実際 299
1. 電気・電子艤装…299　2. 配管艤装…301　3. 機構部品の取付け，調整…302
4. エンジン，計器，客室艤装…303　5. 艤装ライン…303
6. シェークダウン検査とラインオフ…304　7. 737型機のMAL導入…304

10.7 整備と試験飛行 305
1. 整備…305　2. 整備工場…305　3. 整備作業…306
4. 飛行前点検…307
5. 試験飛行…307
　(1)開発機の試験飛行　(2)量産新製機，修理機の試験飛行　(3)ヘリコプタの試験飛行

10.8 定期修理 308
1. 受入検査…309
　(1)ステップ1　(2)ステップ2　(3)ステップ3
2. 構造修理…309　3. 機能部品修理…310　4. 試験飛行…310

10.9 品質保証 310
1. 航空機製造の品質保証の特徴…310
2. 製造工程の流れと品質保証活動…311
3. 品質とコスト…314

おわりに 316

索引 317

Aircraft Manufacturing Engineering

Part.1 日本の航空機産業の発展

　日本の航空機産業の発展は，第2次世界大戦を境として大きく次のように分けることができる．1910～1912年頃の「揺籃期」，1913～1934年頃の外国機のライセンス生産による「模倣期」，そして1935～1945年頃の「自立期」である．

　この間，1914～1918年の第1次世界大戦，1939～1945年の第2次世界大戦という二度にわたる戦争を経験し，皮肉にもこの時期に航空機は軍事用に使われて飛躍的な発展を遂げた．

　終戦後の1945年10月，日本は連合軍最高司令部によってすべての航空機の製造が中止され，機体やエンジンはもちろん，部品の生産，修理，航空関連の教育，研究，試験は全面的に禁止された．その後，1952年4月に航空機生産禁止令が正式に解除，7月には「航空機製造法」が公布され，日本は航空機産業の復興を目指して再出発する．

1.1 戦前の日本の航空機

1. 揺籃期

　この時期(1910～1912年)は，日本の先駆者たちが競って外国製航空機を購入した時代である．それ以前の1877年5月，馬場新八らは日本海軍の係留気球による浮揚実験で高度218mに達し，日本最初の公式浮揚記録を達成した．

　また，二宮忠八はライト兄弟が世界初の動力飛行に成功する約10年前の1891年，ゴム紐を動力とした日本最初の模型飛行機(烏型模型飛行器)を製作し，飛行に成功した(**写真1.1**)．

　日本陸軍は1909年に「臨時軍用気球研究会」を設立し，日本で最初に欧米の飛行船および動力航空機の研究を開始した．

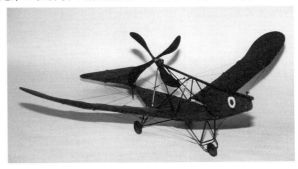

写真1.1　烏型模型飛行器[8a)]

写真1.2　日野大尉のグラーデ式単葉機(1910年)[8b]

写真1.3　徳川大尉のアンリ・ファルマン式複葉機 (1910年)[8b]

　1910年12月16日，東京の代々木練兵場で日野熊蔵陸軍大尉の乗るハンス・グラーデ式単葉機(**写真1.2**)は，日本最初の動力飛行に成功した．さらに12月19日，徳川好敏陸軍大尉はアンリ・ファルマン式複葉機(**写真1.3**)に搭乗し，高度70m，水平距離約3,200mを飛び，日野機は高度20m，水平距離1,000m，飛行時間1分30秒を記録，それぞれ日本最初の公式飛行記録を樹立した．
　1911年，奈良原三次は自ら設計した奈良原式2号飛行機を操縦して，所沢飛行場(埼玉)で高度4m，距離60mを飛び，国産機による初飛行に成功した．一方，日本海軍も1912年に「航空機研究委員会」を設立，外国製航空機の性能試験を行なうとともに同型機を製造した．

2. 模倣期

　この時期(1913～1934年)は，航空機に関する特定技術のライセンスを取得して海外に留学生を派遣して訓練させ，技術の育成と「技術の国産化」を目指して盛んに外国メーカーとのライセンス契約を行なった時代で，設計手法や製造技術の習得に力を注いだ．

写真1.4 陸軍乙式1型偵察機(1919年)[8b]

海軍は1913年頃から外国機の模倣ながら独自の機体開発を始め，1916年に複葉水上機を完成させた．1919年，神戸内燃機製作所は海軍の航空機エンジンの研究を始めた．

1919年に川崎造船所はフランスのサルムソン「2A型」偵察機のエンジンと機体のライセンス生産を開始，同機は陸軍乙式1型偵察機と呼ばれた(**写真1.4**)．

第1次世界大戦終戦間際の1917年に中島飛行機研究所が設立され，同社は最初から自社の設計者と技術で航空機の生産を始めた．2年後の1919年には，陸軍の評価試験で好成績を残した中島式五型練習機が約100機生産された．

写真1.5 中島飛行機「寿」エンジン(1930年)[8b]

三菱内燃機製造は1920年，神戸内燃機の事業を継承して機体とエンジンの製造を開始した．さらに1921年，三菱重工業はイギリスの技術をベースに海軍最初の国産制式戦闘機である十式艦上戦闘機を製作した．

1930年，中島飛行機はイギリスのブリストル社とライセンス契約した「ジュピター6型」420馬力をベースに，国産エンジン第1号の空冷星形9気筒エンジン「寿」(450馬力)の試作に成功した(**写真1.5**)．その名もジュピターの「ジュ」を漢字に当てたもので，以後，同社のエンジン名は漢字一字を使用するようになった．

3. 自立期

この時期(1935～1945年)は，中島ローレンV型／W型，三菱イスパノスイザ，

写真1.6 陸軍一式戦闘機「隼」(1938年)[8c]

川崎BMWなどのエンジンを搭載した機体の生産から始まった．これらは外国機のコピーとはいえ，その後の国産エンジン開発の礎となった貴重なものである．

この時代は「国産化技術最優先」をスローガンに航空機の開発に惜しみなく投資し，技術援助を行なった．1932年には「海軍航空技術廠」（横須賀）を設立，組織的な技術開発を開始する一方，航空機の調達方法に競争試作制度を導入した．

1932年，海軍は「航空技術自立3か年計画」を発表．その内容は「今後調達する航空機およびエンジンは，すべて日本人技術者が設計したものとする」というものであった．翌1933年，中島飛行機は空冷星型2列14気筒1,000馬力級「栄」エンジンの設計に着手，最終的に約30,000基生産した．同社は1938年に陸軍一式戦闘機「隼」を完成，零戦に次ぐ量産機となった(**写真1.6**)．

1937年，三菱重工業の陸軍試作司令部偵察機2号機に中島式550馬力エンジンを搭載した朝日新聞社の「神風」号が東京・立川～ロンドン間を94時間17分56秒で飛び，国際都市間連絡飛行の国際記録を樹立した．

さらに1938年5月，東京帝国大学航空研究所が設計した航空研究所試作長距離機，いわゆる「航研機」が周回航続距離11,651.011kmを無着陸で飛んで世界記録を達成した．この機体は川崎航空機BMW-8型改造型エンジンを搭載，東京瓦斯電気工業が製造を担当した(**写真1.7**)．

写真1.7 航空研究所試作長距離機(1938年)[8b]

写真1.8 零式艦上戦闘機(1940年)[8 d]

1939年9月に始まったヨーロッパ大戦は，1941年12月，日米開戦によって全面的な第2次世界大戦に拡大した．1940年，三菱重工業の堀越二郎が設計，中島飛行機の1,000馬力「栄」エンジンを搭載，住友金属工業が開発した可変ピッチプロペラと超超ジュラルミンを採用した海軍要求の零式艦上戦闘機「零戦」(**写真1.8**)が制式採用となった．

1941年，海軍は三菱重工業に要請して中島飛行機にも零戦の設計図を供与し，2社による共同生産がスタートした．零戦の総生産機数は約14,300機に達し，このうち中島飛行機が製造した機体数は，三菱重工業の2倍にも及んだ．さらに中島飛行機は1941年3月，空冷星型2列18気筒1,800馬力級「誉」エンジンの試作を完了し，「疾風」などに搭載して約8,700基生産した．

表1.1 戦時中の航空機とエンジン生産量(1941〜45)[2]

企業名	機数	エンジン台数
中島飛行機	19,561 (28.0)	36,440
三菱重工業	12,513 (17.9)	41,534
川崎航空機工業	8,243 (11.8)	10,274
立川飛行機	6,645 (9.5)	13,571
愛知航空機	3,627 (5.2)	1,783
日本飛行機	2,882 (4.1)	0
九州飛行機	2,620 (3.7)	0
満州飛行機	2,198 (3.1)	2,168
日本国際航空工業	2,134 (3.1)	837
川西航空機	1,994 (2.9)	0
日立航空機	1,783 (2.6)	13,571
大刀洗飛行機	1,220 (1.7)	0
富士飛行機	871 (1.2)	0
昭和飛行機	616 (0.9)	0
東京飛行機	258 (0.4)	0
三井鉱山	17	0
松下航空工業	4	0
日産自動車	0	1,633
石川島航空工業	0	2,286
豊田自動車	0	160
小計	67,186	124,257
海軍工廠	1,700	4,452
陸軍工廠	1,004	1,439
合計	69,890	130,148

( )内の数字は総生産量に占める割合(%)

川崎航空機工業は1940年，陸軍の戦闘機の試作指示に対応して，陸軍三式戦闘機「飛燕」を完成，翌年から量産して終戦までに2,884機生産した．同機は，

Part.1 日本の航空機産業の発展 13

液冷エンジン独特の長い機首を持つ機体として名高い.

　1941年から1945年にかけて日本が生産した航空機の2/3は4社でつくられた.その内訳は，中島飛行機28.0％，三菱重工業17.9％，川崎航空機工業11.8％，立川飛行機9.5％などである（表1.1）．一方，航空エンジンも4社で約80％を生産していた．三菱重工業31.9％，中島飛行機28.0％，立川飛行機10.4％，川崎航空機工業7.9％である．

　大戦末期の1945年，石川島造船が空技廠のジェットエンジン「ネ20」本体を，中島飛行機が機体を担当した日本最初のジェット機，海軍特殊攻撃機「橘花」が初飛行した．

1.2 戦後日本の航空機産業 [1), 2), 4), 5)]

　1945年以降その製造が禁止されていた日本の航空機産業は，1952年4月に生産禁止令が正式に解除され，7月に航空機製造法が公布されると，長い空白を埋めるべく次々と航空機の生産が再開された．

写真1.9　富士ビーチクラフトT-34A練習機 [8c)]

写真1.10　富士T-1ジェット中間練習機 [8c)]

14

戦後日本の航空機産業は，2つの大きな流れの観点からとらえることもできる．1つは主にアメリカが開発した航空機のライセンス生産から習得した多彩な技術，そしてもう1つは日本固有の設計，生産技術による国産機の開発である．

1953年8月，日本の航空機産業再開の歴史的な第一歩となった富士ビーチクラフト T-34A「メンター」練習機のライセンス契約が富士重工業に決定，11月からライセンス導入による航空機の生産が再開され，改造型を含めて305機がつくられた(**写真 1.9**)．一方，1956〜1958年にかけて三菱重工業がノースアメリカン F-86F「セイバー」ジェット戦闘機300機，川崎重工業がロッキード T-33A ジェット練習機210機を生産した．こうした一連の国産化プロジェクトによって，MIL-Q-5923C による品質管理(QC)手法が，日本の航空機産業に初めて導入された．

富士重工業は，1955年から戦後初の純国産ジェット中間練習機 T-1 の開発を開始し，1957年11月には試作機を完成，1958年1月にイギリス・ブリストル社製エンジンを搭載して T-1A が初飛行に成功した．さらに1960年5月，国産 J-3 ジェットエンジンを搭載した T-1B が初飛行，1963年までに合計66機が生産された(**写真 1.10**)．

J-3 エンジンは，石川島重工業，富士重工業，三菱重工業，そして富士精密(後にプリンス自動車，日産自動車)で構成するコンソーシアム「日本ジェットエンジン」が開発，その後，石川島播磨重工業に移管された(**写真 1.11**)．

1957年，もう1つの国産機開発プロジェクトが「輸送機設計研究会」によって始まった．2年後の1959年に「日本航空機製造」(日航製)が設立され，「輸送機設計」の頭文字を取った国産初の民間輸送機 YS-11 の開発がスタートした．

同機は，日航製が試験，研究，設計，製造，販売を行ない，参加6社のうち三菱重工業が胴体前部と最終組立を，川崎重工業が主翼，富士重工業が尾翼，新明和工業が胴体後部，昭和飛行機がハニカム構造，日本飛行機がエルロンとフラップをそれぞれ担当するという，戦後初のビッグプロジェクトであった．

1962年8月，YS-11 は初飛行に成功，1971年の生産終了までに合計182機が生産され，世界15か国に82機が輸出された(**写真 1.12**)．

新明和工業が1962年に開発した UF-XS 実験飛行艇は，日本の航空技術史上最初のコンピュータ制御飛行をした機体として知られる．この機体を通して得られたデータやノウハウは，その後，防衛庁向けの PS-1 哨戒飛行

写真1.11　国産ターボジェットエンジン「J-3」[8e]

艇，US-1 救難飛行艇の開発に貢献し，PS-1（**写真 1.13**）は 1967 年 10 月，US-1 は 1974 年 10 月に初飛行した．後継機は US-2 である．

一方，日航製は 1966 年から防衛庁向けの戦術輸送機 C-1 の基本設計を開始，川崎重工業を主契約として三菱重工業が中央および後部胴体と尾翼を，富士重工業が主翼，新明和工業がラダー，日本飛行機がフラップをそれぞれ担当，機体メ

写真1.12 日本航空機製造YS-11 [8 b)]

写真1.13 新明和PS-1哨戒飛行艇 [8 f)]

写真1.14 川崎C-1輸送機 [8 g)]

ーカー5社の共同開発プロジェクトとなった．同機は1970年11月に初飛行，その後30機生産された(**写真1.14**)．

　同時期，三菱重工業を主契約として超音速練習機T-2の開発がスタートし，三菱重工業が胴体前部と中央部，最終組立，富士重工業が胴体後部，主翼と尾翼，日本飛行機と新明和工業が小型部品を担当した．T-2は1971年7月に初飛行に成功，日本は世界で6番目の超音速機開発国となった(**写真1.15**)．

　この機体の特徴は，一体削り出しによる機械加工部品を多用した構造様式にあり，ねじれ曲面を持つ部品にNC(数値制御)加工技術が適用されたことである．その後，T-2はF-1支援戦闘機に発展し，1977年に初号機が納入された．

　1981年，川崎重工業を主契約とするT-4中等練習機プロジェクトが始まり，川崎重工業が前胴，最終組立と飛行試験など，三菱重工業が中胴，富士重工業が主翼と尾部を担当し，1985年に初飛行に成功した(**写真1.16**)．

　このT-4中等練習機の生産では本格的にCAD/CAMシステムを導入し，石川島播磨重工業がターボファンエンジンF3を開発，尾翼や動翼には炭素繊維やアラミ

写真1.15　三菱T-2超音速練習機[8 h]

写真1.16　川崎T-4中等練習機[8 g]

写真1.17 三菱F-2戦闘機[8 h)]

写真1.18 三菱MU-2ビジネス機[8 d)]

写真1.19 富士ロックウェル700/710ビジネス機[8 c)]

18

ド繊維などの複合材を用い，機体もすべて国産アルミニウム合金製という，設計，製造ともに 100 ％国産技術による航空機である．

同機の開発を通じて，機体の 1 次構造部材に使われた複合材部品の成形技術の開発，本格的な同時 5 軸 NC 加工によるプログラム技術が修得された．

その後，アメリカの F-16 戦闘機を開発ベース機体とした三菱 F-2 戦闘機は，1995 年 10 月に初飛行し，高強度複合材を使用した一体成形主翼を採用した（**写真 1.17**）．

YS-11 以降の民間機開発を見ると，1973 年に「民間航空機開発協会」（CTDC）が発足，YX 計画として 1978 年にアメリカのボーイング社と 767 の事業契約が結ばれ，前，中，後胴，翼胴フェアリングや主脚ドアなどの他，主翼リブや乗降ドア，カーゴドア類を分担，1981 年 9 月に初飛行した．

この機体の開発，生産では，大型民間旅客機のアルミニウム合金製胴体製造技術や翼胴フェアリングと主脚ドアの開発による複合材成形加工技術を修得，同時にこれらの部分を生産するために大型設備が導入され，日本の航空機産業の機体生産基盤向上に寄与している．

CTDC は 1982 年に「日本航空機開発協会」（JADC）と名称を変更，次期輸送機開発を目指す YXX 計画の検討が行なわれた．1990 年，JADC はボーイング社の 777 プロジェクトに参加を決定，前，中，後胴，翼胴フェアリングや主脚ドア，主翼リブや各種ドア類などの他，中央翼，主脚格納部，中央翼・主脚格納部結合，圧力隔壁，尾胴などを日本の機体メーカー 5 社が分担し，1994 年 6 月に初飛行した．777 では，3 次元モデルによる最新の CAD/CAM システムが全面的に適用され，日本の航空機工業の生産技術向上と低コスト生産基盤が確立された．

一方，小型民間機の開発では，1965 年三菱重工業が双発ビジネス機 MU-2（**写真 1.18**）を開発，約 760 機が生産された．この機体は，その後日本最初のビジネスジェット機 MU-300 に発展し，100 機生産されてアメリカを中心に輸出された．また，1965 年，富士重工業が開発した軽飛行機 FA-200「エアロスバル」は 300 機，後継機の双発ビジネス機富士ロックウェル 700/710 は 60 機生産された（**写真 1.19**）．

この他，ライセンス導入による機体としては，1960 年に生産を開始した三菱ロッキード F-104J 戦闘機，1967 年に生産開始した川崎ロッキード P-2J 対潜哨戒機，1970 年からの三菱マクドネル・ダグラス F-4EJ 戦闘爆撃機，1978 年から生産を始めた川崎ロッキード P-3C 対潜哨戒機（**写真 1.20**），1981 年に初号機が納入された三菱マクドネル・ダグラス F-15J 戦闘機（**写真 1.21**）などがある．

一方，回転翼機を見ると，ライセンス生産によるヘリコプタとしては，三菱シコルスキー UH-60J 多用途ヘリコプタ，川崎ボーイング・バートル KV-107 大型

写真1.20　川崎ロッキードP-3C対潜哨戒機[8 g)]

写真1.21　三菱マクドネル・ダグラスF-15J戦闘機[8 h)]

写真1.22　富士ベルAH-1S対戦車ヘリコプタ[8 c)]

写真1.23　川崎MBB BK-117[8 g)]

写真1.24 川崎OH-1観測ヘリコプタ[8g]　　写真1.25 三菱MH2000ヘリコプタ[8d]

表1.2 戦後の主な航空機とエンジン

区　分	航空機の名称	エンジンの名称
国産固定翼機	T-1A/B 中間練習機	オルフェース（イギリス・ブリストル）／J3
	YS-11 旅客機	ダート MK542
	PS-1/US-1 飛行艇	T64
	C-1 輸送機	P&WJT8D
	T-2 高等練習機	TF40（ロールスロイス／ターボメカ）
	F-1 支援戦闘機	TF40（ロールスロイス／ターボメカ）
	T-4 中等練習機	F3
	F-2 戦闘機	F110-GE-129
ライセンス生産 固定翼機	T-33A 練習機	アリソン J33
	T-34A 初等練習機	コンチネンタル O-470-13
	P-2J 対潜哨戒機	T64
	P-3C 対潜哨戒機	T56（GE）
	F-104J 戦闘機	J79（GE）
	F-4EJ 戦闘機	J79（GE）
	F-15J 戦闘機	F-100（UTC）
ライセンス生産 および 国産回転翼機	HSS-2 対潜哨戒ヘリコプタ	CT58
	UH-60J 多用途ヘリコプタ	T700
	OH-6D 軽観測ヘリコプタ	アリソン 250
	KV-107A 大型ヘリコプタ	CT58
	CH-47J 大型輸送ヘリコプタ	T55
	BK-117 多用途ヘリコプタ	LTS101
	UH-1J 多用途ヘリコプタ	T53K703
	AH-1S 対戦車ヘリコプタ	T53K703
	OH-1 観測ヘリコプタ	TS1
	MH2000 ヘリコプタ	MG5（三菱重工業）

ヘリコプタ，富士ベル AH-1S 対戦車ヘリコプタ（**写真 1.22**）などがある．

　国産ヘリコプタでは，1982年から製造を開始した川崎重工業・ドイツ MBB 社共同開発の BK-117（**写真 1.23**），川崎重工業が主契約となって開発し，1996年8月に初飛行した OH-1 観測ヘリコプタ（**写真 1.24**）がある．OH-1 の開発では，複合材を

使ったメインロータブレードとヒンジレスハブを採用し，国産エンジンを搭載した．

写真 1.25 は，三菱重工業が 1997 年に開発した MH2000 で 10 人以上乗せることができ，OH-1 とともに純国産技術によって完成した．

これらの機体の生産経験が日本の航空機生産技術，生産管理，品質管理などの技術向上に与えた影響はきわめて大きいものがある（**表 1.2**）.

1.3 日本の航空機産業の特徴と規模[6], [7]

戦後の日本の航空機産業は，これまで見たようにライセンス生産や共同生産を中心にその生産規模は小さい．最近は民間需要が高まりつつあるものの，依然として防衛産業への依存度が高く，航空機事業は各企業の一事業部である場合が多い．また産業規模が小さいことや開発リスクなどから，共同開発や共同生産体制に依存する場合が多い．

国際競争力の観点から見ると，戦後のライセンス生産や共同開発，国産開発を通じて培われた技術や生産技術分野は国際水準にあるが，販売力や顧客サービス面でまだ経験が少なく，国際水準にはない．

日本の航空機産業の生産規模は，1990年代前半は90年代初頭をピークに防衛需要が減って売上げが減少し，1995年には8,100億円まで落ち込み，防衛需要依存度は約75％であった．1996年以降は，国際共同開発のボーイング767，777およびV2500ジェットエンジンなど民需部門が好調だったため，2006年には売上げが1.2兆円に達して過去最高を記録，防衛需要依存度は約52％だった．

その内訳を見ると，作業内容別では製造と修理の比率が約84：16，航空機の構成内容別では機体関係 62％，エンジン関係 28％，関連機器 10％となっている．その後も 2013 年 1.4 兆円，2014 年 1.7 兆円と順調な伸びを見せ，2015 年度約 1.8 兆円，2016 年度約 1.7 兆円で，今後は民需部門の一層の発展が期待されている．

一方，日本の航空宇宙産業全体の2016年度の売上高は，宇宙機器産業分野が約3,370億円で，先の航空機と合わせて約2.0兆円の規模となっている．

1.4 21世紀の航空機産業[9], [10], [11]

21世紀に入り，民間航空機業界には，今後の旅客需要拡大や空港混雑，地球環境などに対応した2つの民間機開発のトレンドがある．1つは，従来からの流れである大都市間と地域間空港の運航形態，いわゆるハブ＆スポーク化対応の大量輸送を目指す，運航費低減や機内空間の快適性を追求した超大型旅客機の開発である．

これに対応してヨーロッパのエアバス社は，2005年4月に初飛行し，2007年10月就航を開始した総2階建て 4 通路超大型旅客機A380「スーパージャンボ」を生

写真1.26 エアバスA380「スーパージャンボ」[9]

産している．基本型A380-800の仕様は，3クラスで座席数555，航続距離15,000kmである．エンジンは，ロールス・ロイス社製トレント900またはエンジン・アライアンス社(GE社とプラット＆ホイットニーの合弁企業)製GP7200から選定できる(**写真1.26**)．

他方，今後ますます民間空港が増え，旅客はより近い空港から世界中の多くの都市間の直行便を利用できるようになり，比較的中型の旅客機の需要が増加するという流れがある．ボーイング社は2006年に787中型旅客機の製造を開始し，2009年12月初飛行，型式証明取得を経て，2011年10月就航した．

787「ドリームライナー」の基本型787-8の仕様は，3クラスで座席数217，航続距離15,700kmで，燃費性能や機内の快適性向上を追求し，より多くの都市への直行が可能な航空機である．エンジンは，GE社製GEnxあるいはロールス・ロイス社製トレント1000を使用し，民間ジェット機史上初めて2種類のエンジンを同じ標準規格で採用することが可能になる(**写真1.27**)．

これら2つの旅客機開発プロジェクトへの日本の参画は，A380では三菱重工業が前部と後部貨物ドア，富士重工業が垂直尾翼の前縁，後縁，尾翼端，フェアリング，日本飛行機が水平尾翼端，新明和工業が翼胴フィレット・フェアリングを製造分担し，素材メーカーなど多くの会社が参加している．

一方，787には三菱重工業が主翼，

写真1.27 ボーイング787「ドリームライナー」[10]

Part.1 日本の航空機産業の発展

写真1.28　エアバスA350XWB[9]

川崎重工業が前胴部位，主脚格納部および主翼固定後縁，富士重工業が中央翼ならびに中央翼と主脚格納部とのインテグレーションなど，日本は約35％の分担比率で参画し，この他に素材メーカーを含む多くのサプライヤーが参加している．

　両機を機体構造上の特徴からみると，A380は尾部や中央翼，圧力隔壁などの重要部品に，構造重量で22％にも及ぶ複合材料の適用を計画しているが，主翼や胴体などはアルミニウム合金を主体とした構造様式である．また，胴体外板の上方部位に，耐食性の向上や軽量化などを目的として，アルミニウムとガラス繊維の積層板であるGLARE（商品名）材料の適用を計画している（写真7.18参照）．

　787は，主翼，胴体，尾部のほぼすべての部位に，構造重量で約50％の複合材料の適用を計画し，軽量化による性能メリットや機内の圧力と湿度の改善による快適性向上など，複合材料の持つ優位性を最大限に有効利用しようとしている．

　また，ボーイング787の対抗機種として，エアバス社A350XWBが2013年6月14日初飛行し，同年12月に就航した．航続距離は約15,000kmと長距離路線を飛行でき，A350-800は3クラスの客席仕様で280座席，A350-900も同じく3クラスで325座席，A350-1000は366座席の3機種で構成されている．

　超長距離バージョンのA350-900ULRは，3バージョンを補完する役割を担う．A350XWBは，機体の53％に複合材を採用することで設計上効率的な構造重量を実現し，胴体には新しい炭素繊維強化プラスチック（CFRP）を使用して軽量化をはかっているとのことである（**写真1.28**）．

　ボーイング社は2011年2月，747の最新鋭バージョンとして大型民間旅客機747-8「インターコンチネンタル」初号機を完成して発表，同年3月に初飛行した．

写真1.29　ボーイング777X[10]

　同機はGEnx-2Bエンジンを装備した400〜500座席で，燃料効率や排ガス量，騒音などを改善，客室内は787型機の新デザインを採用して客室の快適性を向上している．初号機の就航は2011年10月で，同時に貨物型747-8Fの開発も進めている．
　一方，JADCは2015年7月，ボーイング777Xの開発・量産への参画を決定し，日本の機体メーカー5社が主要構造部位の約21％を製造分担することになった．分担部位は，胴体，中央翼，主脚格納部，中央翼・主脚格納部結合，圧力隔壁，客室扉，翼胴フェアリングなどが含まれる．なお，主翼はボーイング社製造の複合材製で，炭素繊維は東レ製の適用が計画されている．
　777Xは燃料効率にすぐれた双発ジェット機で，競合機より燃料消費量は12％，運航コストは10％抑えて，客室の刷新や機内快適性の向上を目指している．777-8Xと777-9Xの2機種が計画され，2017年生産を開始して2020年に初号機を納入する予定で開発を進めている（**写真1.29**）．
　一方，国産機としては，防衛省による海上自衛隊哨戒機P-1（2007年9月初飛行，2013年3月配備，**写真1.30**）と，航空自衛隊輸送機C-2（2010年1月初飛行，2016

写真1.30　海上自衛隊哨戒機P-1[11]

写真1.31　航空自衛隊輸送機C-2[11]

Part.1　日本の航空機産業の発展　25

写真1.32　三菱航空機MRJ[12]

年6月配備，**写真1.31**)の2機種の同時開発が行なわれた．同時開発の特徴として，両機種間の機体構造および搭載システムの一部共用化，民生技術活用によるコスト低減が挙げられる．また，ライセンス生産として，富士AH-64D戦闘ヘリコプタ（生産開始2002年），川崎MCH-101掃海・輸送ヘリコプタ（同2003年）などがある．

　三菱重工業は2008年4月「三菱航空機」を営業開始，「MRJ」(Mitsubishi Regional Jet，地域間輸送旅客機)の開発，販売活動を開始した．MRJは，世界最高レベルの運航経済性と客室快適性を兼ね備えた70〜90席クラスの最新鋭小型ジェット旅客機である．MRJファミリー機のモデルごとの主翼構造を最適化するため，MRJ90を基本とした金属主翼を採用している．新型エンジン搭載や最先端の空力設計により，燃費の大幅な低減を実現する航空機を目指し，2015年11月11日初飛行，2020年に初号機納入の予定で開発を進めている(**写真1.32**)．

<引用文献>
1)リチャード.J.サミュエルズ／奥田章順訳／「富国強兵の遺産」(三田出版会)p.165〜194, p.227〜387
2)「富士重工業三十年史」(富士重工業社史編纂委員会 1984年)
3)「航空宇宙工学便覧」(日本航空宇宙学会／丸善)p.332〜334
4)藤浪修／「日本の航空機産業(上下)」(航空と宇宙／日本航空宇宙工業会会報 1999年10月第550号)p.5〜11，(同1999年11月第551号)p.11〜16
5)「日本航空機開発協会20年の歩み」(編集委員会 1993年)
6)パネルディスカッション「航空機産業の活性化」(日本航空宇宙学会誌 2000年1月第552号)p.60〜68
7)「日本の航空宇宙工業」／(日本航空宇宙工業会 平成12年版)p.22,25，および「データ・統計資料：日本の航空機工業(資料集)」(日本航空宇宙工業会 2008年7月)
8)写真提供：八幡浜市(8a)，国立科学博物館(8b)，富士重工業(8c)，三菱重工業(8d)，石川島播磨重工業(8e)，新明和工業(8f)，川崎重工業(8g)，航空自衛隊(8h)
9)写真提供：エアバス社
10)写真提供：ボーイング社
11)写真提供：防衛省海上自衛隊，航空自衛隊
12)写真提供：三菱航空機

Part.2 製造計画

　航空機メーカーは常に市場の需要を予測し，顧客のニーズに対応できるように研究開発を行なっている．設計技術部門は航空機のより高性能化を追求して，軽量で耐熱性を向上させた新しい材料の開発を目指し，生産技術部門はそれらに対応した新しい製造技術の開発やコストダウンの手法を模索している．こうした状況のなかからビジネスチャンスは生まれる．

　商談が成立すると，航空機メーカー1社単独で開発する場合，主契約者の下に下請分担生産(サブコントラクター)方式で開発する場合，または主契約者の下で大規模な開発費を各社が分担する共同開発(リスク&レベニューシェアリング)方式，開発費や販売費を含む全費用を各社が分担する共同開発(イコールパートナー)方式など，さまざまなビジネス契約の形を取りながら開発は進められる．

　どの方式を採用するかは，開発する航空機のマーケティング戦略，資金調達，技術要員の確保，軍用機か民間機かなど各種の要因を総合的に検討する．開発が決定すると，航空機メーカーは基本的な開発方針となる「製造計画」の検討，立案を行なう．

　製造計画は，技術部門での機体形状や構造形態および飛行試験計画などに対応して製造部門が開発組織と責任体制を決定し，組立フローや新しい加工技術を必要とする部品の開発などを含む工程計画を立てるものである．さらに，ツーリングポリシーを含む治工具計画などの生産技術を検討し，建屋，設備計画，開発生産日程を策定し，資金計画や採算分析を含む財務計画を立て，顧客に予備部品を支給する運用支援計画といった，あらゆる分野の検討を行なう．

2.1 コスト見積り手順

　航空機を開発し，生産する場合，航空機システム全体としてコストを算出しなければならないが，ここでは機体コストの見積りを中心として，搭載電子機器やエンジンおよび技術部門のコスト見積りの細部については触れない．それらについては関連書を参照されたい．

　機体コスト見積りの流れは，技術部門のプログラム形態検討の進度に応じた機体形状や設計概念の決定に対して，次の3つの段階に分けられる(図2.15参照)．

Part.2　製造計画　27

・基本設計段階：プログラム全般にわたるコスト削減のための方向付けを行なう段階（フェーズⅠ）
・詳細設計および設計図面出図段階（細部設計段階）：正式開発決定（プログラムゴーアヘッド）後，目標コストを実現するために詳細設計に対するコスト削減を反映する段階（フェーズⅡ）
・製造および維持段階：製造開始後，設計変更などによるコスト増加をなくす活動や改善によるコスト削減を行なう段階（フェーズⅢ）

　初期のプログラムの定義段階では，過去の類似機種の実績や他機の例などを参考に，パラメトリック手法で航空機システム全体や部位別などのコスト検討を行なう．

　「基本設計段階」では，技術部門がプログラム全般の機体形状を具体的な機体様式や使用材料などについて記述した「設計構想検討書」（ワークステートメント）に基づいて，生産技術部門は設備計画，治工具計画，部品加工法，組立構想，輸送計画などを記述した「製造計画書」（マニュファクチャリングプラン）を作成する．これらに基づいて資材部門は，素材や購入品などの資材費，IE部門では部品製作や組立，検査作業などの加工費，治工具製作や加工試験などの開発費などのコスト見積りを行なう．

　この段階のコスト見積りは，各費目別に可能な限りアイテムごとに区分し，過去の類似機種の生産実績に基づく原単位方式などで全体を積算して，全機レベルではパラメトリック手法で検証し，その妥当性を評価する．

　これら各部門のコスト見積りはプロジェクト総括部門である財務部門で集計し，とくに高額コスト部位などに対しては，より強い競争力を備えた目標コストを設定すべく，繰り返しトレードオフを行なう．

　この開発の初期段階で，ほぼ基本的なプログラムのコストが決まるので，技術部門，資材部門と生産技術部門は，新しい設計・製造技術を適用して市場や顧客の要求を満たすことができるように，綿密なチームワーク活動が要求される．

　従来の基本設計段階の活動は作業の流れが直列的だったため，各部門間で職務のバリアができたが，現在はCAD/CAM (Computer Aided Design/Computer Aided Manufacturing：コンピュータ利用設計生産)の普及で，技術，資材，生産技術，品質保証など各部門間でCAD/CAMを共通のツールとして使えるようになり，同時並行的な作業展開が可能になった．

　そこで，より高度な「設計品質つくり込みチーム」(DBT：Design Built Team)[1]活動ができるようになり，設計品質の向上に大きく貢献し，コストや日程，品質に良い影響を与えている（**図2.1**）．

　DBT活動による基本設計段階に続く「詳細設計および設計図面出図段階」では，

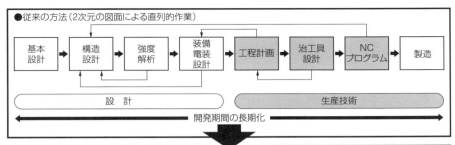

図 2.1 (a) DBT によるコンカレントエンジニアリング手法

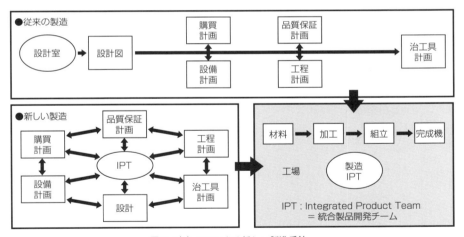

図 2.1 (b) IPT による新しい製造手法

資材部門や生産技術部門は，技術部門が詳細設計した各部品の具体的な設計図面に基づいて，基本設計段階で実施したコスト見積りを見直し，より精度の高いコスト見積りと各種のトレードオフを行なう．

この段階の見積りは，設計図面に基づいてさらに詳細なものが可能になるが，

Part.2 製造計画 29

まだ生産実績はない．そこで，基本設計段階に比較してさらに見積り精度を高めるために，あらかじめすべての作業要素別に作業動作を分析して定められている「標準時間見積り基準」を基に設計図面を分析して，各作業工程ごとにさらに詳

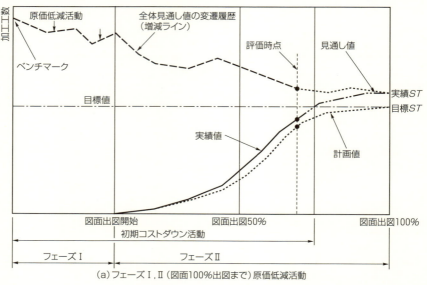

(a) フェーズⅠ, Ⅱ（図面100%出図まで）原価低減活動

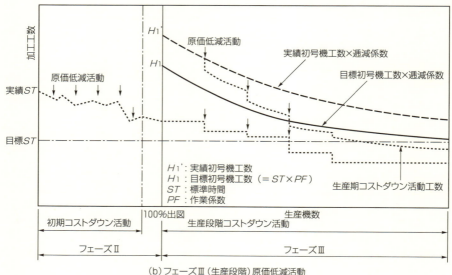

(b) フェーズⅢ（生産段階）原価低減活動

図2.2　原価低減活動の進めかた

30

細な標準時間を，各部品，組立レベルで積み上げる．

　ここで「標準時間」（ST：Standard Time）とは，「所定の標準作業条件の下で一定の作業方法で，ある習熟期間を経た一人前の作業者が，標準の速度で作業を成し遂げるのに要する時間」である．

　このなかで重要な要素は，「作業条件」，「作業方法」，「作業者」，「速度」の4つであり，これら4要素を決定付ける代表的な手法として，日本では主にWF（Work Factor）とMTM（Method Time Measurement）などが使用されている．WFは，使用する身体部分，運動距離，重量または抵抗，動作の困難性の4つを主要変数として，作業動作を分析して時間値（単位0.0001分）を決定する手法である．

　一方，MTMは，手を伸ばす，運ぶ，回す，つかむなど10種類を基本要素として，作業の動作時間を求めて時間値（単位0.00001時間）を決める方法である．WFのほうが分析単位はより細かな方法であるが，どちらの手法を採用するかは，適用目的に応じて決定すべきである．

　また，初号機工数を決定するための経験値に基づく係数を「作業係数（PF：Performance Factor）として，標準時間ST×作業係数PF＝目標初号機工数H_1と定義付ける．

　次の「製造および維持段階」では，各部門は設計などの不具合対策のための設計変更に対するコスト増加防止対策，部品加工や組立，検査作業の改善などを行なう．この段階は，初号機を始め各生産号機の実績が逐次把握できる．このため，あらかじめ設定した目標工数と実績工数を号機別や生産ロットごとに比較評価して，きめ細かな改善対策を立案実行し，目標値達成のために強力に原価低減活動を進める（図2.2）．

　一方，治工具費などの開発コストおよび資材費，加工費，輸送費など製品コストの実績費用を収集分析して，詳細設計および設計図面出図段階で実施した見積り値と比較分析，評価し，繰り返しコスト低減活動を行なって，粘り強く改善を続けていく．

　このように，開発の基本設計段階から一貫した系統的なコストコントロール活動を継続して行なうことで，開発プロジェクトを経済的にも成功に導くことが重要である．

2.2 コスト見積りと慣熟逓減曲線

1. コストの推算[4]

　航空機のコスト見積り手順は，開発段階に従って比較的粗いものから，より詳細なものに移行する．開発当初は細部の設計図面がないため，個々の図面を見積って全体を積み上げる方式は適用できない．そこで「パラメトリック見積り方式」

が必要になる.

この方式は, 過去の類似機体のコストデータから機体コストを類推するため, 航空機の速度や重量, 構成部品点数などのパラメータ(媒介変数)を使用して統計的な手法で概略の見積りを算出したり, 積上げ値を検証するものである.

航空機のコストを統計的な解析手法で見積る方式として, アメリカのランド社が開発した「ランド式」と呼ぶ軍用機のコスト推算式(CER : Cost Estimating Relationships)がある.

これは, 航空機の開発費および量産費に関して, 技術工数, 治工具工数, Non-Rec加工工数(Non-Recurring : 飛行試験用機体を除くモックアップ, 静強度試験機などの開発に必要なものを製作するための加工工数で, 繰り返し発生しない作業), Rec加工工数(Recurring : 風防など下請業者が製作するものを含め, 機体構造用部品製作と組立・取付けなど機体製作のための加工工数で, 繰り返し発生する作業), Non-Rec材料費, Rec材料費, 飛行試験費, 各種検査などの品質管理工数, 機体重量や速度から推算するプログラム総コスト, またプロトタイプ機開発費などの費目別に見積り式を求めている.

さらに, 機体開発とN機生産に要する累計費用を機体重量や速度から推算するプログラム総費用の算出式, 実際の生産前に限られた治具, 試験, システム開発などで行なうプロトタイププログラムの総費用の見積り式などを求めている.

これらの見積り式を開発するにあたっては, 過去に開発生産した航空機の諸費用を, 機体重量や速度などと関係付けて数式化し, 推算式を導き出している.

このランド式の基本は, AMPR (Aeronautical Manufacturer's Planning Report) 重量と呼ぶ機体重量W(lbs)と, 水平飛行での最大速度S(kn)のパラメータを基に諸費用のコストを推算する手法であり, コスト推算式の伝統的モデルとして, ある号機, たとえば1号機とか100号機の加工工数は, $H(I) = F(W, S)$で表わすことができるという考えかたに基づいている.

ここでAMPR重量は, 空虚重量(Empty Weight)からブレーキ・タイヤ・チューブを含む車輪, 主および補助エンジン・スタータ, プロペラ, ゴム・ナイロン製燃料バッグ, 補助動力装置, 計器, バッテリ・動力源・変換器, 電子装置, 砲塔・動力マウント, 空調装置, 防氷装置, 光学装置, 残留燃料・油の重量を除いたものである.

諸費目別の見積り式は, 25, 50, 100, 200機までの累計費用を求める式で示されている. たとえば, 1976年2月版のランド社報告[8]のなかの一例として述べている次のような繰返し(Rec)生産工数のコスト推算式を紹介する.

$$ML_{100} = 0.35 \times W^{0.79} \times S^{0.42}$$

ここで,

ML_{100}：100機生産に要する累計加工工数（千MH）

W：機体重量(lbs)

S：最高速度(kn)

したがって，初号工数H_1は

$$H_1 = ML_{100}/CAx\% の CT_{\#100}$$

として求められる．

　具体的な例として，AMPR重量$W＝9,000$ (lbs)，最高速度$S＝900$ (kn) クラスの超音速ジェット練習機の100機生産に要する累計加工工数ML_{100}は，

$$ML_{100} = 0.35 \times W^{0.79} \times S^{0.42}$$
$$= 0.35 \times 9000^{0.79} \times 900^{0.42}$$
$$= 8140 千 MH$$

となる．

　この機体は，慣熟率$R＝85\%$逓減を適用すると，累計平均慣熟率$CA85\%$の100機生産に必要な累計工数$CT_{\#100} = 33.9679$なので，初号工数H_1は，

$$H_1 = ML_{100}/CA85\% の CT_{\#100}$$
$$= 8140 千 MH/33.9679$$
$$= 238579MH$$

と推算できる（2.2の式(6)参照）．

　一方，この考えかたは，類似機体（B機）の実績を基に重量と最高速度を比例式で修正して，新型機（A機）のコストを推算することもできる．

　たとえば，

　　A機推算値＝B機実績値×（A機機体重量／B機実績値機体重量）$^{0.79}$×（A速度／B機速度）$^{0.42}$

として求められる．

　さらに，機体の各要素ごとにコストを見積るためには，航空機を作業分割構成（WBS：Work Breakdown Structure）ごとに分類し，実機の機体部品に関する重量，速度，部品点数，製作工数，技術工数などの実績データを分析し，前述と同様の方式でWBS要素ごとにコスト推算式を求める手法も開発されている．

　WBSの定義についてはMIL-STD-881Aで規定され，その目的は「契約で要求されるすべての作業要素を定義し，それらの相互関係および最終製品への位置付けを系統樹として示すものである．各作業要素は，製品を完全なものとするために必要とされるハードウェアとソフトウェアのすべての要素を含む」と述べられている．

　WBSを開発初期に規定することで，たとえば開発の対象を，

・レベル1：航空機システム

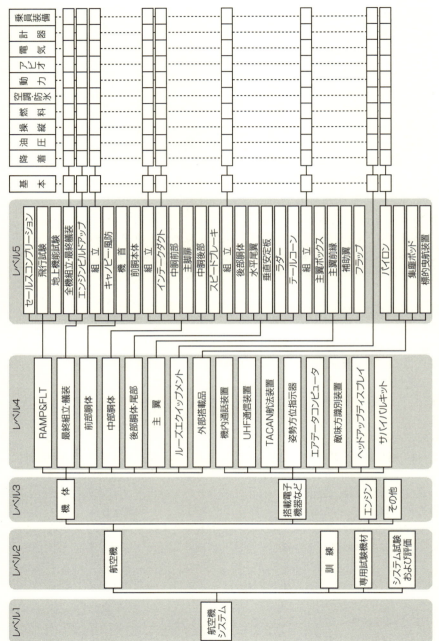

図2.3 機体システムの部位を示す作業分割構成 (WBS)

・レベル2：航空機
・レベル3：機体
・レベル4：主翼
・レベル5：主翼ボックス

などのように，各レベルごと作業要素に系統樹として親子関係に分類し，システム全体が漏れなく明確に管理できるようにしている（図2.3）．

2. 慣熟逓減曲線[2], [3]

航空機の開発では，設計を開始して試作機が完成するまで3～4年という長い期間（リードタイム）を必要とする．この試作機の製作期間は，設計変更や工作法の改良などに備えて，試行錯誤的な作業や手加工的な作業要素が多くなり，膨大な工数が費やされる．

いったん量産が始まれば，試作機の手作業的な要素を機械化したり，加工法を改善して作業の習熟が進んで工数は逓減し，生産機数の増加に従って1加工工数あたりの間接費用も逓減していく．また量産に移行しても，生産機の契約から引渡しまでは相当長い期間（フロータイム）が必要である．

このように，航空機の生産は作業の習熟を考慮して長い生産期間にわたり，加工工数を推定して生産計画や概算価格を考えなければならない．こうした観点から航空機産業では，他の産業よりシビアに「慣熟逓減曲線」（Learning Curve）を適用することが重要になっている．

「工数」（man hour）とは製作時間を意味し，作業人員と作業時間の積で表わす．1人が1時間働くことを「1工数」といい，1工数＝1人時（MHまたはHと書く．本書では主としてHを用いる）という．

逓減曲線の基本は，「人間の仕事は，それを繰り返すことで必ず慣れる（慣熟する）」という考えかたに基づいている．この慣熟とは，作業前の準備時間が減って作業中の無駄な動作が少なくなり，使用する機械装置の段取りや使用法が改良され，治工具が改善される．また，不良品や仕損じが減り，作業手順の標準化が進む．さらに設備が向上し，工程の合理化が進んで各職場で合理的な工作法が工夫されることなどをいう．

工数逓減の一般的な形は，生産初期には各種の原因が重なり合うので急激に逓減するが，次第に逓減の度合が緩やかになり，習熟が進むにつれてほぼ一定に近づく．この逓減の度合は，作業の種類によってあまり逓減しない場合，大きく逓減する場合，その中間の場合などいくつかのケースがある．そこで，「この逓減の形，つまり傾向に何か一定の法則が存在しないだろうか」ということが考えられた．

1922～1936年にアメリカのカーチス・ライト社のバファロー工場長だったT.P.ライトは，1936年にこの慣熟逓減曲線の理論を初めて系統的に記述し，「累計平均

工数理論」（ライトの理論）を発表した.

ライトが "Journal of the Aeronautical Science" 誌（1936年2月号）で発表した「累計平均工数逓減曲線」（Cumulative Average Learning Curve）と呼ばれる法則とは,「航空機の生産で累計生産機数が2倍になると, 累計平均加工費は0.8倍に減少する」というものである. ここで, 加工費は加工工数に加工費率を乗じたものであるから, 累計平均加工費は累計平均工数に置き換えることができる.

一般的にいえば, 生産号機が2倍になるごとに工数がx%に減っていく形の曲線は対数曲線である. したがって, 工数逓減の傾向を対数曲線で表わせると考えてよい.

今, この考えかたを数式で表わすと, 生産機数Nに対する工数の逓減係数をf_Nとし, 慣熟率R（%）に関係する指数をαとすると,

$$f_N = N^\alpha \tag{1}$$

で表わせる.

式(1)は算術グラフ上では双曲線として表わされるが, 対数グラフ上では直線として表わされる.

式(1)の両辺の対数を取ると,

$$\log f_N = \alpha \log N$$
$$\alpha = \log f_N / \log N \tag{2}$$

式(2)からf_NとNがわかると, 指数（傾き）αが求められる.

たとえば, 慣熟率$R=80$%のときの慣熟率Rに関係する指数αの値を求めてみる. 工数の逓減係数$f_{N=1}=1.0$とすると

#2（$N=2$）のときは, $f_{N=2}=0.8$になるから,

式(2)は,

$$\alpha = \log 0.8 / \log 2 = -0.32193$$

となる.

したがって, 慣熟率$R=80$%の場合には, 式(1)は,

$$f_N = N^{-0.32193} \tag{3}$$

である.

ここで, αの符号は（－）であるから, 式(3)は次のように書ける.

$$f_N = 1/N^{0.32193} \tag{3}'$$

式(3)′から, 生産機数Nが増加すると, 工数の逓減係数f_Nが小さくなることがわかる.

この例からわかるように, 式(2)からαを求めるには, 生産機数Nが最初に2倍になる1号機と2号機の関連を利用するとよい. このときの工数の逓減係数f_Nは, 1号機の$f_{N=1}=1.0$なので, $f_{N=2}$は常に慣熟率Rに一致する.

そこで，慣熟率Rを式(2)の逓減係数f_Nと生産機数Nに代入すれば，

$$\alpha = \log \text{ of } R\% / \log 2 = \log (R/100) / \log 2 \tag{4}$$

となる．

　この式から，工数の逓減係数f_Nと生産機数Nがわからなくても，各慣熟率Rにおけるそれぞれの慣熟率Rに関係する指数αの値を求めることができる．

　このようにして指数αが求まれば，式(3)のようにその慣熟率Rのときの工数の逓減係数f_Nと生産機数Nの関係が定まる．

　たとえば，式(3)で＃3（$N=3$）の場合を計算して逓減係数f_Nを求めるには，

$$f_{N=3} = 3^{-0.32193}$$

両辺の対数を取って，

$$\log f_{N=3} = -0.32193 \log 3 = -0.32193 \times 0.47712 = -0.15360$$

対数を戻して，

$$f_{N=3} = 10^{-0.15360} = 1/10^{0.15360} = 0.70210$$

したがって，生産機数Nのそれぞれについて逓減係数f_Nが求められる．

　さらに，逓減係数f_Nは係数であるから，逓減係数f_Nに＃1の工数H_1を乗じれば，＃Nにおける累計平均工数H_Nが求められる．

　すなわち，

$$H_N = H_1 \times f_N \tag{5}$$

となる．

　たとえば，慣熟率$R=80\%$，生産機数$N=10$とすると，＃10のf_Nは，$f_{N=10} = 0.47651$である．今，初号機工数$H_1 = 100{,}000\text{H}$とすると，

$$H_{N=10} = 100{,}000 \times 0.47651 = 47{,}651\text{H}$$

となり，＃10のときの累計平均工数47,651Hを求めることができる．

　また，＃1から＃Nまでの総工数T_Nは，累計平均工数H_Nに生産機数Nを乗じればよいので，

$$T_N = H_N \times N$$

　式(1)と(5)から，

$$T_N = H_1 f_N \times N = H_1 \times N^{\alpha} \times N = H_1 \times N^{1+\alpha} \tag{6}$$

となる．

　たとえば，慣熟率$R=80\%$とすると，$\alpha = -0.32193$だから，今，初号機工数$H_1 = 100{,}000\text{H}$，生産機数$N=10$のときの総工数$T_{N=10}$は，

$$T_{N=10} = H_1 \times N^{1+\alpha} = 100{,}000 \times 10^{1-0.32193} = 476{,}510\text{H}$$

となり，＃1から＃10までの総工数476,510Hを求めることができる．

　一方，慣熟率Rのときの工数の逓減係数f_Nと生産機数Nの関係は，式(2)と式(4)から，次の関係式でも表現することができる．

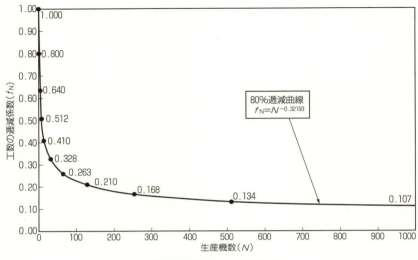

図2.4 慣熟率80％の逓減曲線

$$\log f_N / \log N = \log (R/100) / \log 2$$

そこで，
$$\log f_N = \log N \times \log (R/100) / \log 2$$

したがって，
$$f_N = N^{\log_2 (R/100)}, \text{または} f_N = (R/100)^{\log_2 N}$$

つまり，工数の逓減係数 f_N は生産機数 N の $\log_2 (R/100)$ 乗で逓減し，または慣熟率 $(R/100)$ の $\log_2 N$ 乗で逓減することを意味している．

一般に慣熟率 R は，加工工程中に手作業が多いと逓減は急になり，機械加工作業が多いと緩やかになる傾向がある．航空機産業では組立作業は前者に該当し，機械加工作業が多い部品製作工程は後者にあたる．そして産業全体の平均では，慣熟率 R は80～90％程度であるといわれている（図2.4）．

3. 累計平均工数と個別工数理論

これまでの慣熟逓減曲線の考えかたは，ライトの累計平均工数理論（CA：Cumulative Average 基準方式）に基づいて説明してきたが（図2.5），ロッキード社バーバンク工場のJ.クロフォードは1944年，現在では「個別工数理論」（UF：Unit Factor 基準方式）として一般に知られている理論を発表した．

この「個別工数逓減曲線」（Unit Learning Curve）と呼ばれる理論は，「生産機数に対して個別工数が逓減するために累計平均工数が逓減するという考えに基づき，航空機の生産では累計生産機数が2倍になるに従って，個別工数がある慣熟

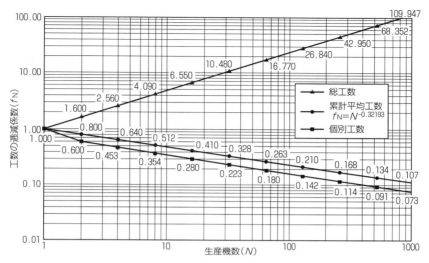

図2.5 ライト式80%慣熱率逓減曲線

図2.5 付表 ライト理論

生産機数	累計平均工数	個別工数	総工数
1	1.000	1.000	1.000
2	0.800	0.600	1.600
4	0.640	0.453	2.560
8	0.512	0.354	4.090
16	0.410	0.280	6.550
32	0.328	0.223	10.480
64	0.263	0.180	16.770
128	0.210	0.142	26.840
256	0.168	0.114	42.950
512	0.134	0.091	68.352
1024	0.107	0.073	109.947

率で逓減していく」という考えかたである.

そこで,この理論はライトの理論と同じ数式で表わされることになる.しかし,ライトの理論は累計平均工数であり,クロフォードの理論は個別工数なので,それぞれで加工工数Hの定義が違うことに注意する必要がある(図2.6).

#Nの個別工数を求めるには,#1から#Nまでの総工数T_Nから,#1から#$(N-1)$までの総工数T_{N-1}を引けば求められるので,式(6)から

$$T_N = H_1 \times N^{1+\alpha}$$
$$T_{N-1} = H_1 \times (N-1)^{1+\alpha}$$

そこで,#Nの個別工数h_Nは,

$$h_N = H_1 \times N^{1+\alpha} - H_1 \times (N-1)^{1+\alpha}$$
$$= H_1 \{N^{1+\alpha} - (N-1)^{1+\alpha}\} \qquad (7)$$

上式の$(N-1)^{1+\alpha}$を二項定理で展開すると,

$$h_N = H_1 \{(1+\alpha)N^\alpha - \frac{(1+\alpha)\alpha}{2!} \cdot N^{\alpha-1} + \frac{(1+\alpha)\alpha(1-\alpha)}{3!} \cdot N^{\alpha-2} \cdots \cdots\}$$

となる.

ここで,第2項以下はαが負であるので,Nが十分大きいところでは無視でき

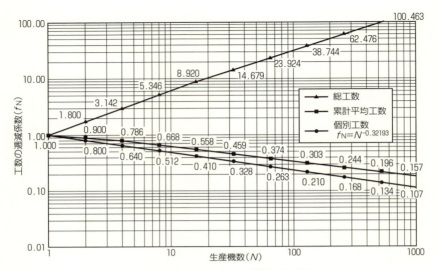

図2.6 クロフォード式80%慣熟率逓減曲線

図2.6 付表 クロフォード理論

生産機数	個別工数	累計平均工数	総工数
1	1.000	1.000	1.000
2	0.800	0.900	1.800
4	0.640	0.786	3.142
8	0.512	0.668	5.346
16	0.410	0.558	8.920
32	0.328	0.459	14.679
64	0.263	0.374	23.924
128	0.210	0.303	38.744
256	0.168	0.244	62.476
512	0.134	0.196	100.463
1024	0.107	0.157	161.257

るほどの小さな値になるので省略すると，

$$h_N = H_1(1+\alpha)N^\alpha$$

となる．

式(1)と式(5)から，

$$h_N = (1+\alpha)H_1 N^\alpha = (1+\alpha)H_N$$

すなわち，h_N は H_N に $(1+\alpha)$ を乗じることで求めることができることを表わしている．

一方，**図2.5**，**図2.6** からもわかるように，慣熟率 R が同じ場合，両理論ともに個別工数は近似的に累計平均工数の $(1+\alpha)$ 倍に等しくなる．

ここで，α は式(2)の指数 α に同じであり，$(1+\alpha)$ は「換算率」と呼び，両工数の換算に用いる．

たとえば，慣熟率 $R=80\%$ のとき，$\alpha=-0.32193$ なので，換算率は $(1+\alpha)=0.67807$ となる．つまり，生産機数に対する同じ工数のデータベースを用いた場合，必ず個別工数の慣熟は累計平均工数の慣熟よりも大きくなる（慣熟率 $R\%$ の数字は小さくなる）ことを意味している．

ただし，この換算率の適用にあたっては，$N=1$ および N が小さいところでの換算は適切ではない．一般的には $N=20$ 以上が適当であるが，実際の航空機の生産では誤差が1%まで許容されるなら，$N=10$ 以上で十分に適用できる．

2.3 民間航空機のコスト見積りと損益分析[5]

1. 民間航空機のコスト見積り

航空機のコストは，製品の製造に伴って直接発生する素材費などに要する材料費，エンジンや各種装備品など仕様を決めて専門メーカーに製作を依頼する購入品費，設計図面を支給して他のメーカーに製作を依頼する外注加工費，および社内加工費，各種維持費，直接経費，開発償却費などに大別される．この他に，事業全般の管理や販売に関して発生する共通費用である販売費と一般管理費および金利（GCI：General Cost and Interest）が必要となり，一般にGCIは全コストに対して10〜15％程度となる．

そこで，これら全コストのなかで30〜40％程度の大きな部分を占める社内加工費の算出について考える．

「加工費」は，賃金単価（加工費レート）に工数（必要となる工数）を乗じた費用であるから，

社内加工費＝加工費レート（円/H）×所要直接工数（H）

となり，ここで加工費レートは次のように表わされる．

加工費レート（円/H）＝ ｛（直接労務費＋間接労務費＋設備償却費＋その他製造間接費）（円）｝／所要直接工数（H）

また，費用のなかで「その他製造間接費」は，電力，ガス，燃料，油，水などの費用およびその他の間接経費である．

一方，社内加工費に直接影響を与える所要直接工数は，生産機数が増すにつれて慣熟によって逓減する．この慣熟逓減曲線の考えかたは，先に説明した通りである．

前述したように，慣熟率Rは加工工程中に手作業が多いと逓減は急になり，機械作業が多いと緩やかになる傾向があるが，最近は航空機の生産技術が進歩し，それまで手作業に頼らざるを得なかった組立作業も機械化が進み，逓減も緩やかになる傾向にあり，組立作業のRは85〜88％程度である．また，各種NC工作機械の導入が進む機械加工による部品製作のRは約90〜92％であり，組立と部品製作を合わせた作業の慣熟率Rは約90％となる．

また，初号機工数H_1は，従来の手作業に頼らざるを得なかった製造法に比べ，近年はNC工作機械の普及が進んでいることから，低減する傾向にある．このような逓減傾向の考えかたは，社内加工費だけでなく材料費，購入品費，外注加工費などにも適用できる．

しかし，航空機の全コストをみると，先のような逓減するコストと固定費的なコストである逓減しないコストがあり，この比率は約7：3であるが，ここでは航空機の全コストは，ある一定の慣熟逓減曲線に従って逓減するものとして考える

と，その慣熟率Rは約90％が実情に近いといわれている．

T.P.ライトが慣熟逓減曲線の理論を提唱した時代の航空機産業の生産は，手加工作業に頼る割合が多かったので，初号機工数H_1は多くの工数を必要とし，その後の慣熟率Rは80％と比較的大きな逓減割合を示した．しかし，自動化が進んだ近代の民間航空機工業では，初号機H_1自体が少ない工数で生産可能になり，その後の慣熟率Rは90％程度とやや小さな逓減割合であるが，N号機までの累計工数は従来と比較して少ない工数で生産できると考えられる．

2. 民間航空機の損益分析

民間航空機を開発する場合の採算性について，日本で一般的に使われているライトの累計平均工数理論に基づいて説明してみよう．たとえば，開発する航空機の慣熟率Rを90％とすると，生産号機に対する工数の累計平均の逓減係数と個別の逓減係数は**表2.1**のようである．

今，90％の慣熟率の場合，初号機の全コストを1.0とすると，計算上は300号機の個別コストは0.356となる．初号機に大きなコストがかかるからといって，生産初期の機体を高い価格で販売することはできないので，ここでたとえば販売価格としては初号機コストの0.4程度とすると，個別のコストが初号機から0.4程度のコストになる号機までの間，損失が累積することになる．

その号機を過ぎると単号機としては利益が出るが，それまでの累積損失が大きいため，この累積損失をその号機以降の単号機の利益で相殺しつつ，累計で損益がゼロになるのは，さらに後の号機となる．この損益ゼロの生産号機を「損益分岐点」（BE：Break Even）と呼ぶ．

たとえば，ある民間機の開発プロジェクトで累計生産機数が300機でBEになると想定した場合，300号機の累計平均コストは0.420であり，これが販売価格に対応するコストにほぼ等しいことになる．また単号機のコストとしては102号機の個別コストが0.420で，300号機の累計平均コストに等しいことになる．

このことは，単号機の損益としては102号機でBEとなることを意味している．この102号機以降の生産号機からは利益が生じ，それまでの累計損失が減少していき，累計の生産が300号機で，累積でもBEとなるのである．

表2.1をグラフ化したものが**図2.7**で，面積Aは面積Bに等しく，面積Aは累計損失の最大金額を

表2.1　慣熟率90％のCAとUF

生産機数	累計平均工数の逓減係数	個別工数の逓減係数
1	1.000	1.000
2	0.900	0.800
4	0.810	0.701
8	0.729	0.624
16	0.656	0.559
32	0.590	0.502
64	0.531	0.451
*102	0.495	*0.420
128	0.478	0.405
*170	0.458	*0.389
256	0.430	0.365
*300	*0.420	0.356
*500	*0.389	0.330
512	0.387	0.328
1024	0.348	0.296

*は本文参照の数値

示している.

　通常,民間機の生産で単号機のBEに達するには量産開始後3年を必要とし,累計損益でBEに達するには5年以上の生産を経て,累計損失がゼロとなるのである.

　たとえば座席数300程度の旅客機で,1機の販売価格に占める生産コストが80億円の旅客機開発プロジェクトを想定すると,初号機の生産コストは,

$$80億円／0.420 = 190億円 \quad \{80億円／0.389 = 205億円\}$$

となる.

　一方,累計損失は面積Aに等しく,

累計損失面積A =（累計平均の逓減係数CA×単号機BEの生産号機）−（個別の逓減係数UF×単号機BEの生産号機）

$$= (0.495 \times 102) - (0.420 \times 102)$$
$$= 7.65 \quad \{(0.458 \times 170) - (0.389 \times 170) = 11.73\}$$

となる.

　したがって,累積損失は,

$$190億円 \times 7.65 = 1,453億円 \quad \{205億円 \times 11.73 = 2,405億円\}$$

となり,巨額の累積損失額となる.なお,｛ ｝内は500機でBEの場合を示す.

　この他に,技術費,治工具費などの各種の開発資金が必要となる.通常,開発資金は量産の開始時点で最大となり,開発プロジェクト全体では5,000億円にも達し,その巨額の資金調達とその金利負担が企業の経営に大きな影響を与え,大きな開発リスクを伴う.

　このように,慣熟逓減曲線を適用して航空機の生産コストの損益と損益分岐点

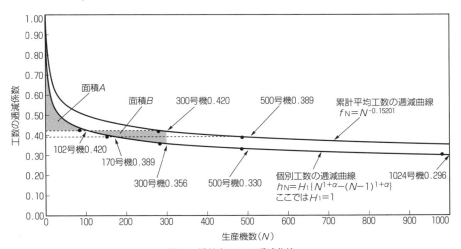

図2.7　慣熟率90％の逓減曲線

について説明してきたが，この他に累積損失による金利や物価上昇による影響（エスカレーションによる影響という）などを考慮して検討する必要がある．

T.P.ライトの累計平均工数理論に基づいて説明したが，アメリカではJ.クロフォードの個別工数理論が多く使われ，同じ慣熟率RであればN号機生産の累計工数は，CA基準方式のほうがUF基準方式よりも低減が大きくなる．

たとえば，300機生産の場合，CA基準方式の慣熟率R90％に相当する総工数$CT = 126.06390$は，UF基準方式の慣熟率$R90$％の総工数$CT = 148.20403$よりも低減が大きく，累計の生産コストを等しくするには慣熟率$R88$％に相当する総工数（$CT = 127.93728$）がかなり近い値を示す．

このことは，UF基準方式の慣熟率$R87 \sim 88$％で全コストが逓減するとして計算する場合，CA基準方式の慣熟率$R90$％に近い傾向を示すことを意味している．

また，同じく300機生産の場合，CA基準方式の慣熟率R80％に相当する総工数（$CT = 47.82630$は，UF基準方式の慣熟率$R75$％に相当する総工数（$CT = 46.94270$）がかなり近い値を示している．

3. 民間航空機の投下資本利益率と損益判断指標

これまで，民間機を開発，生産するときのコスト（原価）の見積り手順，慣熟逓減曲線の理論と具体例，損益分岐点（BE）の考えかたについて述べてきた．航空機の開発は，性能と安全性両立の限界を追及して高度の技術を駆使するために，きわめて巨額の費用を必要とする．軍用機の場合は，その開発に政府（官）としての予算措置が取られ，開発費発生のつどその資金が航空機メーカーに支払われるので，莫大な資金調達や金利による損益悪化に苦しむことは，民間機の開発に比較して著しく少ない．

一方，民間機の開発では，細部設計開始から量産開始まで約4年，エンジンでは約5年を要する．そして，細部設計開始以前に行なう仕様の決定や基本設計などの期間を合算すれば開発はさらに長期に及び，この期間に発生する研究や設計，試作機製作や試験，治工具費などを含む総開発費は巨額なものになる．

ここでは，このような膨大な開発資金を要する民間機を開発して，引き続き量産する場合の重要な経営指標となる「投下資本利益率」（ROI：Return On Investment）と「損益判断指標」についてみていく．

巨額の資本を必要とする民間航空機開発プロジェクトの場合，とくに投下資本の有効性の経営判断が強く求められる．前項「民間航空機の損益分析」でも述べたように，民間機の開発に続く量産では，単号機のBEに達するには量産開始後3年程度を必要とし，累計損益でBEに達するには5年以上の生産を経て，累計損失がゼロとなるのである．このため，開発資金を金融機関などからの借入資金で行なう場合，金利による影響が大きな要素となる．

そこで，それを考慮した経営の損益判断指標として，投下資本利益率（ROI）を用いて投資効率を計算し，当該プロジェクトの事業性を判断することが重要になる．ROIの計算法は，事業開始以降に要する「総投資額」（支出）と「総回収額」（収入）を，すべて開始時点において資金の価値を「現在価値」に割引換算して経営判断を行なうものである．

　つまり，投下資本利益率は，プロジェクトの開始に際して運転資金を含めた全投資を全額借入金に依存するとした場合に，一定期間後その借入金を全額返済した時点で累積損益がプラスに転ずるようにするには，借入金の年率金利を何％まで許容できるかという指標と考えてもよい．

　このため，プロジェクト開始前の経営指標としてROIが重要な損益判断指標となり，事業をどの程度の期間に設定して，ROIを何％まで許容できるかが，経営者の重要な経営判断となってくる．このROIは経営リスクを判断するための指標で，調達資金の金利と同じであればそのプロジェクトの利益はなく，金利より高ければ高いほど利益が出るため，事業性が良いという経営指標となる．

　一般に，アメリカなどではROIが20％近くなければ有利な事業とはされていない．しかし，たとえばROIが20％で金利率が10％の場合には，販売費と一般管理費などを含む利益が10％あることになるが，これは総投資額に対して最終的には利益が10％あるということであり，売上高に対する利益率ではないので留意する必要がある．

　日本の航空機工業の場合，他の産業と同様に販売価格（売上高）から売上原価を差し引いたものを「売上総利益」と称し，この売上総利益から販売費と一般管理費および金利であるGCI（2.3の1項参照）などを差し引いたものを「純利益」（P：Profit）と呼ぶ．この売上総利益（GCIP）あるいは純利益と，販売価格や売上原価との比率により事業性が論じられることが多いが，これらの指標とROIを合わせて経営判断することが重要となっている．

　次に，具体的なプロジェクトを想定したROIの算出法についてみていこう．**表2.2**は，2.3.2項で想定した規模の民間機を，事業期間10年間で500機を慣熟率CA90％で生産を想定した民間機プロジェクトの年度別所要資金の計算例である．ROIにはいくつかの算出法があるが，ここでは最初に，資金の時間的価値を盛り込んだ方法である「投資減価法」（DCF ROI：Discount Cash Flow ROI）の考えかたに基づいて説明する．

　DCF ROI法は，アメリカの航空機メーカーなどを含めて広く採用されているキャッシュフロー算出法の1つで，支出総額，収入の年度別展開から年度別の所要資金を求め，それぞれをある年率の割引率の下での所要資金額に読み替え，その累計額が事業終了年で±0となる割引率を求めるものである．

表2.2　事業期間10年間で500機生産を想定した民間機プロジェクトの年度別所要資金の計算例

年数	1	2	3	4	5
年間生産機数			12	42	66
累計生産機数			12	54	120
開発費（A）	600	1200	2000	1200	
量産費（B）			1586	4032	5418
支出総額 (C) = (A+B)	600	1200	3586	5232	5418
収入（D）			1198	4194	6591
所要資金 (E) = (C − D)	600	1200	2388	1038	− 1173
累計所要資金	600	1800	4188	5226	4053

表2.3　投資減価法（DCF）

年数	1	2	3	4	5
所要資金	600	1200	2388	1038	− 1173
割引率 20%	0.8333	0.6944	0.5787	0.4823	0.4019
	500.0	833.3	1381.9	500.6	− 471.4
割引率 21%	0.8264	0.6830	0.5645	0.4665	0.3855
	495.8	819.6	1348.0	484.2	− 452.2
割引率 22%	0.8197	0.6719	0.5507	0.4514	0.3700
	491.8	806.3	1315.1	468.6	− 434.0
割引率21%の累計所要資金	495.8	1315.4	2663.4	3147.6	2695.4

　すなわち，割引率をrとすると，

　　1年目の所要資金$(A_1)／(1+r)＋$2年目の所要資金$(A_2)／(1+r)^2＋……＋$ n年目の所要資金$(A_n)／(1+r)^n＝±0$

　となるrを求める.

　この式から，表2.2のプロジェクト計算例の年度別所要資金をDCF ROIで算出する場合は，**表2.3**のようになる. そこで，10年で投下資本を回収するためのDCF ROIは，

　　$21.0％＋32.1／(32.1＋85.5)＝21.3％$

　となる.

　比較のため，表中に割引率21％のときの累計所要資金を示した.

　DCF ROIの特徴は，経営リスクに応じた割引率が「現在価値」として資金の時間的価値に盛り込まれるので，長期間の投資判断に適していることである. とくに，初期においては赤字であるが，長期的には黒字となるプロジェクトの経営判断指標に適している. しかし，経営者は事業の期間をどの程度に設定するかが問題であり，各企業の方針により異なった値が算定される.

　次に，日本などのように所要資金を複利の借入金で行なうような民間機開発の場合，このDCF ROIの割引率rの代わりに，各年度の所要資金を複利で回転さ

単位：億円

6	7	8	9	10	計
84	96	72	72	56	500
204	300	372	444	500	
					5000
6255	6684	4787	4660	3538	36960
6255	6684	4787	4660	3538	41960
8389	9587	7190	7190	5592	49931
− 2134	− 2903	− 2403	− 2530	− 2054	− 7971
1919	− 984	− 3387	− 5917	− 7971	

単位：億円

6	7	8	9	10	計
− 2134	− 2903	− 2403	− 2530	− 2054	− 7971
0.3349	0.2791	0.2326	0.1938	0.1615	
− 714.7	− 810.2	− 558.9	− 490.3	− 331.7	− 161.4
0.3186	0.2633	0.2176	0.1799	0.1486	
− 679.9	− 764.4	− 522.9	− 455.1	− 305.2	− 32.1
0.3033	0.2486	0.2038	0.1670	0.1369	
− 647.2	− 721.7	− 489.7	− 422.5	− 281.2	85.5
2015.5	1251.1	728.2	273.1	− 32.1	

せて，事業終了年の累計所要資金が±0となる利率を求める必要がある．ここでは「複利投資減価法」（CI・DCF ROI：Compound Interest DCF ROI）と呼ぶ．

CI・DCF ROIの特徴は，経営リスクに応じた上乗せ分の利率が，「将来価値」として資金の時間的価値に盛り込まれることにある．

すなわち，利率をrとすると，

1年目の所要資金×$(1+r)$＋|2年目の所要資金×$(1+r)$＋1年目の累計所要資金×r|＋……＋|n年目の所要資金×$(1+r)$＋$(n-1)$年目の累計所要資金×r| ＝±0

となるrを求める．

この式から，表2.2のプロジェクト計算例の年度別所要資金を，各年度の所要資金を複利で回転させて算出する場合のCI・DCF ROIは，**表2.4**のようになる．

そこで，このときのCI・DCF ROIは，

21.0％＋262.4／（262.4＋761.1）＝21.3％

となり，DCF ROIの割引率rと同じとなることがわかる．

なお，DCF ROIとCI・DCF ROIのrは同じ率を示していることは，次式からも明らかである．

DCF ROI法の算出式は，次のようになる．

Part.2 製造計画 47

表2.4 複利投資減価法（CI・DCF）

年数		1	2	3	4
所要資金		600	1200	2388	1038
金利20%	当年度分	120.0	240.0	477.6	207.6
	前年度分		144.0	460.8	1126.1
総所要資金		720.0	1584.0	3326.4	2371.7
累計所要資金		720.0	2304.0	5630.4	8002.1
年数		1	2	3	4
所要資金		600	1200	2388	1038
金利21%	当年度分	126.0	252.0	501.5	218.0
	前年度分		152.5	489.4	1199.0
総所要資金		726.0	1604.5	3378.9	2455.0
累計所要資金		726.0	2330.5	5709.4	8164.4
年数		1	2	3	4
所要資金		600	1200	2388	1038
金利22%	当年度分	132.0	264.0	525.4	228.4
	前年度分		161.0	518.5	1273.6
総所要資金		732.0	1625.0	3431.9	2540.0
累計所要資金		732.0	2357.0	5788.9	8328.9

年数	1	2	3	4	5	6	7	8
累計所要資金	− 600	− 1800	− 4188	− 5226	− 4053	− 1919	984	3387
DCFによる累計所要資金	− 496	− 1315	− 2663	− 3148	− 2695	− 2016	− 1251	− 728
CI・DCFによる累計所要資金	− 726	− 2331	− 5709	− 8164	− 8460	− 7654	− 5749	− 4048

図2.8 損益分岐点（BE）と投下資本利益率（ROI）21％のケース算出例比較表

$$A_1 / (1+r) + A_2 / (1+r)^2 + A_3 / (1+r)^3 + \cdots\cdots + A_n / (1+r)^n = \pm 0$$

$$\{A_1(1+r)^{n-1} + A_2(1+r)^{n-2} + A_3(1+r)^{n-3} + \cdots\cdots + A_n\} / (1+r)^n = \pm 0$$

だから，

$$A_1(1+r)^{n-1} + A_2(1+r)^{n-2} + A_3(1+r)^{n-3} + \cdots\cdots + A_n = \pm 0 \qquad (1)$$

一方，CI・DCF ROI法の算出式は，次のようになる．

$$\{A_1(1+r)\}$$
$$+ \{A_2(1+r) + A_1(1+r) \cdot r\}$$
$$+ \{A_3(1+r) + A_2(1+r) \cdot r + A_1(1+r)(1+r) \cdot r\}$$
$$\cdots\cdots$$
$$+ \{A_n(1+r) + A_{n-1}(1+r) \cdot r + \cdots\cdots + A_1(1+r)^{n-1} \cdot r\} = \pm 0$$

次に，$(1+r)$ でくくると，

$$[(1+r)A_1]$$
$$+ [(1+r)\{A_2 + A_1 \cdot r\}]$$

単位：億円

5	6	7	8	9	10
−1173	−2134	−2903	−2403	−2530	−2054
−234.6	−426.8	−580.6	−480.6	−506.0	−410.8
1600.4	1639.0	1454.6	1048.8	681.9	211.0
192.8	−921.8	−2029.0	−1834.8	−2354.1	−2253.8
8194.9	7273.1	5244.6	3409.3	1055.2	−1198.6
5	6	7	8	9	10
−1173	−2134	−2903	−2403	−2530	−2054
−246.3	−448.1	−609.6	−504.6	−531.3	−431.3
1714.5	1776.5	1607.3	1207.2	850.1	385.8
295.2	−805.6	−1905.3	−1700.4	−2211.2	−2099.5
8459.6	7654.0	5748.7	4048.3	1837.1	−262.4
5	6	7	8	9	10
−1173	−2134	−2903	−2403	−2530	−2054
−258.1	−469.5	−638.7	−528.7	−556.6	−451.9
1832.4	1920.6	1770.4	1380.7	1039.5	589.1
401.3	−682.9	−1771.3	−1551.0	−2047.1	−1916.8
8730.2	8047.3	6276.0	4725.0	2677.9	761.1

単位：億円

9	10
5917	7971
−273	32
−1837	262

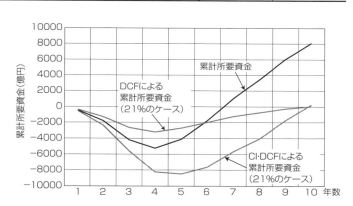

$$+ [(1+r)\{A_3 + A_2 \cdot r + A_1(1+r) \cdot r\}]$$
……
$$+ [(1+r)\{A_n + A_{n-1} \cdot r + A_{n-2}(1+r) \cdot r + \cdots\cdots + A_1(1+r)^{n-2} \cdot r\}] = \pm 0$$

さらに，A_1，A_2，A_3……A_nで整理すると，

$$(1+r) | [A_1\{1+r+(1+r) \cdot r + \cdots\cdots + (1+r)^{n-2} \cdot r\}]$$
$$+ [A_2\{1+r+(1+r) \cdot r + \cdots\cdots + (1+r)^{n-3} \cdot r\}]$$
$$+ [A_3\{1+r+(1+r) \cdot r + \cdots\cdots + (1+r)^{n-4} \cdot r\}]$$
……
$$+ [A_n] | = \pm 0$$

次に，$(1+r)$ のべき乗を求めると，

$$(1+r)\{A_1(1+r)^{n-1}+A_2(1+r)^{n-2}+A_3(1+r)^{n-3}+\cdots\cdots+A_n\}$$
$$=\pm0$$

だから

$$A_1(1+r)^{n-1}+A_2(1+r)^{n-2}+A_3(1+r)^{n-3}+\cdots\cdots+A_n=\pm0 \qquad (2)$$

(1) と (2) は同じ式になり，DCF ROI と CI・DCF ROI の r は同一で，いわばコインの裏表の関係であることがわかる．

以上の結果を民間機の開発・量産を行なう場合，損益分岐点 (BE) および，ROI を 21％のケースで，所要資金に対する割引率のとき，あるいは複利で回転した金利を考慮したとき，それぞれに必要となる累計所要資金を図示すると図2.8のようになる．

図からわかるように，民間航空機の開発，量産の事業では金利を考慮した借入金の累計所要資金は膨大な資金が必要となり，民間機の開発には貸付金や金利の優遇処置が望まれる所以となっている．

また，販売動向などによりプロジェクトの中断や中止，あるいは予定の販売機数が達成できない場合には，会社の存亡にかかわる大きな経営リスクとなり，経営者には将来の販売予測や経済変動に対して大きな決断が要求される．

2.4 製造分割・区分と組立計画

航空機の生産では，いわゆる3面図で示される一体構造のように最初から全体をつくることはない．組立工程の流れ（フロー）の適正化，分担生産や作業日程管理の容易化などの理由から，機体は設計初期段階でいくつかの部分に分割される．この製造分割は，航空機の設計，製造には不可欠な事項であり，慎重に検討，決定される．

最初の製造分割は，機体としてはWBSレベル5の段階レベルの主要部位に分割（ブレークダウン）し，各主要部位には区分（セクションまたはセグメント）番号を付け，フローチャート（流れ図）の形式で表わす（図2.9，図2.10）．

これらの分割した主要部位は，独立した区分として設計，治工具計画，組立計画，作業日程計画などを行ない，生産する．そしてそれぞれ対応した構造に結合されるまで，この識別番号で一貫管理する．

このようにして製造分割・区分された各部位は，組立工程フローチャート形式で製造計画を決定していく．このフローチャートは，主要な区分番号を持つ組立品を最終製品（エンドアイテム）として，すべての主要構成品の組立の位置を確定し，開発する航空機の組立部位が完成するまで，ある構成部品がどのように別の構成品に組立されていくかを示している．これらの区分はさらにサブ組立に分

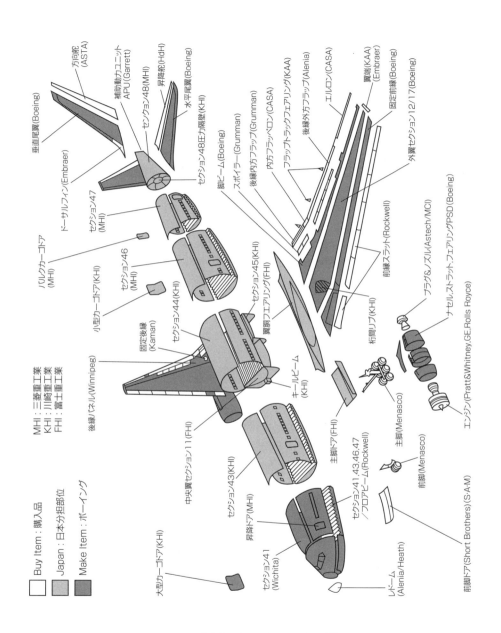

図2.9 航空機の製造分割・区分(777)[7]

Part.2 製造計画 51

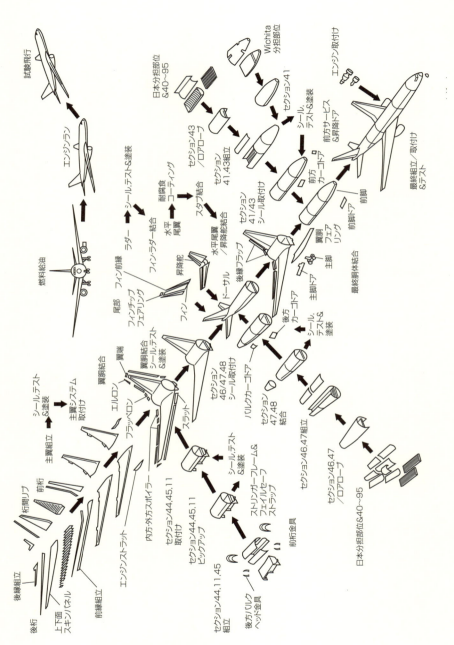

図2.10 777旅客機の最終組立ライン・フローチャート[7)]

解され,最終的には各部品単体レベルまで分けられる(図2.11).

このように生産技術者は,フローチャートから組立計画に対する主要治工具の要求事項などを決定する.通常,各主要区分は,最大生産レート(たとえばピーク時の最大月産機数)に対応した組立日程を確保するため,さらにいくつかの組立位置(ポジション)に細分化する.

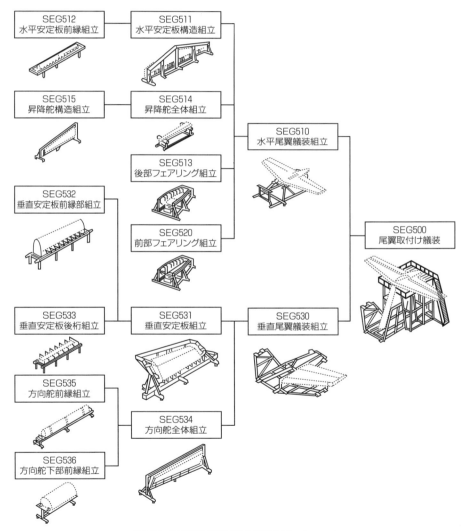

図2.11 航空機の製造区分と組立フローチャート

Part.2 製造計画 53

この組立位置数の計画は，顧客の需要予測あるいは顧客との契約に基づく生産レートを満足させるため，組立作業の慣熟遁減を考慮して慎重に決定する．またこの計画に際しては，生産レートの変動にできるだけ融通性のある組立，治工具計画を立案することが大切である．このようにして決定した製造分割・区分と組立位置，および組立工程フローチャートは，製造計画上の多くの内容を含む．こうして組み立てられた主要な区分番号を持つ最終組立品は，それぞれステーション番号を付けた組立順序に従って最終組立ラインに搬入される．

　航空機の組立が完成する最後の組立ステーションは，最終組立ラインフローチャートに従って慣習的に「ステーション1」と呼ばれている．ステーション1は基本的に最終検査のポイントであり，特別な試験装置を使って電気，電子，油圧，各種の通信，航法装置などの系統試験を実施する．

　通常，最終組立建屋内で行なう作業は「ステーション3」までで，この工程以降の航空機はラインオフして，ハンガーに牽引される．「ステーション2」で識別番号の塗装や部分的な外装などを行なう[6]．

2.5 建屋と設備計画

　製造分割・区分が決まれば，サブ組立構成品が最終組立ラインに入るときの寸法と重量などが明らかになるので，どのような組立建屋と設備が必要になるかを決定できる．たとえば，最終組立治具上で結合する胴体組立と主翼組立の寸法と

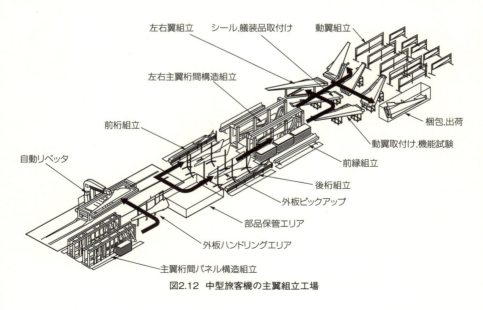

図2.12　中型旅客機の主翼組立工場

重量などから，組立建屋のクレーン能力や天井の鉄骨強度などの仕様が決まる．また，組立工程のフローチャートから組立工場のレイアウトを検討し，床面積を決定する（図2.12）．

一方，生産設備計画の手順としては，開発する航空機の部品加工，組立計画に基づいて全製作部品を社内製作品，外注製作品および購入品に区分する．次に，短期的にはできるだけ詳細に，中長期的には多機種の生産見通しを含めて既存生産設備の稼動負荷分析を行なう．そして，新しく導入しなければならない生産設備，コスト低減対策設備，品質および日程確保などのための新規生産設備の導入を計画する．

これらの計画は，社内，外注会社を含めて総合的に実施することが重要である．新規生産設備投資は，設備費とコスト低減効果などの採算分析に基づいて決定する．

2.6 工場配置

1. 立地条件

90年以上の歴史を持つ日本の航空機産業は，関東，東海，関西地区を中心に立地されてきた．新しく航空機工場を建設する場合，地価や税制上の優遇，公共交通機関，機体の輸送手段など，広範囲な事項を検討する必要がある．

航空機の開発，生産が国際共同プロジェクト化するにつれて，大型組立品輸送という観点から臨海工場の必要性が増している．臨海工場の立地条件としては，過去の大型台風による高潮の調査，埋立地の地盤沈下対策，工場建屋の塩害防止配慮，製品のはしけ船積込み法などの項目を検討する（図2.13）[9]．

国内輸送の場合は，道路交通法などに基づいた国道や高速道路など陸上輸送の限界，共同開発相手国の陸上輸送の法規などを事前に十分調査することも大切である．工場建設地の地盤の強さ（地耐力）は，建物や大型重機械類の設置，大型組立治具の設置条件を大きく左右する．欧米ではこうした工場立地条件の課題を克服するため，航空機による輸送も行なわれている．

2. 航空機工場の機能とレイアウト

航空機工場に要求される機能は，設計開発に必要な本部部門，部品製作やサブ組立に必要な各種部品工場，構造組立や儀装，機体整備と試験飛行施設，定期修理に要する組立，整備工場，エンジンの補機類製作とオーバホールに

図2.13 臨海航空機工場の立地条件

表 2.5 航空機工場の機能と要素

本　部	部品工場	組立, 整備工場	エンジン工場
設計開発	部品製作, サブ組立	最終組立, 定期修理, 艤装, 整備, 飛行試験	エンジンの補機新製, オーバホール
管理部門 設計部門 空力, 構造, 強度 電気／電子, 装備 材料研究 機能研究 強度実験場 風洞	管理部門 倉庫 切断 板金 処理：熱処理 　　　表面処理 　　　塗装 現図 造型 治工具 機械 金属接着 複合材成形 特殊加工：ハニカム 　　　　　ケミミル サブ組立 ショップ：ハーネス 　　　　　チューブ 　　　　　油圧 動力 厚生	管理部門 倉庫：社品 　　　支給品 組立 艤装 格納庫 ショップ：計器電装 　　　　　電子 　　　　　エンジン 　　　　　脚 定期修理 塗装, 剥離 管制塔 エプロン コンパス修正 ヘリ　タイダウン エンジン試運転 油脂, 燃料庫 火薬庫 動力 厚生	管理部門 倉庫：社品 　　　支給品 機械工場 処理：熱処理 　　　表面処理 板金 溶接 組立 試運転場 動力 厚生

必要なエンジン工場などである(**表2.5**).

　工場レイアウトの原則は, 部品や組立品の物流がスムースに行なえる管理しやすい流れである. しかし, 職場によっては騒音, 振動, 有害ガス, 火災の危険性など, 法規上規制される作業を伴う場合があり, 分離した職場としなければならない.

　組立や整備工場は大型組立品, 完成機を搬入, 搬出するため, あまり奥行きの深い工場は好ましくない. 整備や定期修理に使用する建屋は, 機体の2～4倍程度の奥行きとして両扉形式が望ましい.

　このようなことから, 部品工場, 小型軽量産組立工場, 整備や定期修理工場などの1つの棟の大きさは10,000m²前後であるが, 最近は機体の大型化に伴って20,000～50,000m²と大規模化する傾向にある.

　新しく建設する工場やレイアウトを全面的に配置転換する場合は, 各単位作業, 機械設備, 組立治具などの所要面積を算出して各職場の面積を決め, 物流や職場機能などを考慮してレイアウトを図面化する.

　その後, たとえば1/48スケールの立体模型をつくり, それらを配置することで物流や作業性などを事前に検討し, 最適なレイアウトを決定する.

3. 建屋の性能

　新しく工場建屋を計画するには, 生産する機体のサイズに応じて軒高, 軒高と

床強度の関係，間口（スパン），床，クレーン，空調，照明，通路，動力源，厚生施設などを検討する必要がある．

軒高は，一般に部品工場は7〜10m程度，組立工場では機体寸法に応じて軒高からホイストとスリングに必要な高さを引いたものが必要になる．つまり，5tonホイストを使用する場合は約2.5m，7.5tonホイストを使用する場合は約3.0mを引いた高さが組立有効高さとなる．とくに大型機の最終組立は，垂直安定板やTテール構造組立が最大軒高さを決めるので，建屋の間口に切欠き部を設けるなどの工夫をしている．

軒高と床強度の関係は，軒高が高くなれば大型機の搬入が予想され，軒高さに見合った床コンクリート強度が要求される．同じ大きさの機体でも，構造組立よりも格納庫でのほうが重量が大きくなる．組立治具を設置する場合，床強度は直接組立治具精度に影響を及ぼすので，あらかじめ組立治具の重量を検討し，必要な床強度を決定することが大切である．

間口は，搬入，搬出可能な機体の寸法を決定する重要な要素である．間口を大きくすれば建屋の建築費用は高くなるため，間口寸法は長期的な利用計画の観点から決定することが重要である．また，床はコンクリート表面が荒れると粉塵化する恐れがあるので，エポキシ系樹脂を表面にコーティングするなど入念な仕上げが必要である．

航空機工場で使用するクレーンはガータクレーン形式で，通常，2〜3本レール吊下げ式が一般的である．しかし，これらのクレーンのスパンは30m程度であることから，10,000m²以上の工場を全面カバーするには，クレーンの連動やトラバーサを設置するなど特別な配慮が必要である．また，組立治具からの機体治具降ろし作業，大型機の翼胴結合，胴体と尾翼結合作業などに使用するクレーンは，速度制御や微速機能付きのものが必要になってくる．

航空機工場の場合，建屋が大型化して軒高が高く，大きく開いた扉開閉など，空調をむずかしくする要因が多い．暖房は天井ヒータ，冷暖房はパッケージ型エアコンなどを採用しているが，格納庫は通常扉をあけているので，空調を行なうことが困難である．従来の日本の工場は，鋸屋根型の南または東向きの建屋で，照明は太陽採光，太陽熱の暖房方式が多かったが，最近は空調や防音，防塵などの見地から，平屋根で無窓化方式も採用されている．

通路は一般的に，職場エリアの20％程度の面積を確保することが望ましい．動力は，電気，圧縮空気，水，蒸気など各機能，系統別に天井ラック方式で整然と配置することが望ましく，将来の能力増強や配置転換などに対応できるように配慮しておくことが重要である．

一方，厚生設備としては，更衣室，洗面所やトイレ，食堂および休憩室などの

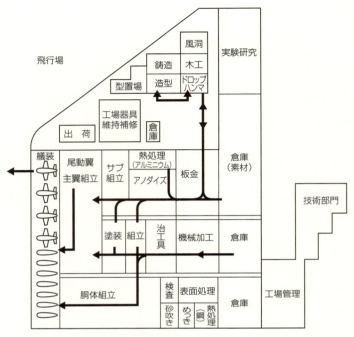

図2.14 アメリカ航空機メーカーの工場レイアウト例

施設が必要になる．図2.14は，アメリカの中規模航空機メーカーの例である．

2.7 日程計画

　航空機の生産では，日程管理を立案する必要がある．この日程計画は新しく航空機を開発する場合の日程計画と，開発された航空機を継続生産する場合の日程計画の2つに大別できる．開発機の日程計画は，設計部門の設計作業の進捗に合わせてタイムリーに資材を調達し，部品加工，組立，艤装，整備，試験飛行までの4〜6年という長期にわたる開発日程を管理できる方法でなければならない．

　一方，継続生産機の日程計画は，連続する生産機を10〜20年にわたって繰り返し生産するための資材調達，多種多様な部品を生産する要員や設備負荷と組み合わせて，遅滞なく日程を管理できる方式が求められる．これら2つの日程管理方式は，航空機の開発が完了し，量産の継続生産に移行する場合は，お互いにスムースな日程計画を展開できる日程管理システムの機能が要求される．

1. 開発日程管理

　航空機の開発に際しては，顧客との契約を満足して生産するために開発初期段

階で「開発大日程表」（マスターフェージングプラン）を作成する．開発大日程の作成にあたっては，過去の類似航空機の開発日程実績を分析し，先進の設計・製造技術などを配慮して最適な日程を策定することが大切である．

　開発大日程表の内容としてはまず最上段に，顧客の要求に従って開発するために開発開始日から初飛行を含む開発完了日までの主要なイベントを示す「主要マイルストーン」を記載する．

　次に，技術部門の設計作業や関連試験などの作業である基本図や製造図の作成日程，コストコントロール活動などの主要作業項目を設定する．そして，技術部門の設計作業の各イベントに合わせて，機体を生産するための製造部門の日程を設定する．

　その内容は，主要装備品や材料手配と入手，治工具製作とそれに続く部品製作，組立，試作機製作と飛行日程，その後の試験機による技術実用試験日程などが記載される．同時に，エンジンの開発イベントも記載される．

　開発大日程表には，航空機システムを開発するうえで技術的，日程的に最も重要な作業イベントを結んだ「クリティカルパス」を記入し，日程管理の主要方針とする．航空機システムの開発では，設定された開発大日程表は最重要管理目標の1つであり，開発関連の各部門はこの日程を確保するため，あらゆる開発項目を細分化して中日程，細部日程を作成し，管理活動の指針とする（図2.15）．

　開発大日程表が設定されると，次に初号機の具体的な中日程，細部日程を作成する必要がある．初号機の開発日程の設定手順は，次のように実施される．

　技術部門は開発する航空機の構造様式を決定し，すべての構成部品について購入品と製作部品に大別した後，これらの製作部品を板金部品，機械加工部品，接着部品などの加工種類ごとに区分し，使用する素形材を決定する．そして，これらの部品点数，個数を見積り，「設計構想検討書」文書として製造部門に発行する．同時に，設計構想検討書に基づいて技術部門は，技術要員の計画と設計図面などの技術情報の出図計画書案を策定する．

　一方，発行された設計構想検討書に基づいて，資材部門は装備品や標準部品，素形材の業者と調整し，購入品や各種材料の調達期間を見積る．生産技術部門は「製造計画書」を立案し，生産技術要員や作業要員の計画と，既存設備の負荷や新規設備の取得，治工具の製作，部品加工，組立などの期間を定めて，初号機の機体全部品レベル日程を設定，技術部門に設計図面などの技術情報の出図日を要求する．

　その後，設計，資材，生産技術，製造などの部門は，互いの技術者の要員数や経費などを考慮して，部品レベルごとの出図と製作日程を協議し，「生産管理日程の協定」（D-IE：Development-IE negotiation）を結ぶ．そして，双方で合意した設計図面などの技術情報出図日程から，材料の手配と入手日，治具や部品の手配と

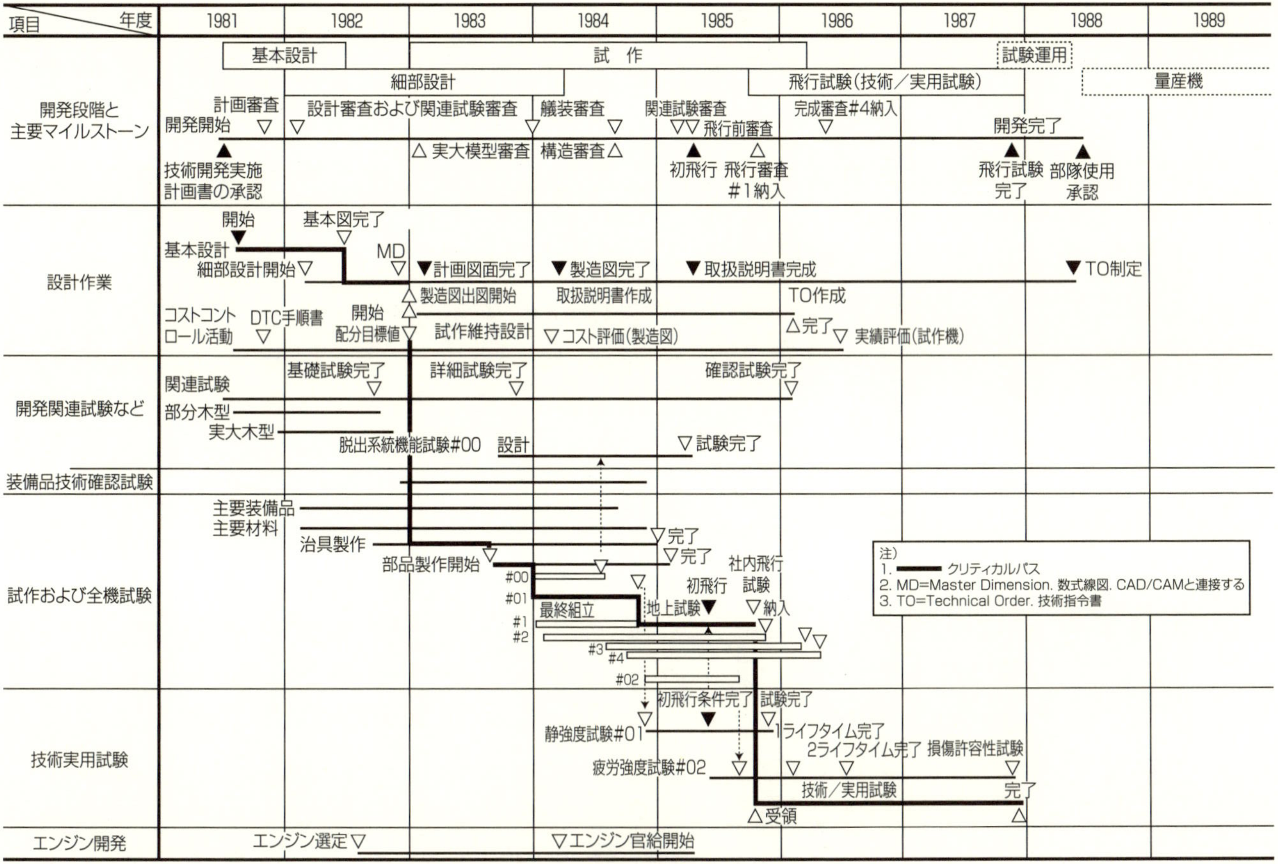

図2.15 開発大日程表 (XT−4)[4]

注
1. ── クリティカルパス
2. MD=Master Dimension. 数式線図 CAD/CAMと連接する
3. TO=Technical Order. 技術指令書

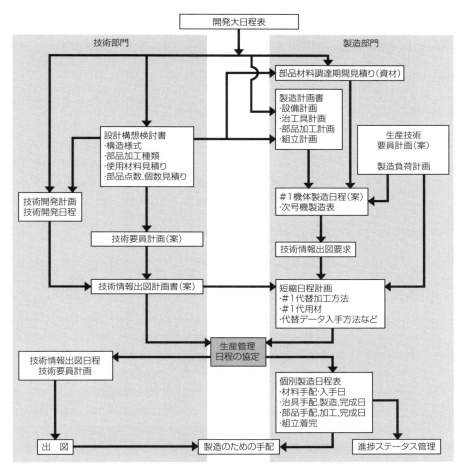

図2.16 初号機開発日程設定のフロー

完成日,組立の着手と完了日などの個別製造日程表を設定する.逐次,設計図面や治具図面などが出図され,作業手順書なども発行されて,製造のための準備が始まる(図2.16).

2. 継続生産日程管理

日本の航空機産業の特徴は,製品のライフサイクルが長く,他の産業に比べて製造フロータイムも長いことである.また,多品種少量生産の断続生産で自動化が困難なため,人手による作業が多い.生産機数は少ないが,工場には数十万点から百万点にも及ぶ部品が流れ,これらの部品を遅滞なく生産管理する必要がある.

このような生産形態に対応するため，継続生産日程管理は，中期計画，期別計画，プロジェクト別日程計画などに展開して生産管理を行なう．

中期計画は，3～5年間にわたる新製品の開発，工場における期間と仕事量の関係を示す操業度，必要設備や要員，売上げや利益，所要資金，在庫などについて，数量的に長期展望を検討する．この計画は，毎年新しい情勢に対応して見直し改訂され，その初年度計画は次の年の年度計画となる．

期別計画では，日本企業の決算は中間決算と年度決算の年2回が一般的なので，6か月を1期とし，多数のプロジェクトの納入時期と操業度を勘案して，それぞれのプロジェクトをいつ，どのように実行するかを決定し，日程計画を立案する．

さらにプロジェクト別日程計画を作成し，PERT (Program Evaluation and Review Technique) の手法を使用してネットワークを組み，部品1点ごと，その部品の工程ごとに作業標準時間に基づいて作業着手日と完成日を指示する日程表を作成する．このようにして作成したプロジェクト別日程の全工事を山積みして，作業要員や機械負荷などの平準化を行ない，生産日程とする．

生産する製品が決まると，必要となる部品と数量，材料の所要量などを算出する．資材部門は材料や購入部品などの発注と検収を行なう．製造部門では，生産工程を定めた作業手順書と生産数量や完成日などを指示する作業命令券を自動発行する．作業現場では，バーコードを使用してどの部品がどの工程にあるかを時間単位レベルで把握できる生産管理システムが整備されている．

一方，日々の生産活動では，材料欠品，設備不具合，作業ミス，設計変更など，指示された生産日程を狂わせる各種のトラブルが突発的に発生する．このような計画の変更を余儀なくされるトラブルが発生した場合にも，迅速に対応できる生産管理システムが要求される．

近年，航空機工場では資材の発注検収や在庫管理，生産の日程管理や負荷調整，工数管理，そして材料費，加工費，外注加工費などの原価管理面などに対して，ますます膨大になるデータの収集と解析が要求され，これらに対応するためにコンピュータを駆使して各種の生産管理情報の処理を迅速に行なっている．

2.8 工事計画

航空機メーカーは，継続的な研究開発に基づいた航空機計画によって受注活動を行ない，顧客の要求を満足する仕様を提案し，同時にコスト見積りや損益分析を実施し，プロジェクトの事業性を検討して最終的に受注を決定する．

1つのプロジェクトの受注から納入までの管理ステップはかなり複雑であるが，その工事の流れの概要は，**図2.17**のようである．製造開始にあたっては，財務部門は受注した工事に対する技術費，資材費，治工具費，加工費，諸経費などの

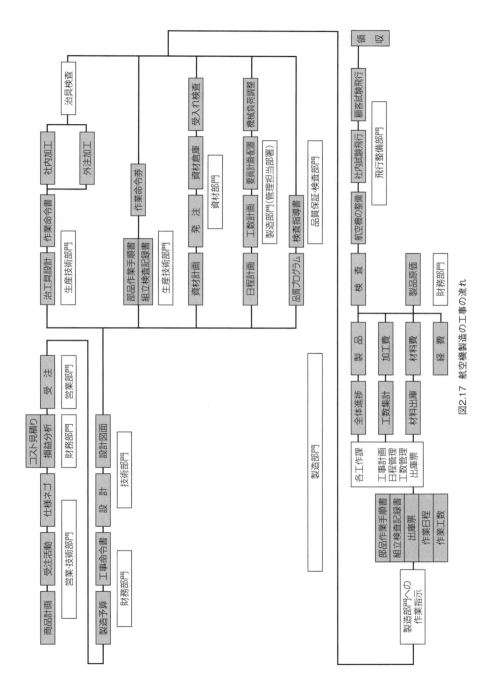

図2.17 航空機製造の工事の流れ

Part.2 製造計画 63

製造予算とその発生期間を工事命令書として指令する.

技術部門はこの指令に基づいて設計図面や仕様書などを作成し，出図する．同時に生産技術部門は，設計図から治工具を設計し，製作を指示する．また，治工具計画と平行して，生産する各部品ごとの詳細な工程を立案し，部品作業手順書や組立検査記録書を発行する．

資材部門は，設計図面や仕様書などから材料や購入品の基準量を決定し，製造に必要な資材を発注する．納入された資材は，受入れ検査を経て工作部門に出庫される．製造部門の管理担当部署は，生産中の他の工事の作業量などを調整し，当該工事の日程計画，工数計画などを立案する．

品質保証部門は，受注したプロジェクトの製品の品質を顧客に対して保証するため，品質プログラムを顧客と調整しながら立案し，関連部署に指示する．

以上の製造準備が完了すると，製造部門に対して5工程から20工程を経て完成品となる部品1点ごとのレベルで，作業手順書，材料出庫票とともに作業命令券が発令され，作業日程，作業工数が指示される．各工作課は，この作業命令券に基づいて工作課段階の詳細な計画を立て，工事の進捗をはかる．

作業命令券は1つのプロジェクト工事で数千から数万点にも及び，他の継続生産中の工事を合わせると膨大な点数になるので，生産中の日程遅れや不具合対策，設計変更の編入改訂などを含めた全体進捗が必要になる．

一方，財務部門は，製造原価を把握するために作業工数，検査工数，出庫票に基づく材料費，経費など，あらゆる費用を集計する．

組立を完了した航空機は，シェークダウン検査を行なってラインオフし，整備部門に搬出される．機体を整備した後，社内試験飛行を実施し，顧客による試験飛行を経て領収となり，代金が支払われることになる．

<引用文献>
1) 金丸允昭／「ボーイング777の国際共同開発ーよりよい開発プロセスを目指して」（日本機械学会誌 1996年7月）p.36〜39
2) 矢野寿一／「Learning Curve 慣熟逓減曲線」（学陽書房 1957年）p.3〜30
3) 鳥越衛二／「Learning Curve 慣熟曲線」（1990年）p.1〜6，p.27〜33，p.97〜105，p.113〜114
4) 「航空宇宙工学便覧」（B2飛行機／丸善）p.348〜349
5) 山田熙明「我が国民間航空機工業」（週間WING新聞1844号 1993年11月10日号）
6) ASTME（SME）／半田邦夫・佐々木健次共訳／「航空機＆ロケットの生産技術」第1章「製造計画」，第7章「最終組立」（大河出版）
7) J.T.フィッツジェラルド／平原誠訳／「ボーイング777の開発」（日本航空宇宙学会誌 1997年1月）p.1〜13
8) Joseph P. Large ,Harry G.Campbell and David Cates「Parametric Equations For Estimating Aircraft Airframe Costs R-1693-1PA&E The Rand Corporation Feb.1976
9) 戸塚正一郎・平原誠／「大型旅客機（B777）の中央翼構造設計」（日本航空宇宙学会第32回飛行機シンポジウム前刷集 1994年）p.18

Part.3 航空機構造材料

　航空機構造材料は，軽量化の要求に応えてその性能向上に大きな役割を果たしてきた．過去90年間，航空用材料は飛躍的に進歩し，同時に翼面荷重を増加させることが可能になっている．初期の主要な材料であった木材は，北アメリカ産スプルース，トウヒ，トネリコなどが緻密，強靭で比強度（重量強度比）が高く，航空機構造用として使用された．荷重が集中する翼胴結合部などは鋼板の溶接金具，胴体は鋼管の溶接トラス組立に羽布張り構造が一般的だった．

　その後，積層合板や強化木材，サンドイッチ合板などの登場で耐久性や強度，剛性が向上したが，1911年にドイツのウィルム（A.Wilm）が開発した時効硬化性合金である「ジュラルミン」（duralumin 2017）の実用化と第1次世界大戦を契機に，1920年代にはアルミニウム合金に主役の座を譲り渡した．

　当時のアルミニウム合金は耐腐食性が不足していたが，1925年に陽極酸化皮膜処理（アノダイズ），1927年にはアルクラッド板が開発され，アルミニウム合金構造は飛躍的に進歩した．

　アルミニウム合金の改良はさらに着実に進み，2017の引張り強さ38kgf/mm²に対して，最新タイプのボーイング777旅客機に使われている7055の場合は，実に66kgf/mm²レベルと1.7倍にも達している．最近のアルミニウム合金は，耐腐食性や耐亀裂進展特性など耐久性と信頼性がさらに向上している．

　一方，1948年に純チタンが初めて量産化され，1950年頃からチタン合金の実用化が始まった．現在，チタン合金の引張り強さは140kgf/mm²にも達し，脚支持ビームなど大荷重部分の金具，ナセルなどの耐熱部や締結部にも使われて使用比率が高まり，従来の高張力鋼に取って替わりつつある．また，最近ではチタン合金の難加工性を克服するため，電子ビーム溶接や超塑性成形／拡散接合（SPF/DB）などの加工技術が実用化され，低コスト化が実現している．

　高張力鋼は，脚構造部品やフラップレールなど高荷重，耐摩耗，耐熱部の主要材料として使われ，引張り強さは4340Mで210kgf/mm²レベルに達し，靭性や耐腐食性の改良が進んでいる．さらに，1970年頃からは画期的な新材料として比強度，比剛性を飛躍的に向上させた先端複合材料が登場し，適用範囲がさらに広がりつつある（図3.1）[1]．

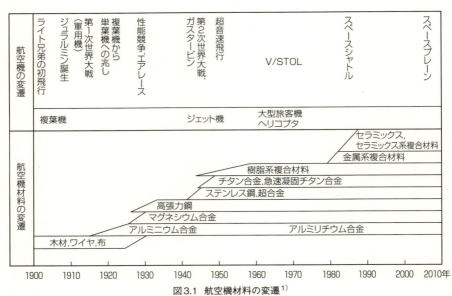

図3.1 航空機材料の変遷[1]

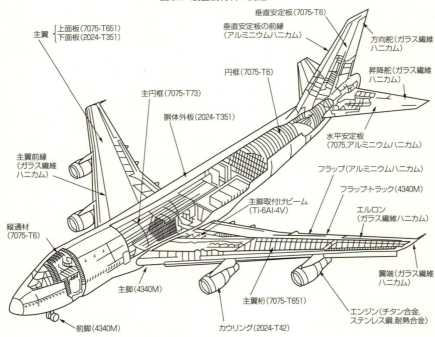

図3.2 大型旅客機の構造材料(747)

3.1 構造材料の要求条件

　航空機の工作法を理解するためには，航空機構造に使われる材料を知ることが重要である（図3.2）．ジェット旅客機では「1ポンドの重量軽減は，年間1万ドルの利益をもたらす」といわれるように，航空機の軽量化は航続距離の延長やペイロード（積載量）の増大といった性能向上をもたらし，ライフサイクルコストの低減を実現するための大きな要素となる．

　航空機の機体軽量化[12]には，機体構造を構成する部品の「構造重量」軽減が大きな役割を果たしている．ジェット輸送機の場合，構造重量を軽減することでエンジンを小型化でき，重量軽減にもつながる．エンジンを小型軽量化できれば燃料消費量を減らせ，「離陸重量」は小さくなり，構造重量をさらに軽減できる．このように，構造重量の軽減は機体の離陸重量をさらに減らし，その効果は2〜4倍にもなるという．つまり，構造重量を1kg軽減すれば機体全体で2〜4kg軽くなることを意味している．このことは，軽減した構造重量以上に有償貨物や燃料の追加搭載が可能になり，輸送効率が大きく向上する．このため，航空機の構造重量の軽量化には常に大きな努力が払われている．

　構造重量に大きな影響を与える航空機の構造様式は，この100年間基本的に大きな変化はなく，現代のジェット旅客機の場合も同じで，翼は「スパー」（桁），「スキン」（外板），「ストリンガー」（縦通材），「リブ」（小骨）などからなる．また，胴体はスキン，ストリンガー，「フレーム」（円框）などの主要部品から構成されている（写真3.1）．

　民間機の場合，飛行中の主翼は最大で機体重量の2.5倍の荷重を受け，与圧胴体は飛行中に1m^{2}あたり5〜6tonの圧力が作用するといわれる．このような運航条件下で，20〜30年の寿命に耐えて安全な運航が求められる．

　そこで，航空機の軽量化は，最適設計と同時に軽く強い材料の採用がポイントになる．大型旅客機の場合，離陸後の重大なトラブルは深刻な結果を招きかねない．こうしたトラブルを回避するには，材料の性能がどの部分でも，いつ入手したものでも，要求性能を満たした均一なものでなければならない．

　一方で，航空機は厳しい環境下で長期間運用され，とくに現在のジェット旅客機は1年間に数千時間も

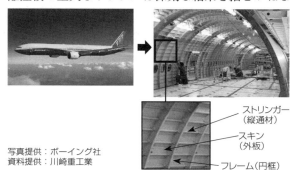

写真提供：ボーイング社
資料提供：川崎重工業

写真3.1　777胴体構造の主要部品

ストリンガー（縦通材）
スキン（外板）
フレーム（円框）

Part.3 航空機構造材料　67

表3.1 金属材料の価格（目安）

材料の種類	価格（円/kg）
マグネシウム合金鋳造品	15,000
チタン合金板	10,000
アルミニウム合金鍛造品	5,000
マグネシウム合金板	3,000
アルミニウム合金クラッド板（7075）	1,500
アルミニウム合金クラッド板（2024）	1,200
鋼鍛造品（4130）	2,000
アルミニウムハニカムコア（3LB/CF）	5,000
アルミニウム合金厚板（7075）	1,000
アルミニウム合金厚板（2024）	800
アルミニウム合金厚板（7050）	1,200

飛行しなければならない．ダグラス DC-3 やノースアメリカン T-6 のように，50 年以上も使用された例もあるが，航空機がこうした厳しい運用環境に耐え，かつ長期間にわたって安全性を維持するには，さまざまな天候条件や経年変化に対応した耐候性や耐食性を保持していることが大切である．

構造材料に要求されるこのような条件を満足させるために，素形材段階から材料として最高の強度，均一性，耐候性，耐食性，耐熱性などを発揮させるための熱処理や表面処理，材料を溶融したり固化する溶接や接着といった工作法を理解する必要がある．

ある一種の材料については，一般的には比重が一定なら強度が高いほうが有利であるが，たとえば比重 7.8 の Cr-Mo 鋼の場合，引張り強さが $85 \sim 150 \mathrm{kgf/mm}^2$ の範囲で使用されている．なぜ低い強度でも使用されているかといえば，強度を高くしていくと曲げ加工性や切削性，溶接性などが悪くなり，また靭性が低くなって切欠き脆性や水素脆性が大きくなるからである．

一方，同じ合金類のうち強度が高い材料は，材料費，加工費が高価になったり，耐食性が悪化するといった問題点もある．そこで，設計者は材料の性能と経済性をトレードオフして，航空機に使われる部品に最適な強度レベルで採用することを考慮しなければならない．

航空機の構造部品は，一般に安全率 1.5，つまり予想される荷重（制限荷重）の

表3.2 機体材料の形態と材質別適用比率

機種 \ 材料	材料の形態	アルミニウム合金	鋼	耐熱鋼	チタン合金	マグネシウム合金	有機材料
A 機体 6ton クラス 単座戦闘機 マッハ1.3	板	64	0.3	3	1	4.3	
	棒	5	1.5	0.7	0.1		
	型材	1.6					
	管	0.6	1.1	0.6			
	ワイヤ，ケーブル			0.4			
	ハニカム	1.2					
	その他	14					
	計	86.4	7.6		1.1	4.3	
B 機体 20ton クラス 複座戦闘機 マッハ2	板	20	20		7	0.1	0.5
	鋳造，鍛造，型材	50	1		0.5	0.5	0.4
	その他						
	計	70	21		7.5	0.6	0.9

1.5倍の強度しか与えていない．そこで材料使用上の注意点として，運用中に材料強度が少しでも低下しないように，防食処理，塗装などで腐食防止対策を施し，スクラッチ（小さな傷）や鋭い打痕が部品の疲労強度に影響を及ぼさないようにすることが重要である．また，一般に金属は100℃，非金属は80℃以上に加熱することは工作上危険なので，それ以上温度を上げないように注意する．

航空機用材料の価格は，比較的使用量が少ないこと，強度，均一性に対する品質要求が厳しいなどの理由から，他の民生用部品に比べて高価である．旅客機など量産航空機に使われる代表的な金属材料の価格の目安は**表3.1**のようである．また，**表3.2**は航空機にはどのような材料がどのような割合で使われているのか，代表的な航空機の例を示したものである．

なお，表3.2は複合材料が多用される世代以前に開発された機体例である．2機の集計方法が異なるため直接に比較はできないが，おおよその傾向は把握できる．また，この表にはないが，バランスウェイトとして鉛が0.2〜0.002％，銅合金が約0.2％使われている．

3.2 アルミニウム合金

1. アルミニウム合金の種類と特性

アルミニウムは比重が2.7と軽く，いくつかの元素と合金化した後に機械的な加工や熱処理を施すことで，一般の構造用鋼以上の強度が得られる．また，アルミニウムは地球上で最も豊富な金属であるが，ボーキサイトからアルミナを抽出する化学プロセスと，このアルミナをアルミニウムに還元する電気分解プロセスの2段階で精製されるため，大きな電力が必要になる．この精製アルミニウムにある種の元素を少量添加することで強度や耐食性を増加させ，機械加工性や延性，溶接性を向上させる独特の特性が生まれる．

アルミニウム合金には「時効硬化合金」と「非時効硬化合金」がある．時効硬化合金は，循環型空気炉で加熱後冷水で焼入れし，さらに室温で自然時効あるいは炉で人工時効を行ない，析出硬化することで強度を向上させる．そして，加熱冷却という最初の2段階が材料を軟質化させ，成形性にすぐれた性質を生み出す．

この性質（W状態という）を利用して，板金部品の伸びや縮み，絞り成形加工などを行なう．その後，時効処理することで引張り強さと硬度は増加するが，伸びは小さくなる．一方，非時効硬化合金は，冷間加工，引張り，引抜きあるいはロール加工することで加工硬化し，強度が上がる．

高強度アルミニウム合金は，比重2.7〜2.8，引張り強さ40〜60kgf/mm²，弾性率7,200kgf/mm²程度の特性を示し，比強度，比剛性で最もすぐれた特性を示す構造用金属材料の1つである．最近，さらに軽量で高強度な材料として，

Al-Li合金，粉末冶金合金などの開発も行なわれている．

　展伸用アルミニウム合金は，一般にAA（Aluminum Association）に規定されている4桁の合金番号で呼ばれる．この合金番号はJISも同様で，各種アルミニウム合金は添加する主要元素によって1000系から8000系の8種類に分類される．各合金の識別番号と特徴は，表3.3，表3.4のようである．

　展伸用アルミニウム合金の素形材には次のような種類がある．

　溶解鋳造インゴットから熱間，冷間の2段階圧延工程でつくる「厚板」（plate），「板」（sheet），「条」（coil），「箔」（foil），400〜520℃に加熱したビレットを高圧で型押出しして連続長尺材とする「押出し型材」（extrusion），抽伸してつくる「棒材」（bar），「管」（tube），そして「鍛造品」（forging），「鋳造品」（casting）などである（図3.3）．

　航空機に最も多く使われる素形材は，薄板と厚板の板材，押出し型材であり，一般には2024が，とくに強度が必要な部品には7075が使われる．また，板材で溶接や深い絞り成形を必要とする部品には6061を使う．鍛造品には2014が使われてきたが，最近は7079が使用されている．

　燃料系統の配管には5052，普通に使用するリベットは2117を用いる．また，鋳造品には356を使用する．

　これらの材料諸元と性質は表3.5のようである．

表3.3　アルミニウム合金の識別記号

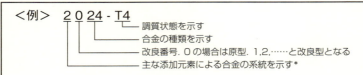

```
＊ 1：99.00％以上の純度のアルミニウム    2：Al-Cu系合金
  3：Al-Mn系合金      4：Al-Si系合金      5：Al-Mg系合金
  6：Al-Mg-Si系合金   7：Al-Zn系合金      8：その他の元素の合金    9：予備
```

主な調質状態を示す記号
F　：通常の方法で製造したままのもので，製品の性能を調節するための特別な手段を講じていないもの
O　：十分焼鈍した状態で加工硬化や熱処理による硬化をしていないもの
H　：冷間加工と硬化後の不完全焼鈍により性質を調整したもの．さらにこの後に硬化程度を数値で示す
W　：溶体化処理後，常温時効硬化が進行中の状態を示す
T3：溶体化処理後，冷間加工して常温時効したもの
T4：溶体化処理後，常温時効が完了したもの
T6：溶体化処理後，人工時効したもの
T7：溶体化処理後，過時効して安定化処理したもの
T8：溶体化処理後，冷間加工して（すなわちT3を）さらに人工時効したもの
なお，さらに細かい熱処理状態や加工状態を表わすには，T記号の2桁目以降にいろいろな数字を組み合わせて用いる．

表3.4 展伸用アルミニウム合金の分類と特徴[3]

AA 登録番号	合金系	代表的な合金の特徴
1000系	純Al系	耐食性，成形性にきわめてすぐれる 強度は低い
2000系	Al-Cu（-Mg）系	時効硬化型，高い強度と靭性を持つ 耐熱性は比較的性良い 耐食性はあまり良くない
3000系	Al-Mn系	1000系より強度が高い 耐食性，成形性にすぐれる
4000系	Al-Si系	耐摩耗性にすぐれる 熱膨張率は比較的低い 融点は低い
5000系	Al-Mg系	固溶強化型，比較的高い強度を持つ 耐食性，成形性，溶接性は良い
6000系	Al-Mg-Si系	時効硬化型，中程度の強度を持つ 熱処理系合金では成形性，溶接性に最もすぐれる 耐食性は比較的良い
7000系	Al-Zn（-Mg）系	時効硬化型，Al合金中最も強度が高い 耐食性は良くない
8000系	その他 （Al-Fe系, Al-Li系など）	

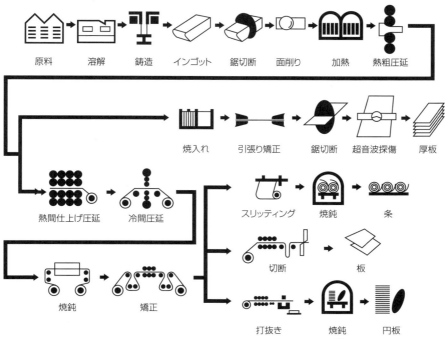

図3.3 展伸用アルミニウム合金の素形材製造プロセス[10]

Part.3 航空機構造材料

表3.5 航空機用アルミニウム合金の種類

合金記号	2014	2117	2024
旧JIS	A3F1 鍛造	A3V2 リベット	A3PC4 クラッド
用途	鍛造	リベット（昔は構造用）	構造用
性質	鍛造性良，焼入歪，方向性良	昔はジュラルミンと呼ぶ 強度中位，耐食性不良	超ジュラルミン．高強度，加工性良．最も多く用いられる
代表組成	Al-4.5Cu-0.5Mg-1Si	Al-4Cu-0.5Mg-0.5Mn	Al-4.5Cu-1.5Mg-0.6Mn
引張り強さ	48kgf/mm²	38kgf/mm²	43kgf/mm²
熱処理 調質状態	505℃水冷 170℃×12時間空冷：T6	505℃水冷 室温×24時間：T4	495℃水冷 室温×24時間：T4
防食	アノダイズ	アノダイズ	クラッド，アノダイズ
溶接	不可	不可	困難，スポット溶接可
形状	型鍛造，棒，ブロック	リベット	板，型，棒，管，リベット
合金記号	7075	7079	3003
旧JIS	A3PC6 クラッド		A2P3 シート
用途	構造用	鍛造	成形材，インテーク，フェアリング
性質	超超ジュラルミン．高強度，加工性やや不良．応力腐食	7075を鍛造用に改良したものと考えて良い	加工性良，耐食性きわめて良，強度低い
代表組成	Al-5.6Zn-2.5Mg-1.6Cu-0.3Cr	Al-4.3Zn-3.3Mg-0.6Cu-0.2Mn	Al-1Mn-0.6Si-0.7Fe
引張り強さ	56kgf/mm²	53kgf/mm²	11（O）kgf/mm²
熱処理 調質状態	485℃水冷 110℃×24時間空冷：T6	445℃水冷 110℃×48時間空冷：T6	冷間加工H12〜18 冷間加工後安定化H22〜28
防食	クラッド，アノダイズ	アノダイズ	
溶接	困難，スポット溶接可	不可	可能
形状	板，型，棒，管，リベット	型鍛造，棒	板
合金記号	5052	6061	356
旧JIS	A2T1 チューブ	A2P4 シート	AC4C
用途	燃料，油圧低圧管，ハニカムコア	耐食性準構造用	鋳造
性質	耐食性・加工性良好	加工性・溶接性・強度・耐食性良	鋳造性・耐食性良
代表組成	Al-2.5Mg-0.4Si-0.25Cr	Al-1Mg-0.5Si-0.25Cr-0.2Cu	Al-7Si-0.3Mg
引張り強さ	24（O）kgf/mm²	30kgf/mm²	25kgf/mm²
熱処理 調質状態		520℃水冷 160℃×12時間空冷：T6	520℃水冷 160℃×12時間空冷：T6
防食	アロジン	アロジン	アノダイズ
溶接	可能	可能	不可
形状	管，箔	板，棒，管	鋳造品

表3.6 各種材料の強度比較

材料	軟鋼	低合金鋼	アルミニウム合金	純チタン	繊維強化プラスチック（FRP）	プラスチック
引張り強さ（kgf/mm²）	41	120	50	50	30	5
比重（g/cm³）	8	8	2.7	4.5	1.9	1.2
重量強度比	5	15	19	11	16	4.2
材料名例	SS41	4130HT	7075T6	JIS 2種	GFRP	ABS

2. アルミニウム合金の強さと軽さ

アルミニウム合金は，1960年代までは機体構造重量の約90％を占めていた．その後，航空機の高性能化とアルミニウム合金以外の合金や複合材料の進歩によってその比率は次第に下がりつつあるが，依然として航空機の主要材料である．

航空機に使用する材料の優位性を比較する尺度の1つとして，「比強度」(重量強度比)という用語を使い，次のように表わす．

　　　比強度(重量強度比)＝材料の引張り強さ／材料の比重

この比強度の値を使い，各種の材料を比較したものが表3.6である．

一方，航空機用材料の特性は，この比強度だけが選択の基準ではなく，「弾性率」，つまり，剛性－変形量の問題やマッハ2.5以上の空力加熱による高温強度の問題も合わせて考慮しなければならない．

3. 腐食とアルクラッド材

(1) 腐食

2つの異なる金属が電解液中で接触すると「局部電池」(ガルヴァーニ電池)現象が起こる．金属の原子は電子を失うと陽イオンになるが，この電子を離す力には序列があり，この順序を「金属のイオン化傾向」と呼ぶ．水素は金属ではないが陽イオンになることができ，やはり標準単極電極の基準とする(図3.4)．

イオン化傾向の大きな金属は電子を失う力が大きいので，水素電極に対しては電位が低く，より卑な金属で溶解しやすい．一方，イオン化傾向の小さい金属は，電位が高く，より貴な金属で溶解しにくい．

発生した電子は，常に電位の低い卑な金属から流れ，局部電池の陽極を形成する．そして，プラスに帯電した金属イオンは電解液中に溶解する．このとき，2つの金属間の標準単極電極の差(電位差)が重要になる．

このような原理を利用して異種金属をうまく組み合わせることで，機体構造の

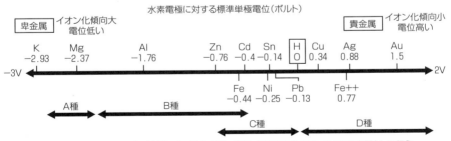

図3.4　標準単極電位と機体設計上の異種金属の区分例

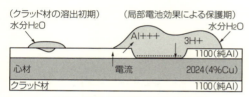

(a) アルミニウム合金のクラッドと心材の組合わせ

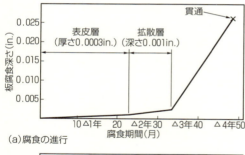

(b) クラッド材の局部電池作用による保護

図3.5 クラッド材と防食のメカニズム

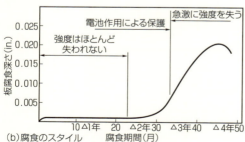

図3.6 腐食の進行とスタイル

腐食を防止したり，進行を遅らせることができる．

(2) アルクラッド材

2024，7075などの高強度アルミニウム合金は，アルミニウムに銅，亜鉛，マグネシウムなどの元素を添加して強度を高めた代償として，きわめて腐食しやすい材料である．アルミニウム合金の腐食は，外観上だけでなく最も重要な要求性能である強度の急速な低下を招く．この腐食を防止する最も有効な方法が「アルクラッド」(Alclad)である．

この方法は，腐食しやすいアルミニウム合金の表面に，板厚0.064in.(1.6mm)未満までは，片面に板厚比で4％，板厚0.064in.以上では，2024は2.5％，7075は3.5％程度の厚さで，より卑な純アルミニウム，またはそれに近い金属を熱間圧延工程時に圧着するもので，この処理を施した薄板材を「アルクラッド材」(アルミニウム合金合わせ板)と呼ぶ．

アルクラッド材の場合，初期は腐食しにくい不動態の酸化皮膜面を持つクラッド(表板)層で保護され，さらにスクラッチや腐食でクラッド層が壊れて心材が露出した場合でも，局部電池効果でクラッドが溶解して心材を保護する．

クラッド層の破損が直径5mm以下で，水分などの腐食環境にある場合，クラッド層と心材の合金成

分が異なるために接触電位差を生じる. この作用によってクラッド層だけが溶出する方向に電流が流れ, クラッド層は失われるが心材は一定期間腐食しない状態を保つ(図3.5).

図3.6は, 板厚0.025in., 2024アルクラッド材の腐食経過を推定した例である. クラッド層および拡散後退層の腐食は, 直径5mmまでは緩やかであるが, それ以降は急速に進行する.

図3.6(a)の拡散層とは, アルクラッド材の場合, 心材の濃い合金成分が合金成分の薄いクラッド部分へ, 圧延, 溶体化処理の高温加熱のときに拡散, 移行した部分をいう. 図3.6(b)は, 時間経過と腐食の程度を強度低下と関連させて模式的に示したものである.

4. アルミニウム合金の熱処理

(1) 時効硬化合金と非時効硬化合金

アルミニウム(Al)に銅(Cu)または亜鉛(Zn)およびマグネシウム(Mg)を溶解して合金化すると, 熱処理によって強度が上がるという性質がある. しかし, Cu, Znだけでは腐食しやすく, その他にもいろいろな欠点があるので, クロム(Cr), マンガン(Mn), ケイ素(Si)などを添加して改良したものが時効硬化合金(熱処理合金)である.

このグループに属する合金は, 航空機の主要構造材料として多く使われている.
・Al-Cu系…… 2014, 2024, 2117, 2219など
・Al-Mg-Si系……6061など
・Al-Zn系……7050, 7075, 7178, 7475など

これらのうち, Al-Cu系とAl-Zn系の薄板材は防食のためにアルクラッド材として使用されているが, 6061は行なわない. また, 0.1in..(2.5mm)以上の厚板も一般に機械加工などの除去加工をするためにアルクラッドしない.

一方, Cu, Znは添加せず, Mn, Mgなどを添加した合金は強度がやや向上し, 耐食性は良くなるが時効硬化はしない.

これらの合金が非時効硬化合金(非熱処理合金)で, 航空機では低圧油圧配管および燃料系統配管用の管材5052と, 非構造部材の限定部品である特別な深絞り板金部品用に3003または1001を使用している程度である.

(2) 熱処理の原理

AlにCuやZnを添加した合金を約470〜500℃に加熱すると(Alの融点は660℃), 合金の成分が均一にAlに溶解する. このAl中に合金成分が溶解して原子的に結合し, 均一な性質の固相となった状態を「固溶体」(solid solution)という.

この固溶体から急速に(薄板で1〜2秒以内)水冷すると, 析出が完全に阻止されて固溶体のまま常温まで維持でき, きわめて軟らかい状態となる(W状態).

Part.3 航空機構造材料　75

表3.7 主なアルミニウム合金材料の熱処理[3]と管理

材料	溶体化処理温度(℃)	時効処理前の状態	時効処理 温度(℃)	時効処理 時間(h)	時効処理後の状態
2014	502	T3	160	18～20	T8
		T4	177	8～9	T8
2024	493	T3,T351,T352	191	12～13	T8,T851,T852
		T4（シート材）	191	9～10	T6
		T4（型材）	191	12～13	T6
6061	530	T4	177	8～9	T6
7050	476	W（型材・厚板）	121 続いて177	7～9 続いて9～11	T76
7075	493 板厚1.2mm未満	W	121	23～25	T6
			102 続いて176	6～8 続いて6～8	T73
	466 板厚1.2mm以上	T651（型材）	177	6～8	T7351
		T652（鍛造材）	177	7～8	T7352

熱処理管理の例

検査項目	アルミニウム合金	鋼
炉の温度分布測定（9点）	±5.5℃　月1回	±8.3℃　年4回
炉の温度調節記録計の検定	±5.5℃　週1回	±2.7℃　週1回
冶金学的検査	酸化，拡散　月1回	脱炭，浸炭　月1回
引張り試験	各チャージごと	各チャージごと
焼入れ水（油）性能試験	月1回	月1回

この加熱，冷却工程を「溶体化処理」（solution heat treatment）といい，この状態のときに成形，曲げ，矯正などの加工を行なう．

この添加元素の過飽和な固溶体は，「時効」（aging）によって微細な形で析出し，いわゆる「時効硬化」（age hardening）が起こり，合金の強さと硬さが増す．一般にこの時効は，ある一定時間150～200℃で加熱することで大幅に促進できる．このような処理を「人工時効」という．

Al-Zn系の7075などは，時効硬化する速度がきわめて遅いので，炉中でそれぞれ一定時間，約100℃に加熱後，さらに180℃程度に加熱することで強度を高めることができる．このような処理をとくに「2段人工時効硬化」（2段人工時効，2段時効）という．

一方，Al-Cu系の2024などは，常温に放置すると約24時間で均一に溶解していた合金成分がアルミニウム合金となって析出し，引張り強さが高くなる．これを「自然時効硬化」（自然時効，常温時効）という．

アルミニウム合金の熱処理はむずかしいと考えられがちであるが，すべての操作手順や条件が定められており，操作手順を厳格に守って常に設備機器の性能を理想的な条件で取り扱うことができれば，操作に熟練を必要とするものではない．

なお，熱処理プロセスについては，規格やテキストなどの設定条件は標準値で

あり，航空機メーカー各社は社内設備や処理部品に適するように，独自の実験と経験に基づいて設定しなければならない．

このようにして設定されたプロセス仕様の熱処理条件を維持するため，各社とも品質管理上，設備や工程の信頼性検査に大きな労力を払っている．**表3.7**は，主要アルミニウム合金の熱処理温度と熱処理時の品質管理のために実施すべき検査項目の例である．

(3) 熱処理と成形加工プロセス

図3.7は，アルミニウム合金部品が素材から製品になるまでの主要な工程である．素材は材料倉庫から切断，出庫される．曲げ成形加工の多い部品の素材は，アルミニウムメーカーから調質状態Oで購入する．

一般的な形状のゴムプレスやストレッチ成形品は，溶体化処理後に曲げ成形加工し，アルミニウム合金の材種に応じて2024は自然時効硬化でT4調質状態となる．また7075，6061などは人工時効硬化を行なってT6調質状態となる．その後，表面処理，塗装を施して完成部品となる．

一方，複雑な絞り形状のドロッププレスやストレッチ成形加工品は，中間焼鈍により加工硬化を除去して軟化させ，何回かの曲げ成形加工を行ない，溶体化処理し，最後に歪取りして材種ごとに時効処理をする．曲げ加工が少なくほとんど平板で使用する部品は，メーカーから直接T3で購入し，3本ローラ，ブレーキプレス曲げ成形して完成品とする．

5. アルミニウム合金の熱処理設備

(1) 溶体化処理(焼入れ)炉

溶体化処理用炉には大別して「硝石炉」(ソルトバス式)と「空気炉」がある．硝

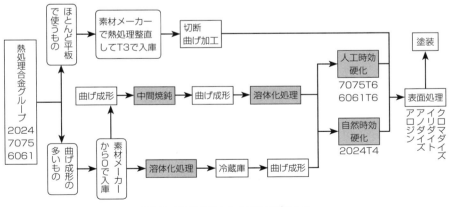

図3.7 アルミニウム合金の加工プロセス

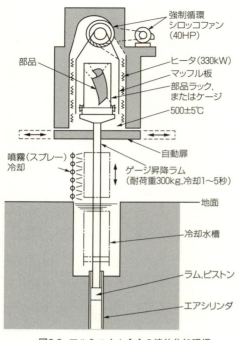

石炉は，溶融した硝石自体の対流のため温度分布が良く，比較的設備費が安価であるが，自動化がむずかしく生産性は低い．しかし，短時間で部品を加熱できるので，多品種少量の溶体化処理には便利である．

空気炉は，電熱加熱した空気を強力な送風機で秒速約30mで循環させ，±5℃の温度分布を確保している．また，水冷却，つまり焼入れを1～2秒で処理できるように，自動的に加熱室から水中に投入するようにした急速焼入装置を備えたものが多い（図3.8）．

なお，焼入れ速度が遅いと薄い板材は空気で徐冷されて焼きが入らない．また，焼入れの際，蒸気の泡で板材の表裏の冷却速度が異なって焼入れ歪が発生する恐れがある．これを防止するために噴霧焼入れを行なうことがある．

図3.8 アルミニウム合金の溶体化処理炉

(2) 人工時効炉

人工時効用の炉はすべて空気炉で，溶体化処理炉と同様な構造様式である．処理条件は，7075の場合は121±2℃で24時間，6061は177±5℃で8時間である．

(3) 冷蔵庫

溶体化処理したアルミニウム合金は，常温（20℃）に放置すると徐々に時効硬化が進むが，これを−20℃に保つと時効硬化はほとんど進行せず，いつまでも軟らかいW状態を保持できる．この性質は，焼入れで生じた歪を矯正するにはきわめて都合が良い．そのため，焼入れをまとめて処理し，歪取りあるいはプレス成形加工までの間を冷蔵庫で−20℃に保持しておく．冷蔵庫の設備としては，通常のフレオンガスや代替フロンを使用した冷凍機を備えたもので，4×4×12ft（1.2×1.5×3.6m）程度のサイズが一般的である．

(4) 焼入れ歪

板材の焼入れ歪は，水中に焼入れしたときに板材の表裏で発生する蒸気の気泡のアンバランスによる冷却速度の違いで起こる．これを防止するために噴霧焼入

れを行なえばよいが，設備上一般的ではない．水の発泡防止剤として，ポリエチレングリコール溶液を使用すると効果があるが，完全な歪の発生防止は困難で，焼入れ後にグリコール液を洗浄するタンクを考慮する必要がある．

このような焼入れ歪を防止する対策として，航空機メーカーでは板材については焼入れ後に成形または歪取りを行なうような工程を計画している．

一方，アルミニウムメーカーは，焼入れ後にローラレベラまたはストレッチャで3〜6%の永久変形を与えながら平板に整直してT3材としている．

押出し型材は，航空機メーカーで切削加工すると内部応力による歪が発生する．この加工歪をできるだけ少なくするため，素材メーカーで溶体化処理後に引張り応力をかけ，できるだけ材料の内部応力を均一に矯正してから，人工時効処理による調質を施したT651材を使用している．この引張り応力を負荷するストレッチャは引張り力が数百〜数千tonにも及び，設備も高価になる．

肉厚1in.以上の鍛造品をそのまま焼入れした後に切削加工すると，焼入れが不十分な耐食性の良くない中央部分が部品表面に出たり，仕上げ加工中に大きな加工歪が発生する．そこで，1〜2mm程度の余肉を付けた形状に粗加工した後に焼入れし，その後に仕上げ加工を行なって加工歪を最小にする方法が採用される．

とくに，2024のように焼入れ速度が遅いアルミニウム合金は，焼入れが不十分になって耐食性が低下するので，できるだけ最終部品形状まで粗加工してから溶体化処理することが大切である．

(5) 内部応力と切削歪

肉厚の大きな厚板や鍛造品は，素材製造時の熱処理で比較的大きな内部応力（内部残留応力）が潜在し，この内部応力がバランスしてまっすぐな形を保っている場合が多い．その大きさは0〜20kgf/mm²にも及び，応力腐食割れの原因となる．また，このような板材，押出し型材や鍛造品の片面を切削除去加工した場合，バランスがくずれて片面の圧縮応力で大きな歪が発生する．

これを防止するには，素材をT651調質状態にするか，切削工程の間に何回かの歪取り矯正作業を行ない，正しい部品形状を確保する．

(6) グレンフローと応力腐食割れ

素形材は製造工程によってグレン（粒子）形状が変化し，グレン形状に応じて材料の機械的性質も変化する．そのため，製造部門では必ず設計部門が指示したグレンの形状を守らなければならない．

鍛造，押出し型材，冷間引抜きなど素形材の製造工程やその粗機械加工は，厳しいグレンの変形を与えることになり，歪や変形の原因となる．このような現象は「グレンフロー効果」と呼ばれている．

グレンフローには3つの方向があり，素形材の圧延方向に平行あるいは展伸材

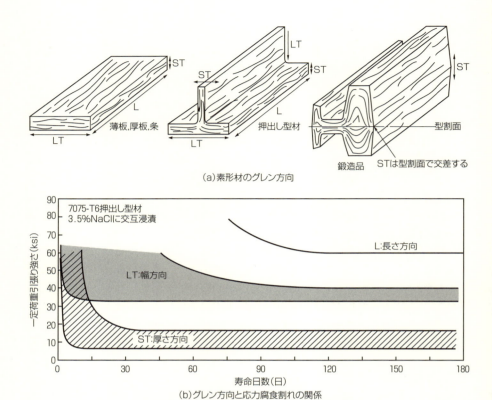

図3.9 素形材のグレン方向と耐応力腐食割れ[4]

のグレンフローの主方向をL（Longitudinal：長さ）方向，これらに直角な方向をLTとT（Long Transverse と Transverse：幅）方向，そして，L方向に直角で最も短い方向をST（Short Transverse：厚さ）方向と呼ぶ．材料の持つ特性はST方向から発生するので，通常，応力腐食割れはこの方向から起こる傾向にある．

「応力腐食割れ」（SCC：Stress Corrosion Cracking）は，金属が応力状態で腐食環境に置かれた場合，きわめて急速に腐食が進行し，その結果，割れが発生することである．アルミニウム合金の場合，7075や7178などの合金の表面に引張り応力が存在し，アルカリ海水，水蒸気，酸素などと接触すると割れが発生する．応力腐食割れは，材料の調質が不完全な場合，つまり溶体化処理時の冷却速度が十分でなかったり，厚肉のために内部応力が発生する場合に生じやすい．

一般に，7000系統の合金は2000系統の合金より応力腐食割れが起こりやすい．たとえば7075-T6押出し型材の場合，3.5％塩水交互浸漬で，一定荷重引張り応

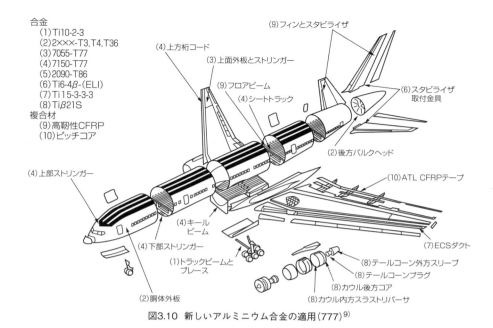

図3.10 新しいアルミニウム合金の適用（777）[9]

力負荷試験の結果，L方向に荷重を負荷するときは，70ksiでも寿命日数は80日程度持つが，60ksi以下で安全な寿命となり，LT方向では50ksiで数日から60日間程度で割れが発生するので，32ksi以下で安全な寿命となる．

一方，ST方向では30ksiを負荷するだけで数日から15日前後で割れるので，7ksi程度以下で使用しなければならない．図3.9は，この押出し型材のグレン方向，グレン方向の違いによる耐応力腐食割れの関係である．

応力腐食割れの防止対策としては，肉厚をできるだけ小さくして焼入れし，かつ過大な応力が発生しないように注意することが重要である．一般に応力腐食は，材料の降伏強さの25％以下なら発生しないといわれている．また，表面処理，塗装を十分に行ない，腐食環境から絶縁するか，焼入れ性の良い7079を使用する．

6. 新しいアルミニウム合金の適用[9]

新型旅客機のボーイング777に使用された新しいアルミニウム合金としては，2XXX（C188），7055，7150，2090がある．2XXXは不純物を厳しく制限することで，2024と同等の強度を持ちながら靱性を向上させた薄板用アルミニウム合金材料であり，胴体外板などに広く使われている（図3.10）．

一方，7055と7150は，7075の不純物を厳しく制限すると同時に成分調整を行ない，強度と靱性を向上させた厚板用アルミニウム合金材料で，高強度を維持な

がら耐応力腐食割れ特性を向上させるため，T77処理(復元化処理)という特殊な熱処理を施した材料である．7055は主翼上面外板などに，7150は胴体上部および下部ストリンガーや主翼上方桁コードなどに使用されている．

2090はAl-Li-Cu合金で，従来のアルミニウム合金よりやや強度や剛性が向上している(使用量が少ないため図中に適用部位の指示はない)．Al-Li合金は強度や剛性などにすぐれた特性を持つにもかかわらず，異方性が大きいことやリベッティング時の剥離など，技術的な課題とコストが高いことやリサイクルの問題があり，機体材料への適用は限られている．

7. Al-Li合金かCFRPか　新しいアルミニウム合金の適用 [11], [12]

アルミニウム合金の1つの開発方向として，第3世代のアルミリチウム合金(Al-Li合金)が注目されている．リチウムは比重が0.53と金属中最軽量の合金元素で，このリチウム元素を2%以下程度添加したAl-Li合金は比重が2.59と，アルミニウム合金の比重2.7〜2.8に比べて軽量化が可能である．材料特性的には，リチウムを1%添加するごとに剛性は6%向上し，比重は3%低下するといわれている．

Al-Li合金は1960年代から第1世代，1980年代から第2世代として開発されているが，材料の異方性が強く使いにくいアルミニウム合金であった．しかし，アルコア社によれば，第3世代のAlcoa2099-T83押出し型材(A380)やAlcoa2099-T86厚板(787)は，過去の問題を解決して航空機材料に適用されている．これら第3世代のAl-Li合金は，異方性が改善され，亀裂の進展予測が可能になり，ボーイング777で採用が検討され，結局は適用が限定された大きな理由の1つである機械加工時の微細亀裂の問題も解決したといわれる(Part.6，図6.17参照)．

また，耐腐食性が著しく改善し，CFRP構造部品との電解腐食が懸念される箇所で，現在チタン合金が使用されている部品の代替材料として使われる可能性がある．さらに，機械加工性や部品製造プロセスも，従来のアルミニウム合金と同等まで改善されているといわれ，大型の主翼上下面用の厚板や胴体用の薄板，ストリンガー用の押出し型材，鍛造品も開発されている．

リチウムはきわめて活性な金属で，水分と強い反応を起こす．このため，Al-Li合金製造プロセスでは，高温の溶解鋳造工程で従来の製造設備が使用できない．水と接触すると爆発を引き起こし，従来用の製造設備や工程に特別な配慮が必要となるなどの理由で，Al-Li合金材料のコストは従来のアルミニウム合金に比べて高価なので，コスト／効果の比較で適材適所の使用が求められる．現時点では材料歩留まりの良い押出し材，薄板などが優先的に開発されている．

リチウムは希土類金属で高価であり，またAl-Li合金の機械加工の切りくず自体は，他のアルミニウム合金と取扱い上は何ら変わらないが，再溶融時に水分や

酸，アルカリと反応して水素ガスと発熱を伴うため，リチウムの量や再溶融後に製造するアルミニウム合金の種類によっては，分別管理されたリサイクルシステムの確立が必要となる．

現在生産中のエアバスA350XWBは，胴体外板などに20%のAl/Al-Li合金の適用が計画されている．Al-Li合金は溶接が可能で，A350XWBには軽量化や低コスト製造を目指して，FSWやLBW（レーザビーム溶接）など新接合技術の適用による一体化組立部品の加工法が開発されている．

今後，航空機部品は，CFRPがますます適用拡大されていくのか，Al-Li合金が既存の製造設備や加工技術の強みを生かして巻き返しをはかるのか，大いに注視する必要がある．

3.3 マグネシウム合金

1. マグネシウム合金の特性

航空機用材料としてのマグネシウム合金は，板材としては3% Al，1% Zn合金のAZ31B合金が使用される．マグネシウム合金の引張り強さは28kgf/mm²と低いが，Mgの比重が1.74と軽いので，比強度や比耐力（耐力／比重）にすぐれ，軽飛行機の動翼外板のように2024C-T3，0.016in.（0.4mm）の薄板でも強度的余裕がある部分や，板厚を厚くして剛性を向上させたい部品に適用される．

各種マグネシウム合金は，一般的にはASTMの呼びかたが使われている．最初のアルファベット2文字は次の合金成分元素を表わし，含有量の多いほうを先に示す．A：アルミニウム，Z：亜鉛，M：マンガン，K：ジルコニウム，E：希土類，Q：銀．続く2桁の数字は合金成分の重量%を示し，調質記号はアルミニウム合金と共通である．また，マグネシウム合金は鋳造用合金と展伸用合金が使われ，鋳物ではAZ91C合金が多く，板，押出し材ではAZ31B合金，鍛造材ではAZ80A，ZK60A合金が一般的に使われている．

Mg（融点650℃）は稠密六方格子の結晶構造を持ち，底面だけがすべり面なので，立方晶のAlやCuなどに比べてきわめて加工硬化しやすい材料である．このため，マグネシウム合金薄板の圧延はむずかしく，日本では湿気が多く腐食しやすいことから需要量も少なく，国内生産を困難にしている．

2. マグネシウム合金の加工法

板金部品の単純な曲げ加工は，アルミニウム合金よりやや大きな曲げ半径とスプリングバック量を見込めば，常温でも成形加工が可能であるが，絞り成形が必要になる部品の成形加工は150℃程度の熱間成形が必要になる．

マグネシウム合金薄板の成形加工には，加熱した金型による「熱間プレス法」，外板類の「ストレッチ成形」，赤外線灯を使用したラジアントヒータで素材と型を加

表3.8 航空機用マグネシウム合金の規格と性質

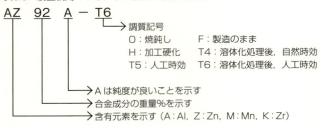

合金名	規　格	用　途	性　質	代表組成	引張り強さ
AZ31B	QQ-M-44 SAE510	外板	軽く，板厚を増してペコを防ぐ．加工は熱間で行なう	Mg-3Al-1Zn	29kgf/mm²
AZ91C	QQ-M-56	鋳造品	軽いがポーラスになりやすい．耐食性不良	Mg-9Al-1Zn	28kgf/mm²
AZ92A	AMS4434 SAE500	鋳造品	AZ91Cの鋳造性を改良	Mg-9Al-2Zn	28kgf/mm²

合金名	熱処理：調質状態	防食	溶接
AZ31B	H-24	ダイクロメート塗装	困難
AZ91C	760F×20時間水冷 420F×5時間空冷：T6	ダイクロメート塗装	不可
AZ92A	760F×20時間水冷 420F×5時間空冷：T6	ダイクロメート塗装	不可

熱して成形加工する「ドロップハンマ成形」などがある．また，加工硬化で強度を向上させた板材は異方性が大きく，圧延方向に曲げると割れやすくなり注意が必要である．さらに，成形加工後に軽量化のためのケミカルミリングが可能である．
　航空機構造用マグネシウム合金は，アルミニウム合金に比べて厚板が使用できるので，きわめて構造を簡単に設計できるという利点があり，成形加工技術が進歩した現在，さらに使われてよい材料である（表3.8）．マグネシウム合金の規格には一般にASTM記号が使われ，この記号は表3.8のような意味を持つ．
　航空機用鋳造品には，主としてAZ91（9％Al，1％Zn）が使用される．一般的にアルミニウム合金などの鋳造品から部品をつくる場合，製造上最小肉厚が制限され，強度的には必要以上に余肉が付くことが多いので，比重の小さいマグネシウム合金鋳物を使用すると軽量化設計が可能になる．
　鋳物としては，湯流れは良好であるが小さなガス孔（巣）が発生しやすいので，重要部品は全数X線検査を行なう．また，ヘリコプタのトランスミッションケース部品のように気密性が必要な部品には，真空炉中に部品と樹脂を挿入して巣の部分に樹脂を充填するインプリグネート（封孔）処理を行なう．
　マグネシウム合金は1909年にドイツのグリーンシャイム・エレクトロン工場で

発見されたので,以後同社の製品は「エレクトロン」メタルと呼ばれて,鋳物は降着装置の車輪リムや滑車金具,トランスミッションケースなどの重要部品やドアヒンジなどの小物金具に多く使われている.

切削加工性は良いが,切りくずは発火する危険性があるので,保管や取扱いには注意が必要である.万一発火した場合は,黒鉛の粉末を散布して空気を遮断して消火する.

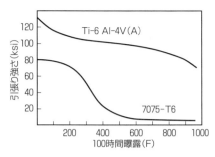

図3.11 チタン合金の耐熱性

マグネシウム合金鋳物の熱処理は,溶体化処理後人工時効するT6処理などを行なうが,一般には素材メーカーで実施し,航空機メーカーでは行なわない.防錆処理としては,加工中の腐食防止用にクロムピックルを行ない,加工が終了したらダイクロメート処理をする.

3.4 チタン合金

1. チタン合金の特性

ジェットエンジンの軽量化や大型化,胴体内部にアフタバーナ付きジェットパイプを収納する構造の採用などから,チタン(Ti)の高い比強度と耐熱性が着目され,チタン合金の使用量は急速に拡大した(**図3.11**,**図3.12**).

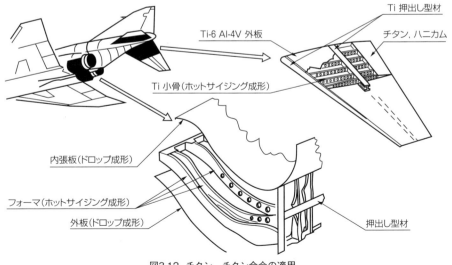

図3.12 チタン,チタン合金の適用

Part.3 航空機構造材料 85

表 3.9　航空機用チタン合金の性質

合金名	規格	用途	性質	代表組成 引張り強さ	熱処理
純 Ti タイプ I	MIL-T-7993	準耐火部分，防火壁，シュラウド	加工性，溶接性良好．比重は 18-8 ステンレス鋼の約 1/2	53kgf/mm²	1050F空冷：焼鈍し
純 Ti タイプ II	MIL-T-7993	準耐火部分，防火壁，シュラウド	タイプ I より加工性良．強度はやや低い	39kgf/mm²	1050F空冷：焼鈍し
Ti-6Al-4V	AMS4911 MIL-T-9046	構造，外板など	加工性，溶接性良好．最も多用される	Ti-6Al-4V 119kgf/mm²	1625F水冷．900F×6時間空冷：溶体化，時効処理
Ti-8Mn	AMS4908 MIL-T-9046	構造，外板など	初期の Ti 合金．加工性不良	Ti-8Mn 98kgf/mm²	1400F水冷．800F×25時間空冷：溶体化，時効処理

表 3.10　チタン，チタン合金の力学的特性

材料	調質	引張り強さ (kgf/mm²)	降伏点強さFty (kgf/mm²)	伸び (%)	熱処理
純 Ti	ST60 ST90	42 ～ 56	35～49	 15 ～ 22	1050F 空冷：焼鈍し ST：神戸製鋼所記号
Ti-6Al-4V	A	101	94		焼鈍し
	STA	119	112	14 10	1625F 水冷．900F × 6 時間空冷，溶体化，時効処理

　Ti は資源的には豊富な金属材料で Al，Fe，Mg に次いで 4 番目に多く，比重 4.51，融点 1,668℃である．チタン合金は比較的軽量で比強度が大きく，500 ～ 600℃以下の温度域では耐熱鋼やニッケル合金に比べて比強度が高いので，この温度域で使用されるジェットエンジンのファンやコンプレッサ用には最適な材料である．また，室温近くで強度，靭性の高いチタン合金は機体構造材料としても使われている．

　純チタンは 883℃で同素変態を起こし，883℃以下の温度では稠密六方晶の α 相，883℃以上で体心立方晶の β 相となる．そして，α 安定化元素である Al，O，N などや β 安定化元素である Mo，V，Cr，Fe などの添加量と組合わせで，α 合金，Near α 合金，α - β 合金，β 合金などの合金が得られる．合金の種類によって特性は大きく違い，α 合金に近いほうが溶接性，耐食性にすぐれ，一方，β 合金に近くなるほど熱処理性，加工性が向上する．

　航空機構造用チタン合金としては，α - β 合金の 1 つである Ti-6Al-4V が熱間加工性，溶接性，熱処理性などの点で最もバランスが取れた合金で，使用量は航空機構造材料の大部分を占める．α 合金，Near α 合金に属する合金は，熱安定性，耐クリープ性にすぐれたものが多く，ジェットエンジンのファンやコンプレッサに使用されている．Ti-6Al-4V より β 安定化元素を多くして，熱処理性を高めた α - β 合金は，機体構造材料やジェットエンジンの高い比強度が要求されるコンプレッサ

に多く使われている．さらにβ安定化元素を多くすると，鍛造性や熱処理性が向上するが，一般に靭性は低下する．この破壊靭性を改善するために開発された合金がNear β合金で，Near Net Shape加工法の1つである恒温鍛造に適した合金である．

一方，β合金は焼鈍した状態で冷間加工でき，時効処理で150kgf/mm²程度の強度が得られることから，機体構造材料として有望視されている（表3.9，表3.10）．

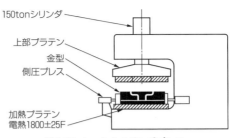

図3.13 ホットサイジングプレス

チタン合金を適用する場合，一般的には粗鍛造から機械加工して部品を製作しているが，チタン合金は難削材の1つで加工コストが高く，高価な材料費と同時に加工に時間がかかる．これらの課題を解決する方法として，Near Net Shape加工法としての恒温鍛造，精密鋳造，超塑性成形／拡散接合，粉末冶金などの加工技術が実用化されつつある．

2. チタン合金の加工法

チタン合金の板材の外形加工は，素材の切断にはギャップシャーを使用できるが，ルータ加工ができないのでバンドソーを使用する．曲げ加工は，ゴムプレスまたはドロッププレスで650℃で熱間粗成形した後，500～650℃のホットサイジングプレスで仕上げ成形を行なう（図3.13）．

簡易な成形法としては，ゴムプレスを使用してマッチドダイ（雄雌型）にチタン合金の板材を挟み，炉中で650℃に加熱して直ちにゴムプレスで成形する方法もある．このときは，650℃に耐えるシリコンゴムのパッドを使用する必要がある．

純チタン，Ti-6Al-4Vはガス溶接やアーク溶接が可能であるが，チタンは500℃以上では空気中の酸素や窒素を吸収して脆化しやすいので，アルゴンガスなどの不活性ガスのチャンバやバッキングガスを使用して溶接するか，または真空中で電子ビーム溶接する必要がある（図3.14）．

チタンを空気中で加熱すると，酸

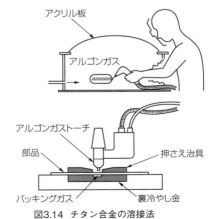

図3.14 チタン合金の溶接法

Part.3 航空機構造材料 87

表3.11　航空機用鋼の特性

名称		炭素鋼(参考)	構造用低合金鋼		
AISI 記号		1020	4130	4135	4340
引張り強さ (kgf/mm²)	焼鈍し	40	60	65	70
	焼入れ・焼戻し	–	100	120	150
硬さ (HRC)		65 (HRB)	31	37	45

素や窒素による汚染や酸化スケールのために延性が低下したり断面が減少することがあるので,加熱は真空または不活性ガスの雰囲気中で行なうことが好ましい.

　表面処理は,熱間加工で生じた酸化皮膜がきわめて強固なので,溶融塩に漬けてスケールをルーズにしてから,酸洗い(ピックリング)を行なって清浄にする.

　チタン合金部品の場合は,防錆目的の表面処理や塗装はとくに実施しない.

3.5 鋼

1. 鋼の種類と特性

　鉄と鋼は,他の金属材料に比べて強度や硬度,靭性が大きく,機械用材料として最も重要である.鉄鉱石から製造される過程で混入するC,Si,Mn,P,Sなどの元素を含んでいる.このなかでもCは含有量が多く,鉄および鋼の性質に大きな影響を与えるので,鉄合金を分類する基礎を成している.

　鉄および鋼中のC含有量は痕跡から4.5％程度であり,C量が1.7％より多いものが「銑鉄」または「鋳鉄」で,1.7％よりも少ないものが「鋼」である.

　鋼は,Feと0.04〜1.7％Cを主成分とする「炭素鋼」あるいは「普通鋼」と,特殊な性質を与えるために炭素鋼にNi,Cr,Mn,Si,Mo,W,Vなどの元素を,1種ないしは数種類添加した「合金鋼」あるいは「特殊鋼」に分類される.

　このなかで,航空機には降着装置やエンジン部品などに各種の合金鋼あるいは特殊鋼が使用されている.これは,鋼が他の材料に比べて剛性が高く,絶対強度が大きく,高温での強度低下や材質劣化が小さいなどの特性があるからである.

　鉄の引張り強さは約30kgf/mm²で,加熱,急冷してもその性質はあまり変わらない.しかし,炭素Cを添加して800℃以上に加熱,急冷すると硬化する.これが「焼入れ」である.

　鋼の硬さや強さは,一般的に炭素量が多いほど硬く,強くなる.しかし,鋼でも焼入れの状態のままでは硬く,脆いので,約500℃に加熱して空冷すると,粘く強くなる.この処理が「焼戻し」である(**表3.11**).

　一方,炭素だけを添加して硬くすると脆くなり,厚肉の材料では硬くならない.このような性質を改善するために,Ni,Cr,Mo,Vなどを添加する.Niは延性を損なわずに強度を向上させることができ,Niを2〜5％含有させると衝撃や荷

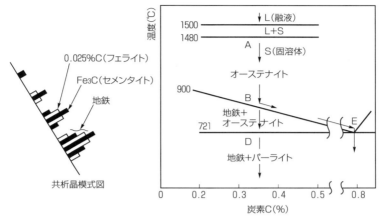

図3.15 鋼の状態図

重を受ける機械加工部品に適した性質となる．また，Niを5％以上含有させると，耐熱性，耐食性の高い鋼となる．

　Crを添加すると焼入れ後の硬さが増し，引張り強さと弾性限度が向上する．Moは耐摩耗性を始め強度や靱性を向上できる．少量のVは延性を損なわずに引張り強さと弾性限度を上げられる．航空機構造材料に使用されている合金鋼の炭素量は0.25〜0.5％C程度であり，これらの元素を含む合金を「低合金鋼」という．

　各種の低合金鋼は，すべて焼入れによって高硬度，低延性のFe-Cマルテンサイト地にした後，焼戻しでこれを炭化物と軟質のフェライトに分解して強度と靱性のバランスを取っている．

　これらの低合金鋼のうち，引張り強さ50kgf/mm²，降伏点30kgf/mm²以上で，溶接性や切欠き靱性などのすぐれた構造用鋼を「高張力鋼」といい，とくに引張り強さ140kgf/mm²以上の特性を持つ高張力鋼が「強靱鋼」で，航空機構造材料に使用されている．

　航空機用材料である4130，4340Mなど強靱鋼は，一般の機械用材料とは異なる厳格な品質管理下で製造される．溶解は，真空誘導炉溶解によるか，大気中アーク炉溶解の場合はエレクトロスラグ再溶解または真空アーク炉再溶解で，不純物の低減および凝固組織の改善をはかっている．不純物が多いと熱処理時の焼割れ，溶接割れ，水素脆性などの原因になる．

　強靱鋼の冷間での塑性加工や厳しい切削加工は，成形性や加工性がきわめて悪いため，焼入れ，焼戻し前の焼鈍し状態で行なうが，その後の焼入れ，焼戻しによる形状，寸法変化が大きいため，加工手順には特別な注意が必要である．

Part.3 航空機構造材料　89

2. 鋼の状態図

　通常，鉄－炭素系の平衡状態図は，一般に炭素含有量が5％または7％までの平衡状態で解説されているため，理解をむずかしくしている．ここでは，実用的に0.5％までの炭素含有量にして説明する（**図3.15**）．

　図中のLは，Fe-C合金中のCが溶融状態ですべてFe中に溶解した均一な融液を示し，これを徐々に冷却すればその組織成分は，温度および炭素の濃度に応じて図のような状態に変化する．なお，鉄の融点は1,536℃である．

　L＋Sは，融液から固溶体が晶出して固体と液体が混合した状態である．AからBはオーステナイト（γ固溶体）と呼び，アルミニウム合金の溶体化処理と同じように，鉄に炭素やその他の合金成分が均一に溶け込んだ状態となる．

　B点に達すると，炭化鉄Fe_3C（セメンタイトといい，硬く脆い化合物）と炭素0.025％Cを含有した鉄（フェライト．α固溶体といい，軟らかい地鉄）が層状に析出し始める．この組織はパーライト（共析晶）と呼ばれ，BEに沿って炭素濃度0.87％C以下，721℃の鋼中に遊離して存在する．

　この組織で炭素が消費し尽くされると，その後はセメンタイトとフェライトが共析したパーライトと地鉄の部分となる．BD間をゆっくり冷却すると，地鉄部分が多いために軟らかい組織となるが，BD間を急速に油や水で冷却するとFe_3Cが一面に分散した非常に硬いマルテンサイト組織になる．

　オーステナイト状態に加熱した鋼を急速に油や水で冷却し，きわめて硬いマルテンサイト組織にする操作が焼入れであるが，この組織を約500℃に再度加熱すると，分散したFe_3Cが部分的に集合して，軟らかい地鉄部分の面積が増え，粘さが出てくる．これが焼戻しで，この組織の変化は状態図には現われない．

3. 高張力鋼の航空機構造への適用

　鋼は，以前は鋼管溶接骨組み，羽布張り構造の航空機構造の主要材料だった時代もあったが，ジュラルミンなど軽合金の発展と応力外皮構造の採用で次第に用途が限定され，構造重量比で5〜10％程度の適用にとどまっていた．

　しかし，空力加熱が問題になるマッハ2（音速の2倍）程度の超音速機では高張力鋼の割合が20％を超え，さらにマッハ3クラスの航空機では再び耐熱構造用鋼やチタン合金が主要構造材料として注目されている．

　高張力鋼を航空機用構造部品に適用した代表的な例としては，エンジン，トランスミッション，降着装置，フラップレール，ボルトナット類，ブシュなど，高い面圧や耐摩耗性が要求され，コンパクト設計が要求される部品がある．また構造用としては，高い応力が集中する部品である翼胴結合金具，エンジンマウント，パイロン取付け部などがある（**図3.16**，**表3.12**）．

　表3.13は，航空機に最も一般的に使われている高張力鋼，耐熱鋼，耐食鋼の

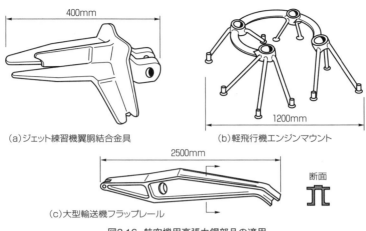

(a)ジェット練習機翼胴結合金具　(b)軽飛行機エンジンマウント
(c)大型輸送機フラップレール

図3.16　航空機用高張力鋼部品の適用

性質と性能である.

4. 鋼の強度レベル

アルミニウム合金は，それぞれの材質によって一定の強度レベルで使用されているが，鋼はたとえば同一鋼種のCr-Mo鋼4130でも85〜150kgf/mm^{2}まで実用されている．強度を高くすると次のような好ましくない性質が出てくるため，機体の要求性能や部品の使用目的，経済性などから判断して強度レベルを決める.

鋼を高強度レベルで使用するときの問題点には，次のようなものがある.

①靭性が小さくなり，割れやすくなる

②硬くなるので難削材になり，切削加工費が増加する

③水素脆性の影響を受けやすくなり，表面処理工程に費用がかかる

④表面層の脱炭や表面粗さが大きくなり，疲労強度に影響を及ぼす

しかし，近年，このようなデメリットにもかかわらず，航空機の高性能化に伴って機械材料として高い強度レベルが要求される傾向にある(**表3.14**).

表3.12　高張力鋼の規格

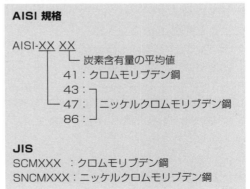

表3.13 航空機用鋼, 耐熱鋼, 耐食鋼の性質と用途

鋼種名	旧 JIS.AISI. AMS	用途	性質	代表組成	引張り強さ (kgf/mm²)
1020	S20C	低応力構造. 艤装部品	熱処理不要. 加工性, 溶接性良	0.1 ～ 0.2C	38
4130	SCM2	一般構造. 機能部品など	高強度. 溶接, 熱処理性安定	0.3C-1Cr-0.2Mo	70 ～ 125
4140	SCM4	一般構造. 機能部品など	高強度. 焼入れ性良好. 主に鍛造	0.4C-1Cr-0.2Mo	90 ～ 150
4340	SNCM8	一般構造. 機能部品など	高強度. 焼入れ性良好. 主に鍛造. 焼入れ性重点	0.4C-1.8Ni-0.8Cr-0.3Mo	～ 200
4330M	AMS6427	高強度構造. 機能部品	高強度で靭性を失わない	0.3C-1.8Ni-0.9Cr-0.4Mo-0.9Mn-0.3Si-0.007V	170
HY-TUF	AMS6418	高強度構造. 機能部品	高強度で靭性を失わない	1.8Ni-0.3Cr-0.4Mo-1.4Mn-1.5Si	165
18-8 347 302	SUS43 SUS40	ジェットパイプ. 高圧管. 防火壁	耐熱, 耐食性. 加工性, 溶接性良好	18Cr-8Ni-Cb-Ta	70
17-7PH	AISI631	準耐熱部分. 機能部品	耐食性は 18-8 よりやや劣るが, 強度は高い. 析出硬化鋼	0.09C-1Mn-17Cr-7Ni-1Al	140 160
17-4PH	NAI1027 AISI630	準耐熱部分. 機能部品	同上	0.07C-16.5Cr-4Ni-4Cu-1Si-Cb-Ta	100 140
N-155	AMS5532	ジェットパイプ	耐熱, 加工性良	20Cr-20Ni-20Co	80
SWPA	JIS-G-3522	巻きばね	直径 6mm 以下で使用	ピアノ線	200

表3.14 機体の使用強度レベル

機種	使用鋼種	引張り強さレベル (ksi)
連絡機 (機体)	4130	100 (焼準し)
連絡機 (脚ばね)	6150	240 ～ 250
ジェット練習機	4130,4135	180 ～ 210
YS-11 旅客機	4340	180 ～ 200
ジェット戦闘機	4140,4340	200 ～ 220
輸送機	4340	200 ～ 220
B707 旅客機	AMS6407,6427	220 ～ 240
DC-8 旅客機	4340	260 ～ 280
B720 旅客機	300M	280 ～ 300
B747 旅客機	4340M	270 ～ 300

*引張り強さを表わす単位で psi = lbf/in.² を使用し, 鋼の場合は 1000psi = 1ksi とすることが多い.
1psi = 7.03070 × 10⁻²kgf/cm²
1ksi = 7.03070 × 10⁻¹kgf/mm²

5. 鋼の性質
(1) 鋼の低温脆性
　一般に鋼は,温度が常温より低くなると温度低下とともに引張り強さ,降伏点,硬度および疲労限度は増加するが,伸び,絞り,衝撃値は減少する.とくに衝撃値の減少は顕著で,－70℃の温度では0.12～0.2％C軟鋼でも衝撃値は1kgf・m/cm²程度にすぎない.この性質を「低温脆性」という.

　鋼に炭素だけを添加して硬くすると,約－10℃の低温で急激に脆くなる.そこで,NiやCrを添加するとその脆くなる温度が－20～－30℃になり,低温脆性が改善される.この急に脆くなる点を「遷移点」という.

　航空機は機体温度が－50℃程度の環境になる場合が多いので,純炭素鋼はほとんど使用されず,低温脆性を改善するため以外の性質を改善する目的も含めて,Ni,Cr,Moなどを添加した合金鋼を使用して,低温脆性を改善している.

(2) 鋼の脱炭と浸炭
　鋼を900℃以上に加熱した場合,加熱炉中の雰囲気のCOガス濃度が低いと鋼の表皮の炭素が酸化によって飛び出して脱炭する.脱炭すると鋼の外表面に炭素を含まない軟らかいフェライト層ができ,曲げなどで最も応力がかかる部品表面の強度が低下するので,高張力鋼の脱炭は絶対に許容されない(図3.17).

　脱炭を防止するには,鋼が含有している炭素とバランスする炭素(COガス)濃度を持つ雰囲気ガス中で,加熱および焼入れすることが大切である.

　一方,回転部分や歯車などに使用される鋼部品は,表面は硬くて耐摩耗性があり,内部は粘くて衝撃や振動に十分に耐える性質が要求される.そこで,表面だけを硬化する処理を行なう.このような表面硬化処理には,ガス浸炭法を用いる.

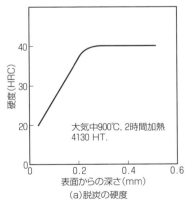
(a) 脱炭の硬度

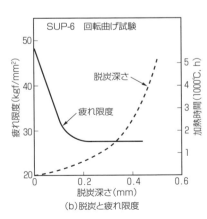
(b) 脱炭と疲れ限度

図3.17 鋼の脱炭と疲労強度

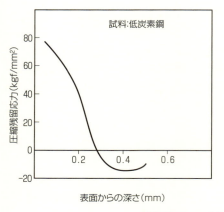 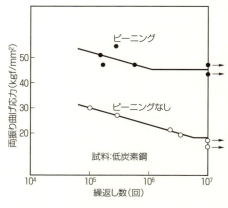

図3.18 ショットピーニングと疲労強度

この方法は，低炭素鋼の部品を加熱炉中に入れて，適当な浸炭ガスを送りながら900〜950℃で数時間加熱して浸炭するものである．なお，浸炭処理しない部分には銅めっきしておくとよい．

(3) 鋼の表面調整

引張り強さ120kgf/mm²以上で使用する高張力鋼部品の表面は，応力が高く疲労破壊の発生箇所となる．このため，脱炭を防止するとともに，表面粗さ，小さな傷，シャープな角などに細心の注意を払わなければならない．また，積極的に表面硬化させて圧縮応力を発生させ，疲労強度を向上させるショットピーニング法が高張力鋼部品に適用されている．

応力腐食割れは，圧縮応力がかかっている箇所では発生しない．このため，最初から部品表面に圧縮応力を与えておくショットピーニング法は，応力腐食割れ防止に大きな効果がある（図3.18）．

(4) 鋼の焼割れと焼入れ歪

焼入れおよび焼入れに関連して発生する割れを「焼割れ」という．鋼の焼入れ時に発生する割れは，表面と内部の冷却速度の差によると考えてよい．また，ある期間を経過してから発生する割れを「置き割れ」と呼び，鋼の変態による体積変化のための応力に原因している．これを防止するには，素材を精選して調質したり，冷却速度を比較的緩やかにするなどの方法がある．設計的には，シャープな角や変形を拘束するような形状に設計しないことが大切である．

焼入れ歪は，焼入れ時の冷却時期や冷却速度の遅速，気泡の発生状態などで異なるが，設計上は体積の大きな部分が大きく縮むという原則を適用すれば，おおよその推定ができる（図3.19）．

しかし，実際の製品はきわめて不規則な形状なので，寸法上で重要な面には1～3mm程度の余肉を付けて焼入れ・焼戻し後にプレスで矯正して機械加工し，図面要求の寸法を確保する．また，フラップレールやトラス組立などの大きな構造部品は，寸法を拘束する治具にセットして焼戻しするプレステンパー法を利用する．

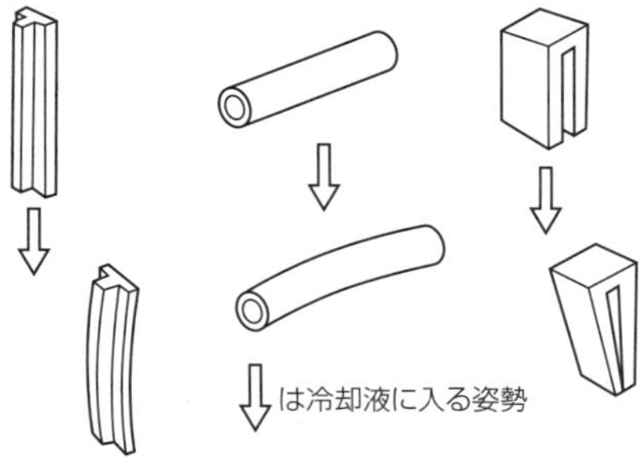

図3.19 焼入れ歪

6. 鋼の加工法

図3.20は，航空機用構造として鋼の部品が素材から部品として完成するまでの一般的なプロセスである．Cr-Mo鋼4130などの熱処理硬化鋼は，素材メーカーから板材は焼準しまたは応力除去（N状態），また鍛造品は鍛造のまま（A状態），焼準し後焼戻し（E状態）のいずれかの状態で購入する．

航空機メーカーは，鍛造品は必要に応じて焼準しや焼鈍しなどの調質を行ない，その後必要な余肉を付けた粗機械加工，曲げ成形や溶接などを行なう．次に，焼入れ，焼戻しの熱処理を施して設計要求の強度を得る．

その後，各種の仕上げ機械加工を実施した後，内部応力を除去するために応力除去を行なう．さらにカドミウムめっきなど防錆用の表面処理をして，めっき工程で吸蔵した水素を除去するために加熱による脆性除去を行ない，塗装して完成品となる．

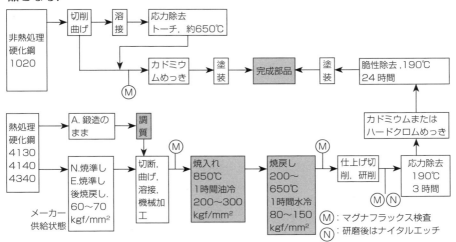

図3.20 鋼部品の加工プロセス

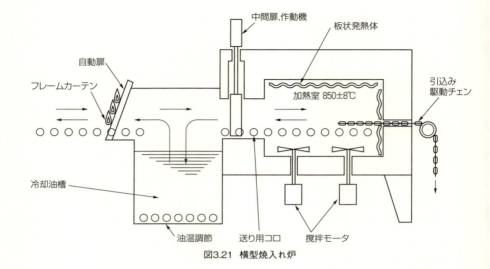
図3.21 横型焼入れ炉

　これらの工程間に，必要に応じて機械加工工程の割れや熱処理時の焼割れなどの有無を検査する「磁粉探傷」（マグナフラックス）や，研削工程の研摩焼けの有無を検査する「ナイタルエッチ」（硝酸とエチルアルコール混合溶液に浸漬する表面欠陥検査法）などの非破壊検査を実施し，各工程間の品質を保証するプロセスを採用している．

　一方，1020などの非熱処理硬化鋼は，切削加工，曲げ成形や溶接などの後，必要に応じて応力除去や磁粉探傷検査をして，カドミウムめっきと塗装を行なって完成部品となる．

7. 鋼の熱処理設備
(1) 焼入れ炉と雰囲気ガス発生装置

　焼入れ炉は，鋼を820～950℃に加熱する機能を持つ．しかし，このような高温で鋼を加熱するとすぐに鋼表面から脱炭が起こるので，これを防止するために鋼中に含まれるCとバランスするCOガス雰囲気中で加熱と焼入れが可能になっている．そして，炉内の輻射温度を下げるために加熱装置には広い表面積を持つ発熱体を使用し，炉内の温度分布を±8℃以下に制御できるように空気撹拌用ファンを備えている（図3.21）．

　一方，脱炭を防止するための雰囲気ガス発生装置は，都市ガスやプロパンガスを原料にして，各種の炭素含有量に合致した変成ガスを生成する機能を持つ．変成ガスの組成は，赤外線分析調節器で制御されている．また，COガスの濃度を

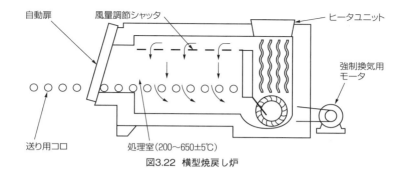
図3.22 横型焼戻し炉

鋼中の炭素濃度より高くすれば，鋼部品の表面に浸炭することができる．
このガスの変成プロセスおよびガス組成は次の通りである．

$$C_3H_8 + 1\frac{1}{2}(O_2 + 4N_2) = 2CO + 4H_2 + 6N_2$$

ガス	H_2	CO	CH_4	H_2O	N_2	CO_2
%	31.1	23.4	0.2	—	45.3	—

(2) 焼戻し炉

焼戻し炉も焼入れ炉と同様に熱風加熱式で，発熱体は修理に便利なように交換できる形式である(図3.22)．

3.6 ステンレス鋼

ステンレス鋼は，鋼に13％程度以上のCrを含有させて合金化して耐食性を向上させたもので，Cr系「マルテンサイト系ステンレス鋼」とNi-Cr系「オーステナイト系ステンレス鋼」に区分される．ステンレス鋼が錆びにくいのは，Crが鋼の表面に緻密な酸化皮膜をつくり，不動態化してそれ以上の酸化を阻止するためである．

1. マルテンサイト系ステンレス鋼

高強度とともにある程度の耐食性が要求される部品には，比較的炭素含有量の高いマルテンサイト系ステンレス鋼を使用する．熱処理は鉄鋼材料と同様の焼入れ，焼戻しであり，焼入れしてマルテンサイト組織にし，これを焼戻すことで強靱性と耐食性を合わせ持つCrステンレス鋼となる(表3.15)．

ステンレス鋼のなかでは溶接性は悪いが，機械加工性は比較的良好である．とくに410が一般的

表3.15 マルテンサイト系ステンレス鋼の熱処理[3]

材料	焼鈍し温度(℃)	焼入れ温度(℃)	焼戻し温度 (℃)
410	730～780	980～1010	330～357 (127～148kgf/mm²)
416	730～780	980～1010	330～357 (127～140kgf/mm²)
431	620～670	965	274～302 (137～158kgf/mm²)

で，ジェットエンジンケースなどに広く用いられている．

2. オーステナイト系ステンレス鋼

18％Crステンレス鋼に8％以上のNiを添加した合金が18-8ステンレス鋼で，1,100℃以上に加熱し，急冷すると炭化物がすべてオーステナイト相に溶け込み，オーステナイト単相となる．これらのオーステナイト系ステンレス鋼は非磁性で熱処理でも硬化せず，柔軟で展延性に富んでおり，冷間加工や溶接も容易である．

また，冷間加工を施すことで強度を向上させることができる．厳しい加工を施した18-8ステンレス鋼の部品は，耐食性を向上させるため溶体化処理することが望ましいが，曲げ加工した板金加工部品にはほとんど溶体化処理は行なわない．

18-8ステンレス鋼はステンレス鋼のなかで最も耐食性にすぐれているが，炭素量が多くなると粒界腐食現象を起こす．この粒界腐食は，18-8ステンレス鋼が500〜700℃に長時間保持されると，均一にオーステナイト相に分散していた0.07％程度の炭素Cが粒界に集まって炭化物$Cr_{23}C_6$が析出し，粒界近くのCrが欠乏して耐食性が劣化，全体がきわめて脆くなることで起こる．そこで，この温度に加熱したり，この温度で使用することは避けることが大切である．

粒界腐食を防止するために，炭素の固定材として微量のTiを添加した321，Nb＋Taを添加して安定化した347を排気管，防火壁，ジェットパイプなどの溶接部品に使用する．これらの材料は曲げ加工性に富み，不活性ガスを使用したアーク溶接も容易である．

18-8ステンレス鋼は表面の汚れが腐食を早めるので，通常は表面処理として酸洗いを行なう．また，アルミニウム合金と接触すると腐食するので，必ず塗装などで直接の接触を避けることが大切である．

ステンレス鋼もまったく錆びないわけではなく，塩分の強い環境では6か月で0.2mmの点食が発生した例もあり，海洋に近い場所で外気に曝されて運用する機体の場合は，エポキシプライマ程度の防錆処理が必要である．

3. 析出硬化型ステンレス鋼

オーステナイト系ステンレス鋼は，熱処理で硬化はできないが，少量のTi，Al，Cuを添加すると，熱処理によって析出硬化できる．この析出硬化型ステンレス鋼は，「マルテンサイト型ステンレス鋼」と「セミオーステナイト型ステンレス鋼」に区分される．

17-4PH（Precipitation Hardening＝析出硬化）ステンレス鋼などのマルテンサイト型ステンレス鋼は，固溶化処理とその後の時効処理によって強化する．固溶化処理には，材料の種類によって1,000℃程度の高温から急冷する場合と空冷する場合があり，この状態では軟らかい．

高温で固溶したオーステナイト組織から急冷した状態のマルテンサイト地は軟

らかく，切削加工は容易で塑性加工も可能である．その後，500〜600℃程度の時効処理で析出硬化でき，この析出反応による寸法変化はきわめて少ない．適用部品は，ブシュ，ピン，ボルト，ロットエンドなどである．

セミオーステナイト型ステンレス鋼は，固溶化処理と中間処理，その後の時効処理で

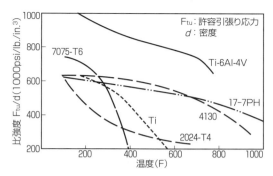

図 3.23　17-7PH ステンレス鋼の高温特性

硬化させる．17-7PHなどのセミオーステナイト型ステンレス鋼の固溶化処理は，一般に1,000℃程度の高温から空冷して，オーステナイト化処理温度に保持し，オーステナイト組織とする．

これをマルテンサイト組織に変態させるための中間処理として，変態処理またはサブゼロ処理し，その後に500〜600℃程度で時効処理する．この材料は溶体化処理時に0.4％程度寸法が伸びる特性があるので，成形加工や穴あけ後に溶体化処理する場合は，これを考慮して治具計画や工程を計画する必要がある．

セミオーステナイト型ステンレス鋼は，400〜500℃までは相当の高温強度があるので，1955年頃からジェット機のエンジン部品，ジェットパイプ周りの構造部材，マッハ3クラスの機体構造材料として盛んに使用された（**図3.23**）．

表3.16は，17-7PHステンレス鋼の引張り強さなどの特性，高温強度を示したものである．

表 3.16　17-7PH ステンレス鋼の強度と TH1050 の高温特性

(a) 17-7PH ステンレス鋼の強度

	記号	引張り強さ (kgf/mm^2)	降伏強さFty (kgf/mm^2)	伸び (%)	熱処理
焼鈍し	A	98	35	25	—
熱処理	TH1050	127	105	3〜7	1400F空冷，1050F空冷
	RH950	148	134	1〜5	1750F空冷，−100F，950F空冷

表の強さの数値はMIL-S-25043Bの要求値である．実際にメーカーが示す値は，TH1050で引張り強さ141kgf/mm^2，降伏強さ130kgf/mm^2，伸び9％である．伸びは板厚が薄くなるほど小さくなる

(b) 17-7PH ステンレス鋼の TH1050 処理材料の高温強度

温度（℃）	20	300	350	400	450	500
引張り強さ (kgf/mm^2)	134	121	118	113	107	89

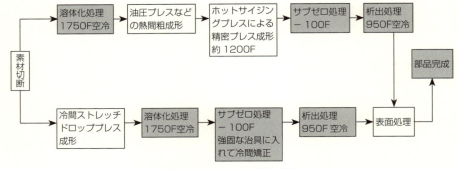

図 3.24　17-7PH ステンレス鋼の成形プロセス

17-7PH ステンレス鋼の成形プロセスからわかるように，析出硬化型ステンレス鋼を使用した部品を製作する場合，ステンレス鋼の熱処理は熱間プレス成形や真空ろう付け加工などとうまく組み合わせた加工プロセスを採用できる（図 3.24）．

3.7 非金属材料

1. 高分子材料

高分子材料は，一般的にその分子量が1万以上の有機化合物をいい，航空機に使われるものにはシーリングコンパウンド（またはシーラントという）などのゴム系材料や，ここでは構造用複合材料を除く非強化熱可塑性プラスチックに限定するが，風防，キャノピー，窓用などのアクリル樹脂やポリカーボネート樹脂，飲料水部品のABS樹脂などのプラスチック材料，構造用の各種接着剤，機体内外装と部品の防食，美観などの目的で使われる塗料がある．

(1) シーリングコンパウンド

シーリングコンパウンドは，主翼などのインテグラル燃料タンクの漏洩防止，燃料や与圧室の気密性保持，外板，風防などからの雨水や風の浸入防止などの目的で使われる．シーリングコンパウンドには1液型と2液型があり，2液型はゴム系コンパウンドに硬化剤を加えて混合し，軟らかいうちにブラシやガン，ヘラなどで塗布して，室温で硬化する．

塗布作業は主に構造組立段階で行なう現場施工方式が主で，漏洩防止や気密性確保のために細心の注意と忍耐強い手作業が要求される重要な作業である．とくに燃料タンク用のシーラントは，燃料に浸されて膨潤しない特性が必要であり，塗布はシーラントガンまたはヘラを使って行ない，24時間で指触乾燥して48時間で硬化する．通常は可燃性ガスは発生しないが異臭が激しく，トッププロテクトコートは乾燥時に爆発性蒸気を出す．

インテグラル燃料タンクは，シーリング後に燃料中のバクテリアによるアルミニウムの腐食を防ぐため，トッププロテクトコートとしてポリウレタン系のアンチバクテリア塗料を塗布する．また，風防用シーラントには，アクリル樹脂にクレージングを生じさせないような特別な性質が求められる．

国産旅客機YS-11の場合は，通常のインテグラルタンクシーリング法を使用したが，国産輸送機はスラグリベット方式を採用し，1機あたり約100kgの重量軽減を達成できたといわれる．このスラグリベット(セルフシーリングリベット)はボーイング社が開発し，747や767などの開発機体に採用されている．747ではスラグリベットを採用しているにもかかわらず，1機あたり約2tonのシーラントを使用したといわれ，シーラント自体の重量軽減は重要課題であり，比重1.4程度のシーラントのさらなる軽量化研究が進んでいる(図3.25)．

中等練習機の主翼インテグラル燃料タンクのシーリングにはグルーブシール法を採用し，重量軽減に大きく貢献している．この方式は，一体削り出し外板の採用に合わせて桁やタンクエンド力骨にシール溝(グルーブ)を設け，この溝に非硬化型のシーラントを注入して燃料の漏洩を防止している(図3.26)．

(2) アクリル樹脂

航空機の風防やキャノピーには，無機ガラスとともにアクリル樹脂板が使われ，この板は注型して製造する．アクリル樹脂板は，メタクリル酸メチル(モノマー：単量体)に重合開始剤を添加し，このモノマーを加熱すると重合が進行してシロップ状になる．これを2枚の無機ガラス型の間に注入し，空気を内包しないように注意深く封入する．

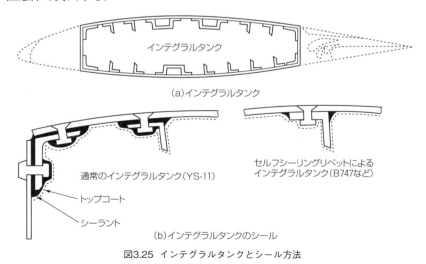

図3.25 インテグラルタンクとシール方法

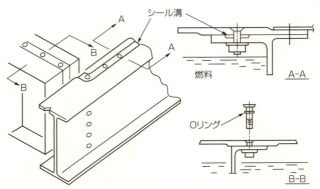

図3.26 グルーブシール法によるインテグラルタンクのシール[7]

　その後，シロップを注入した型を長時間加熱すると，重合して固化する．これを無機ガラスとアクリル樹脂の熱膨張差を利用して分離する．この重合板を「注型板」と呼ぶ．さらにアクリル樹脂の注型板を加熱軟化し，多軸方向にストレッチしたシートを「延伸アクリル樹脂板」という．延伸の割合は，長さ比で170％，すなわち厚さが約2/3くらいになるように延伸する．このようなアクリル樹脂の注型板や延伸板を使用して，熱成形によって風防やキャノピーを製作する(図3.27)．

　まず，アクリル樹脂板を丸鋸で粗切断し，炉中で熱成形する．その後，グリッドボードを使用して光学検査，板厚と形状検査を行なう．次に，成形加工した部品を要求形状に切断加工し，成形歪を除去し，形状の経時変化を防止するための安定化処理や切断加工時の局部歪を除去するための焼鈍しなどの熱処理を行なう．

　必要に応じて外形の正寸加工や穴あけ溝加工を行ない，ナイロンクロスやガラスクロスの補強材を接着する．そして最終工程で製品検査をし，保護紙を貼付して梱包，出荷する(図3.28)．

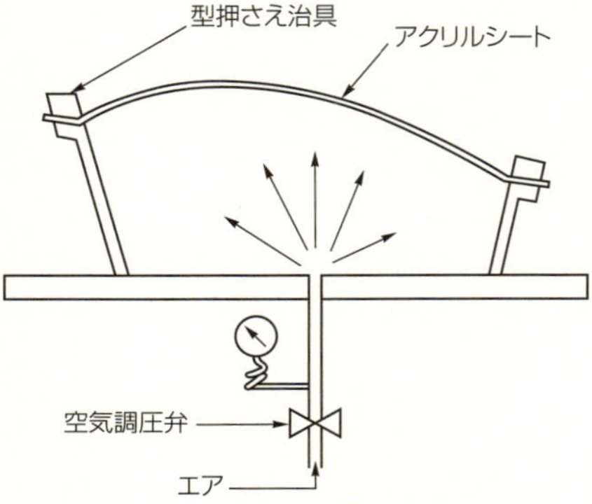

　最近では，鳥衝突などの耐衝撃性を向上させるために，延伸アクリル樹脂板とポリカーボネート板を積層したラミネート板を使用した風防が開発されている．

(3) ポリカーボネート，ABS樹脂

　ポリカーボネートやABS樹脂のシートは，機体内装用として窓枠カバー，計器板カバーや軽飛行機のエルロン，エレベータの先端カバーなど，応力の

図3.27 アクリル樹脂板の熱成形

かからない部分に使用される．ソフトな表面感触と複雑曲面も安価な型で容易に成形できるというメリットがある．これらの熱可塑性プラスチックは各種の樹脂を重合させて改良したもので，たとえばABS樹脂は，A（アクリロニトリル），B（ブタジエン），S（スチレン）のようにA（強度），B（粘性），S（注型性，可塑性）を組み合わせたものである．

その他，装飾用フィルム材料としてポリフッ化ビニル（PFV）樹脂があるが，最近はこれらの樹脂は航空機火災による有毒ガスや煙濃度，発熱量の規制に伴って，ポリエーテルエーテルケトン（PEEK）樹脂，ポリエーテルイミド（PEI）樹脂などの高性能熱可塑性プラスチックに変わりつつある．

(4) 接着剤

機体構造の軽量化，高強度化の薄肉構造組立を実現するために，接着剤の果たす役割はますます重要になっている．構造用接着剤としては，作業性の容易さ，品質の安定さなどからフィルム状接着剤が主流である（Part.7参照）．

構造用接着剤の高分子材料としては，ニトリルフェノリック，ビニルフェノリック，エポキシフェノリックなどのフェノール樹脂，ニトリルエポキシ，エポキシポリアミドなどのエポキシ樹脂，耐熱構造用接着剤としてのポリイミド樹脂といった熱硬化性プラスチックが，使用目的に応じて使われている．これらの接着剤を使用する場合，接着剤に応じた表面処理を適用することが重要であり，クロム酸アノダイズ，リン酸アノダイズ，エッチング，ブラストなどの処理を行なう．

(5) 塗料

航空機は高度1万m以上に上昇すると－55℃もの外気に曝される．そこで，塗

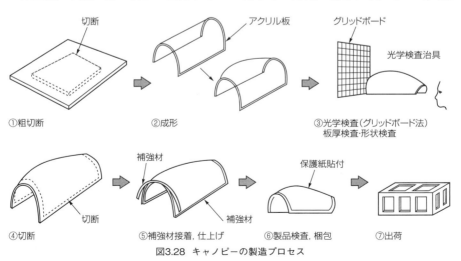

図3.28 キャノピーの製造プロセス

料とアルミニウム合金の熱膨張差による塗装剥離や，超音速飛行時の雨滴による
エロージョン対策などの問題を克服するために，塗料の選定にあたっては表面処
理の種類や下塗りと上塗りのマッチングなどを十分に試験し，決定する必要がある．

　塗料には，機体の内外装や部品の防食，美観のために種々の高分子材料が使わ
れる．塗料にはプライマ（下塗り）とトップコート（上塗り）があり，プライマ塗布
は表面処理後の酸化防止，上塗りとの接着性向上，表面の平滑化などを目的にジ
ンクロメートプライマ，エポキシプライマなどが用いられる（Part.9参照）．

　トップコート塗料用高分子材料には，アルキド樹脂，エポキシ樹脂，ポリウレ
タン樹脂などがあり，目的に応じて使用される．塗料としては，これらの高分子
材料に硬化剤，顔料，溶剤を添加して使用する．塗布に際しては，表面処理が重
要であり，接着剤を適用する場合と同様の処理を行なう．

2. ガラス

　航空機に使用されるガラスで最も重要なものは風防ガラスである．近年の風防
ガラスは高強度要求のために強化ガラスが使われ，屈折率がガラスに近く，接着
性，透明性が良いポリビニルブチラール（PVB）を用いて，複数の強化板ガラス
をオートクレーブ内で$10kgf/cm^2$以上に加圧して積層接着する．

　強化ガラスは，ガラス素材を約700℃の軟化点近くまで加熱し，これを急冷す
ることで高い耐衝撃強度が得られるものをいう．

＜引用文献＞
1)坂本昭／日本機械学会関西，東海支部合同企画第22回座談会資料　1989年
2)天岡和昭／「航空機構造・材料の今昔」（航空技術No.472／航空技術協会）p.10
3)「航空宇宙工学便覧」丸善　A5.3金属材料(p.181〜191)，A5.4非金属材料(p.191〜197)，A8.7熱
　処理(p.251〜253)
4)Michael chun-yung Niu" AIRFRAME STRUCTURAL DESIGN"CONMILIT PRESS LTD.Jan,1990第4
　章材料p.90〜117
5)上田太郎，田中政夫，朝倉健二／「機械材料」第1章，第2章(共立出版)
6)河合匡，大和久重雄／「金属材料」第1章，第2章(共立出版)
7)則竹祐治，三宅司朗，星恒憲／「中等練習機(XT-4)の主翼，尾翼構造設計」(第25回飛行機シンポジウ
　ム講演集／日本航空宇宙学会　1987年)p.242〜245
8)笹嶋幹雄／「機体用金属材料の開発の歩み」(日本航空宇宙学会誌第43巻第495号　1995年4月号)
　p.193〜203
9)笹嶋幹雄，安藤則雄／「航空機用金属材料・構造の新技術」(第35回飛行機シンポジウム講演集／日本
　航空宇宙学会　1997年)p.459〜461
10)神戸製鋼所製品カタログ99061000PR-F　p.9〜10
11)松岡孝／「航空宇宙用アルミ合金」(アルコアジャパン)2011年1月26日
12)財団法人航空機国際共同開発促進基金(IADF)http://www.iadf.or.jp
　「航空機におけるアルミニウム合金の開発動向」平成17年度報告
　「新中型民間機を中心とする設計技術及び生産技術」平成17年度報告書
　「新中型民間機を中心とする設計技術について」平成18年度報告書
　「航空機材料としての炭素繊維適用の動向について」平成19年度報告書

Part.4 治工具計画

　航空機を生産する場合，必要な全寸法を測定しながら製作するのでは時間的にも効率的でなく，完成機体の品質も不均一で経済的でない．そこで，古くから「やとい」と呼ぶ治具を利用して生産を合理化してきた．航空機はとくに複雑な曲面形状が多く，サイズが大きい上に相当数の量産を行なうため，治工具の装備は不可欠な条件となっている．それが治工具の進歩を促し，自動車など他の産業に大きな影響を与えてきた．

　「治具」という言葉は英語の "Jig"（ジグ）の音訳と意訳を兼ねたもので，「工具」は "Tool"（ツール）のことである．つまり「治工具」は治具と工具の合成語で，それを総称して「ツーリング」（道具だて）と呼ぶ．

　治工具と治具という名称は明確に区別して使われているわけではなく，一般的には同義語と考えてよい．治工具はさらに「汎用治工具」と「専用治工具」に分かれ，専用治工具は特定の製品の生産にだけ使用されるもので，コストはそれを使用する製品コストに含んで(割掛けて)回収される．

　一方，専用治工具の内容は，治具，工具，検査具，測定具，機能試験装置，運転装置や運搬具，作業台など各種の用具類に分類され，航空機の開発日程に合わせて設計製作される．ここでは，航空機開発における専用治具装備の目的や規模，機体製作時の工数低減を実現する最適な治工具費投資レベルの考えかた，そして機体開発初期に計画立案し，実施すべきツーリング系列や治具の概要について解説する．なお，板金加工など個々の部品製作や組立作業に必要な専用治工具に関しては，各Partで触れていく．

4.1 治具の目的
　航空機の生産で治具を装備する目的は，次のようなものである．
　①精度維持，品質確保
　航空機は複曲面部品が複数重なって組み立てられるため，生産機数が1機だけであっても各部品に必要な精度を確保する治具が必要になる．
　②経済性，工数低減
　治具を使用することで，複曲面部品をそのつど寸法計測して加工する必要がな

く，経済的になる．

③互換性・置換性

部品形状の互換性・置換性(I & R：Interchangeability and Replaceability)は，使う側にとって航空機を円滑に運用するために必要なものである．航空機のユーザーは，まず開発当初に互換性・置換性要求部品を決定しなければならない．

互換性のサブ組立品や部品は，手を加えずにそのまま指定公差内で相手に取付け可能でなければならない．一方，置換性要求部品は，現場で最小限度の穴あけ，トリミングなどの合わせ作業が許容されている．

④検査の合理化

航空機の製作では，直接加工工数の数％から10％程度は検査工数である．そこで，曲面部品を合理的に検査するには検査治具を用意するのが経済的である．

⑤日程，安全性確保

組立の生産レート(たとえば月産機数)を満たすために，日程短縮用の組立治具の装備，部品製作用の複製治具の準備，高所作業の安全性を確保するための作業台などが必要になる．

このように，治具を整備することで大きな利益が得られる半面，総生産コストの10〜15％程度，あるいは量産機体価格の約5〜10倍にも及ぶ治工具製作コストが必要なことも事実であり，また，設計図面の出図後，少なくとも3〜12か月の製作期間が必要である．

さらに，一度治具が完成するとその改善や設計変更に伴う改修に多くの費用と時間がかかり，また完成後も品質を確保するために治具の精度維持に相当の費用がかかる．

たとえば，10年間で100機程度を生産する場合，「初度治工具費」と「維持治工具費」に区分すると，治工具を維持する費用は初度費に対してその50％程度の累計維持費が必要になる．

4.2 治具装備規模と工数低減

治具は高価であり，その費用はその製品に含んで回収され，量産機価格の一部となるので，製品の生産機数に見合った最も経済的な治具装備レベルで計画しなければならない．治具装備の規模は，航空機の開発段階に合わせて試作治具，先行生産治具，量産治具など，各段階ごとに最も経済的な開発投資となるように計画する．

1. 試作治具

航空機を開発する場合，試作機は静強度試験機，疲労強度試験機，試験飛行機を含めて5，6機程度つくられる．試作治具は，量産時に飛行試験結果を反映し

た設計変更や試作開発だけで終了するケースなども考えられるので，航空機の機能を満たすための最低レベルの治具装備となる．

試作治具として装備しなければならない基本的な治具は，マスターモデル，マスターゲージ，型板，プレス型，組立治具などである．

2. 先行生産治具

最近は試作から直接量産に移行する場合が多いが，試作後7～20機程度の増加試作を行ない，各種の評価試験をする場合がある．この生産に使う治具を「先行生産治具」と呼ぶ．この場合の治具計画は，生産機数の工数低減効果に見合うレベルで，量産治具への発展性を持つように計画することが大切である．

3. 量産治具

試作機による各種の評価試験結果は，設計変更として量産機に反映される．一般に，試作治具の約30～50％はそこで価値を失うが，残りの治具は量産にも流用可能である．量産治具は，部品や組立品の互換性・置換性の確保，加工工数の低減に重点が置かれ，プレス打抜型，穴あけ型板，機械加工用取付具，溶接治具，検査治具，各種専用工具やサブ組立治具などの装備が中心となる．

大きな開発技術課題を伴う航空機開発では，試作治具とそれに続く量産治具の2段階に分けて治具を装備して，開発リスクをできるだけ少なくする方式が一般的である．

一方，先行生産治具を開発するケースは，欧米などの競合開発方式で航空機を開発する場合に採用されている例がある．

民間航空機の開発の場合，開発期間の短縮と開発費の削減などから製造中の類似機体の生産実績を反映させて，新規プログラム開発の決定以前に十分な研究を継続的に行なって開発リスクを回避できれば，試作と量産の明確な区別は行なわず，開発当初から量産を想定した治具装備を計画することが可能である．そして，生産レートの増加に伴う治具は，生産機数の増加に合わせてレートアップ治具として逐次整備していく．

このような試作機の開発段階で投入される治工具費を総称して「初度治工具費」と呼ぶ．なお，この他に量産機を生産する号機に対応して生産維持に伴う治具補修，設計変更，工程改善，品質確保に伴う治具改修などの「維持治工具費」が必要になる．

一方，治工具費は，治工具費と加工費の和が最小になる点が最も経済的な投資額である．航空機の治工具費と加工工数低減の関係について公けになっている資料は少ないが，その基本的な考えかたについて見てみる．

図4.1 (a) のA線は，航空機の性能品質を維持しながら生産するために必要な最低限度の治工具費であり，B線は加工費を示している．つまり，加工工数で治工

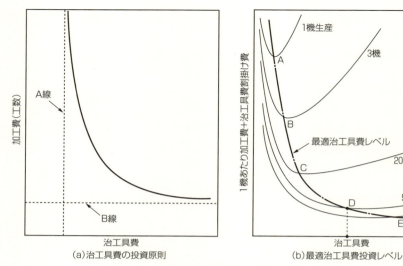

図4.1 治工具費と加工費の関係

具費をいくらかけても加工工数はゼロにはならない最低線で，治工具を装備したために生まれた加工工数の低減は，このA，B線を足とした漸近線に乗るべきである．

実際に航空機を生産する場合は慣熟による加工工数の逓減があり，1機あたりの治工具割掛け費は，投資した治工具費の割掛け生産機数によって異なってくる．

これらの関係を示したものが**図4.1**(b)で，各生産機数ごとに求められる最も経済的な治工具費A，B，C，D点を結んだものが最適な治工具レベルとなる．図は治工具投資の基本的な考えかたを示したもので，実際にそれを行なう場合は各機体構造の特徴などで異なる．

開発経費のなかで治工具費の占める割合は大きい．このため，開発当初にこれらの費用を推算することは，開発プログラムの損益分析を行なううえで重要であり，過去の統計値に基づく算出式が開発されている．

ここでは，アメリカ・ランド社によるコスト推算方式の一例として，開発経費のうち治工具費の算出式を紹介する[1]．

$$T = 522.39 \times W^{0.6214} \times S^{0.5323} \times 200^{-(b+1)} \times Q^{(b+1)} \times 10^{-6}$$

ここで，
 T：治工具工数(百万H)
 W：機体重量としてAMPR重量：lbs
 S：最大速度：kn.
 b：デフォルト値(-0.8110)レート：24.25ドルのとき

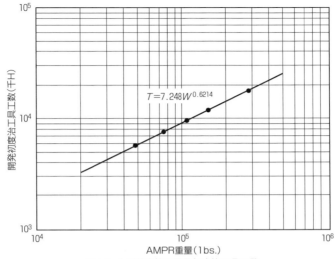

図4.2 大型航空機の開発初度治工具工数

Q：試作機数

DAPCA Ⅲ　R-1854-PR　MAR.1976による1975年コストを示す

この式を用いて，たとえば，S（最大速度）＝460kn.で，Q（試作機数）＝7機を想定した大型航空機の治工具費を算出すると，次のコスト推算式を得る．

$$T(千H) = 7.248 \times W^{0.6214}$$

図4.2は，これを両対数目盛のグラフで示したものである．

このコスト推算式は，航空機を開発する場合に要する概略の初度治工具費レベルを示すもので概略の目安となるが，機体重量，最大速度，試作機数によって変化する．

4.3 ツーリングの展開

1. ツーリング系列

航空機のように複曲面を持つ複数の部品を組み立て，最終的に設計要求を満たす組立精度を確保するには，部品製作や組立過程で発生する累積誤差を合理的にコントロールすることが重要である．

そこで，互いに関連し合う治工具の製作で，基本線図，現図，マスター治具，NCテープなど各種規範や関連治具から，関係寸法，穴の一致度，合わせ面の合致度などの寸法データをどのような手段で移すかという作業過程を系列的に示す必要があり，これを「ツーリング系列」という．

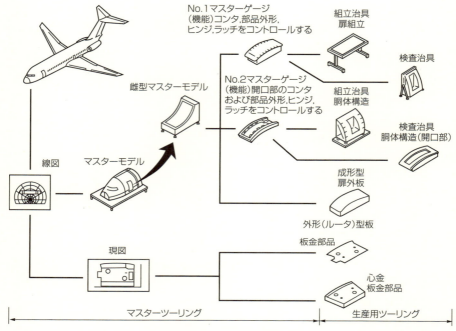

図4.3 ツーリング系列の展開例 [2]

　とくに互換性・置換性が要求される機体部品や組立品の要求公差を満足させるための治具を，3次元形状の数値データだけで相関する治具どうしの寸法や合わせ面などを正確に一致させて移し取ることはきわめてむずかしい．そこで，治具どうしを形状的な物理的形式で移し替える方法が合理的であり，この手法を「コーディネート」（同格化）と呼んでいる．

　一般にツーリング系列の展開は，設計部門で決定した機体の外形形状を定義した線図からマスターモデルを製作することから始まる．次に，マスターモデルからコーディネートによって反転したマスターモデルをつくり，これを使用して各種のマスターゲージを製作する．さらに，このマスターゲージからコーディネート部分を展開することで，組立治具や検査治具などを製作し，機体部品の加工や検査，組立作業に使用する．

　ツーリング系列に基づいた治具どうしをコーディネート方式で製作し，製品の要求精度を満足させるには，製品をつくる部品治具や組立治具の製作公差は製品公差の1/2以下，各種治具を製作するためのマスターゲージなどのマスター治具の公差は，製品公差の1/3以下に抑えて製作する必要がある．

一方，板金部品などの製作には，線図を基準に部品形状を実寸法で展開した現図を作成し，この部品現図を利用して各種の型板や心金などを製作し，板金部品の成形加工に使用する．

こうして製作する各種ツーリングは，直接には機体製造に使用しない非生産用の「マスターツーリング」と，直接部品加工や組立作業に使用する「生産用ツーリング」に大別される(図4.3)．

マスターツーリングは機体製造に直接寄与することはないので，CAD/CAMシステムを最大限に適用して製造品質を確保し，可能な限り非生産用のマスター治具は装備しないツーリング系列を立案することが望ましい．

2. 基本線図

航空機の開発では，設計者はまず機体形状を設計するために概念スケッチ図を作成する．この段階のスケッチ図はラフで未熟な概念であるが，空力全般の基本や主要装備品の配置など，実機に反映すべき重要なアイデアは盛り込まれていなければならない(図4.4)．通常，このようなスケッチは次段階のレイアウト図に反映され，一般の目に触れることは少ない．

さらに，この概念スケッチ図はCADシステムを駆使して3次元数式モデルで定義する．このレイアウト図には，機体の基本的構造の考えかたや各胴体断面の線図が示されている．図4.5はCADシステムによるレイアウト例である．

このように，初期のレイアウト図は細部形状までは決定する必要はないが，主要な装備品や燃料タンクを含む胴体，翼，尾部，ナセル全般などの重要な断面は定義されていなければならない．

「線図」(Loft)は，航空機の機体外形形状を定義するための無寸法現尺図面をいうが，この用語は元来，造船所の2階のロフト(屋根裏部屋)で多数の図面を使用して船体形状の定義を行なっていたことに由来する．

初期の線図作成は，スプライン定規と鉛の錘を用いて各断面の点を結んで曲線を作画していた．しかし，この方法は試行錯誤的で数式的な定義ができないという欠点があった．そこで，円や楕円，放物線，双曲線などの円錐曲線を使用した新しい線図作画法が開発され，ノースアメリカンP-51「マスタング」の開発に初めて採用され，

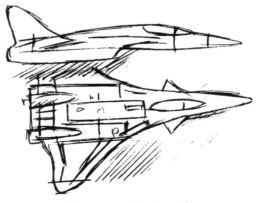

図4.4 コンセプトスケッチ[4]

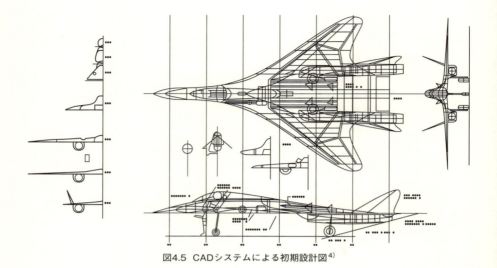

図4.5 CADシステムによる初期設計図[4]

その後一般に使用されるようになった（図4.6）.

この円錐曲線は，点A，点Bとこの2点を通る正切角で得られ，正切角は点Cで交差する．設計者は，このような円錐曲線を使用してスケッチ図やレイアウト図を作成する場合，空気力学やエンジン，装備品などの配置を考慮した機体の基準となる胴体断面の点A，B，Cと肩点Sを決定すれば，円錐曲線画法を使って手軽に望む円錐曲線を求めることができる（図4.7，図4.8）.

設計者にとっては，機体形状を決定するうえでこの方法を使用することは非常に有効である．円錐曲線画法を使用して胴体形状を決定する例として，胴体上部線図の決定法を見てみよう．

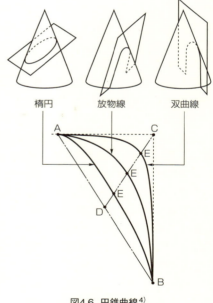

図4.6 円錐曲線[4]

まず設計者は，意図する基準となる3断面の点A，B，Cと肩点Sを決定し，各断面の円錐曲線を求め，3つの肩点Sを円滑な線で結ぶ．これを「長手方向コントロールライン」（LCL：ショルダーラ

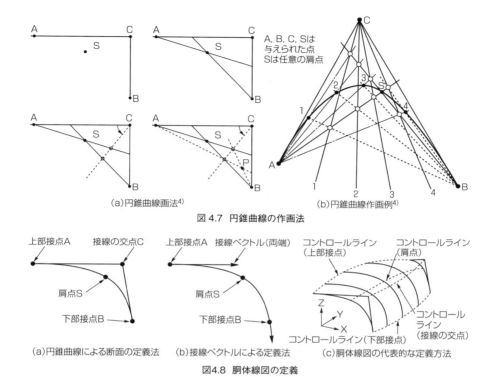

図4.7 円錐曲線の作画法

図4.8 胴体線図の定義

インともいう）と呼ぶ．次にこの長手方向コントロールラインを側面図と平面図に表わし，基準となる胴体断面間の任意断面の点A，B，Cと肩点Sから，円錐曲線画法で希望する胴体断面を求めることができる．

長手方向コントロールラインを作成するために使用する基準断面は，「コントロールセクション」または「コントロールステーション」（C.STA）と呼び，コクピットやエンジンのように各種の機器類などを考慮して作成する．たとえば，伝統的に円筒形状をした単発エンジン戦闘機の尾部断面は，円形ノズルに合致するように真円で作成する．

通常，あらゆる要求を満たす胴体形状の決定には，5～10断面のコントロールステーションが必要になる．そして，コントロールステーション間の中間断面は，先と同様な方法で胴体断面を決定できる．

一方，主翼を始め尾翼や動翼など翼型線図は，代表的な翼型としては「翼根」（Root）と「翼端」（Tip）の2断面を直線で結んだ「ルールドサーフェス」（線織面）として定義される．前桁断面などスパン方向の中間断面は，通常，%C（% Cord）

Part.4 治工具計画　113

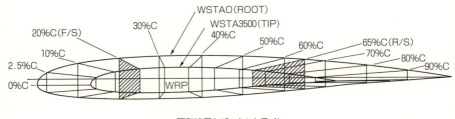

翼型線図とパーセントライン
図4.9 翼型線図の定義

で表わす「パーセントライン」と呼ぶ翼弦長(コード長)を等分した対応点を結ぶ断面で決まる(**図4.9**).

　空力設計部門は，このようにして決定した機体形状に基づいて製作した模型による風洞試験や木型検討などの結果を反映して，実機の胴体や翼などの基本的な機体外形を最終決定する．空力設計部門で決定した機体外形形状は，以前は翼については基本となる翼座標，胴体では断面の座標などで指示したが，現在では機体外形形状はCAD/CAMシステムを利用して，数学的手法による曲面式，断面座標や算式などの設計図形式で工作部門に示す．

　この設計段階で，機体外形形状を決定するのに必要なほとんどの重要な面や座標が製造部門に与えられる．しかし，このようにして決められた数学的手法による曲面式，断面座標や算式などは，空力設計部門にとっては基本的には十分なものであるが，構造設計部門や製造部門にとっては，各種部品の設計製作や組立を行なううえで十分に必要な詳細なデータとはなっていない．

　そこで，数学的手法による曲面式，断面座標や算式などに基づいてこれを3投影図，つまり正面，側面，平面について切断した平行な多数の断面を現寸大の線で描画したものが「基本線図」である．この基本線図は機体製作に必要なすべての寸法の基準になるものであり，作図する断面は曲面の緩やかな部分で200〜300mm，急な部分では50〜100mmピッチ程度で作成する．

　基本線図を作画する用紙は，1940年代はベニヤ板に烏口で描いていたが，第2次大戦後は複写が可能なガラス繊維をポリエステルでフィルムにした用紙(ガラスクロス)に，熟練工が鉛筆を使って描画するようになった．

　最近は，伸縮率がきわめて小さく，大気条件では伸縮が1mに付き0.15mm程度の熱可塑性ポリエステル樹脂であるPET(ポリエチレンテレフタレート)を延伸フィルムにした「マイラー」(デュポン社の商品名)と呼ぶ用紙などを使って作図している．

　現在は，このような線図は製造部門ではほとんどがNCデータの形式で取り扱

われているが，過去に開発された機体で現在も生産中の航空機に対応するために，転写方式で型板などを製作しなければならない場合は，NC自動製図機を使って作画している．

基本線図は1枚のフィルム用紙に多数の断面を重ね書きしたもので，これを必要枚数転写する．この転写したフィルムに部品製造上の必要な線などの工作情報を追加した図面を「現図」といい，一般にこの現図を「ガラスクロス」（またはマイラー）と呼ぶ．

製造部門はこの現図を作図し，その後さらに転写して型板を製作していた．この型板の仕上加工はほとんどが手作業で，帯鋸盤で仕上線の0.5mm近くまで粗切断し，6～9倍の虫眼鏡で拡大しながらヤスリで仕上げるという，熟練を必要とする作業であった．

現在は，技術部門がCADを活用して機体形状を数学的手法で定義するので，生産技術部門はCAD/CAMを活用して，機体の任意断面線図の切出しが可能になる．この線図データはコンピュータに記憶され，必要なときに迅速に取り出して使えるようになっている．

また，多くの型板はCADで定義した現図から直接NC工作機械で加工する．このCAD/CAMシステムの適用によって，線図や現図作成作業は大幅に省力化され，短期間で作成できるようになった（4.3の6項参照）．

全体の機体形状は，動翼のヒンジ点位置などを含む主要な構造要素の基本的な配置や位置を示す「構造基本図」で表わされる．

3. 基準面と基準線

決定した機体外形形状の断面線図は，ウォータプレン：WP（またはウォータライン：WL），バトックプレン：BP（またはバトックライン：BL），ステーション（STA）で表示され，それぞれの位置は基準面からの距離をmmまたはin.で示し，胴体ステーションの基準面から2360mmの位置は，F.STA2360というように表わす（図4.10）．

たとえば，胴体前部の曲面を側面図，平面図，正面図の3面の線図で表わす．また，この3面図から平面図でABのような任意に切断した斜断面を作画できる（図4.11）．胴体以外の主翼や尾翼については，それぞれの翼で決められた基準線からの翼弦％と翼の付け根からのウィングステーション（WSTA）で示される．

4. 部品現図

機体部品を製作する場合，基本線図以外の多くの断面線図と基本線図には表わされていない部品製作情報が必要になる．たとえば，翼の構成部品の1つである小骨をプレス成形で製作するには，線図に加えて部品の展開外形，折曲げ線やツーリングホール（治具穴）などの情報が必要となる．

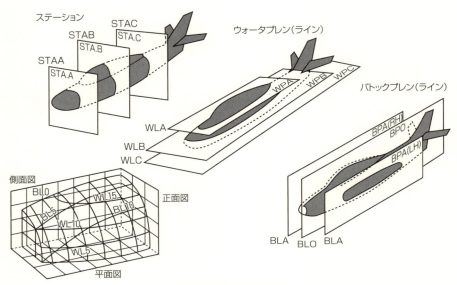

図4.10 航空機の基準面と基準線

　これらの情報をすべて盛り込んで，実寸でフィルム上に展開して作画した図面を「部品現図」と呼ぶ．この部品現図を金属板に転写して切り出し，プレス型を作成するために心金型板をつくり，小骨のフランジを展開して部品外形形状の板取りの模範となるルータ型板などを製作する．
　このようにして作画した現図用紙は半透明なので，金属板に直接転写することができる．この技法は1955年にT-34練習機の技術導入とともに日本に紹介され，自動車産業などにも広く利用されるようになった（**図4.12**）．
　現図を転写する金属板（現図板）は，通常2017裸材の1.2～2.3mm，1×2mの金属板をクロム酸アノダイズして，このアノダイズ面の多孔質部分に感光剤を滲み込ませたアルミニウム合金板を使用する．転写は大きなガラス板上にガラスクロスとこの金属板を重ね，紫外線ランプをガラス板の下を走らせて感光させる．
　図4.13は，ゴムプレス成形型を作成するための心金型板用の現図と心金型板の例である．図のように，部品現図には部品製作に必要な外形，曲げ線，曲げ角度，ツーリングホール(T/H)，タブなどすべての情報が盛り込まれている．
　ゴムプレス心金作成用の型板用現図には，成形加工時のスプリングバック量を見込んでいなければならない．このスプリングバック量は，各航空機メーカーが材質，板厚別に詳細なデータを持ち，型板上に表示している．
　一方，板金部品の多くは設計図面では1つ1つの部品図ではなく組立図の一部

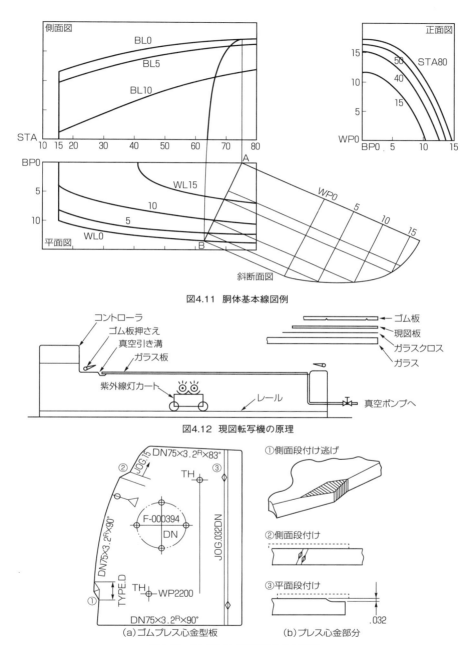

図4.11 胴体基本線図例

図4.12 現図転写機の原理

(a) ゴムプレス心金型板
(b) プレス心金部分

図4.13 ゴムプレス成形部品の心金型板

Part.4 治工具計画 117

として形状と寸法で示される．この図面上の形状は，板金部品の最終的な仕上がり形状を示し，部品製作上の正確な寸法を表わしてはいないので，この情報だけでは直接部品を製作することができない．

そこで，折曲げ形状や曲面を持つ部品は基本線図から曲面を写し取り，正確な実寸で他の部品との干渉などを考慮しながら型板用の現図を作成していた．

また，小骨のようにフランジ折曲げ部分のある部品の板取りをする場合，板が曲がるために素材板の外形トリム線はR部分の寸法を見込んで現図を作成する必要がある．

このように，従来は板金部品の製作に多大な労力を必要としたが，現在はCAD/CAMを利用することで，部品のフランジ折曲げ部分を瞬時に展開したり，型板の作図などが短期間でできるようになり，また直接NC情報から心金を削り出すことも可能になった．

5. マスターツーリング

マスター治具は，生産用治具を製作して維持管理するための寸法上の基準であり，主契約者が顧客に対して製品の互換性・置換性を保証し，複製治具が必要となる生産治具，検査治具などの生産や検査に使用するためのものである．

同時に，組立品や部品の輪郭，穴位置など重要な取付け場所を規定するため，組立品や部品の一部を模擬した機能を持ち，マスター治具どうしをコーディネートすることで，隣り合う構造どうしの合わせ構造の品質を保証する役割がある．

マスター治具はその性質上高い精度が必要となり，初度治具製作の費用増，リードタイムの長期化，維持管理費用増といった問題点もある．そこで，マスター治具を製作することで全体の生産用治具コストが安くなる場合や，製品の品質保証上製作せざるを得ない場合以外はできるだけ使わないことが望ましい．

とくに最近はCAD/CAMを活用した生産用治工具の計画が可能なので，開発当初からNC工作機械を駆使し，可能な限りマスター治具を使用しないマスターツーリング計画を立案することも重要である．代表的なマスター治具には，マスターモデル，マスターゲージなどがある．

マスターモデルは線図から型板をつくり，型板組立から曲面を創成する工程で製作する．この型板は，基本線図を描いたガラスクロスを転写した現図板をバンドソーで切り出し，ヤスリなどで仕上げるか，またはNC工作機械を使用して機械加工で外形形状精度を±0.2mm程度に製作する．そしてこの型板を組み合わせると，ようやく曲面が想像できるようになる．

型板の組立間隔は，曲面の厳しいところは50mm，緩やかな部分では200mm程度に組み立てる．この型板組立の表面から約15mmのところに針金を通して金網を張り，その上に石膏を塗り，型板に沿わせた軟らかい檜の棒で石膏をスプラッ

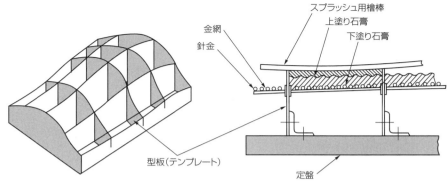

図4.14 マスターモデルの製作

シュし,連続した滑らかな曲面をつくり上げる(**図4.14**).その後,このマスターモデルの表面上に,レイアウトマシンを使用して約±0.1mmの精度で各種の基準線,トリム線,取付穴などをけがく.

このようにして製作したマスターモデルから,プレス型や接着治具などを製作する.

図4.15は,プラスタモールドによるドロップ成形やストレッチ成形に使用するプレス型の製作工程例である.プレス型は,おおよその形をしたベース型とマスターモデルの間に樹脂を流し込み,固化させてマスターモデルの形状を写し取る.

とくにドロップ成形型は,大きな衝撃力を得るためベース型材料を「カークサイト」(商品名:型用亜鉛合金)鋳物でつくる.フェーシングに使用する

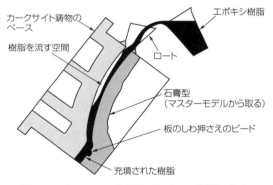

図4.15 プラスチックを注型したプレス成形型の製作

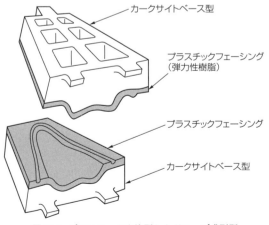

図4.16 プラスチックを注型したドロップ成形型

Part.4 治工具計画 119

プラスチックはエポキシ樹脂で，上型にはより弾力性のある樹脂を使用する（**図 4.16**）．

一方，マスターゲージは，製品の互換性を確保するという品質的な要求があり，通常の工作法では要求公差の確保が困難な場合に適用される．マスターゲージは，設計図面で要求される寸法を形状的に備えた寸度規範であり，これとコーディネートさせて生産用治具を製作し，製品の組立品や部品の精度を確保するために適用する．

このように，マスターゲージの目的は製品の互換性・置換性を保証し，穴位置，輪郭，基準面，重要な取付面などの設定に使用され，生産用治具や検査治具製作上の原器となる．

6. 線図，現図作成とツーリング製作の自動化

CAD/CAMシステムが本格的に適用される以前の1960年代頃までの航空機開発では，線図，現図の作成は多くの労力と熟練作業，長期間を必要とした．たとえば，小型国産ジェット練習機などの開発時には約800m² もの現図用フィルムが使われ，現図作成作業のピーク時には数十名もの熟練工が必要となった．そのため，線図，現図作成の自動化には大きな努力が払われてきた．

1970年代に入り，航空機産業ではコンピュータの発展とともにMD/NC（Master Dimension/Numerical Control）と呼ぶシステムが開発された．このシステムは，機体の胴体形状を数式化した曲線を直線近似した密な点群データ（MDI：Master Dimension Identifier）の形式でNCプログラムに読み込ませ，線図や現図の作成や型板の製作，輪郭形状を持つ部品のNC機械加工と検査作業の自動化に反映させることができた[5]．

なお，翼形状は翼根と翼端に関する2断面のパーセントライン上の座標値をコンピュータを利用して内分して座標値を求めている．このシステムの採用は，線図，現図作成の自動化に大きく貢献した．

近年，技術部門はCADAM（Computer-graphics Augmented Design And Manufacturing：ロッキード社商標）や CATIA（Computer-graphics Aided Three dimensional Interactive Application：ダッソー社商標）などのCADシステムを活用して，機体形状をMDD（Master Dimensions Definition）と呼ぶ機体の外側モールドライン（OML）または内側モールドライン（IML）の3次元形状モデルとして数式定義したデータで，製造部門に発行する．

生産技術部門は，同時並行作業的に同じCADAM，CATIAなどのCAMシステムを使用して，直接にMDDデータからNCデータを作成し，NC工作機械を活用してマスターモデル，型板，心金，型などを高精度かつ短期間に製作することができるようになった．

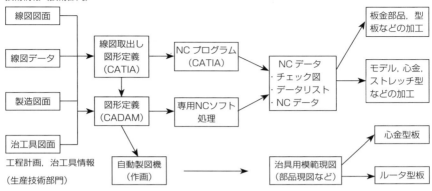

図4.17 線図,現図作成とツーリング製作の自動化

このように,CAD/CAMシステムは急速なコンピュータの進歩とともに開発された対話型CAD/CAMシステムであるCADAMやCATIAシステムの普及で,線図,現図作成や各種ツーリング製作の自動化はもちろん,機械加工部品製作や組立作業などの分野にまで革新的な発展を遂げている(図4.17).

4.4 治具の概要

1. 治具の種類

治具設計者は,航空機の開発フェーズに合わせて多数の治具を設計,製作しなければならない.治具は大きく「部品治具」と「組立治具」に分類され,とくに組立治具は装備点数こそ少ないが,サイズが大きくその機能も複雑なため,費用の面からは部品治具と50:50程度になる.なお,機体製造工数も部品と組立の比率は50:50程度である.

治具は各航空機メーカーで定めた「治工具コード」で約200種程度に小区分され,これら多数の治具は型板,心金,プレス型,組立治具,溶接治具,機械加工治具,工具,ゲージ,その他の治具としてマスターツール,試験装置や作業台など,およそ10種類程度に分類し,航空機の試作,

表4.1 治具の種類と治工具コードの区分例

治具の種類	治具の名称と治工具コードの例
型板	心金型板(102),ルータ型板(112)など
心金	ゴムプレス心金(216),ルータブロック(220)など
プレス型	外抜型(301),成形型(309)など
組立治具	メジャー組立治具(402),サブ組立治具(403)など
溶接治具	溶接治具(501),スポット溶接治具(503)など
機械加工治具	フライス治具(602),穴あけ治具(606)など
工具	ドリル(701),エンドミル(713)など
ゲージ	リングゲージ(802),ねじゲージ(803)など
その他の治具	マスターモデル(913),機能試験治具(935)など

先行生産，量産の開発レベルに合わせて治具装備される（**表4.1**）．

　一方，治具点数／部品点数＝「治具装備率」と呼び，機体全体レベルの部品点数あたりの治具装備率は，100〜200機程度を生産する場合，ほぼ1.5〜2.0程度になる．また，過去に開発した類似航空機の治具製作工数の「原単位」を定め，治具計画や費用管理などに使用する．

2. 治具管理

　治具の精度や機能は生産品の精度など品質に直接影響を与えるので，専門の治具検査員が治具の完成時に精密な検査を行なう．検査合格した治具は治具倉庫などで登録，管理し，必要なときに使用者に貸し出す．大型組立治具は組立職場のフロアに直接設置されるので，地震や振動などに対してより厳格に精度管理を実施する．また，一定期間ごとに治具の損耗や機能低下の有無などの定期検査を行ない，常に治具の機能と精度の維持をはかっている．

　なお，治具は量産完了後も「補用品」（スペアパーツ）製作のため，当該機が運用されている限り10年以上にわたって精度維持し，保管管理しなければならず，航空機メーカーは膨大な点数の治具を維持管理する必要がある．

＜引用文献＞
1）「航空宇宙工学便覧」（B2.1.3開発経費および量産価格／丸善）p.352
2）「航空宇宙工学便覧」（A8.2ツーリング／丸善）p.236〜237
3）ASTME（SME）／半田邦夫・佐々木健次共訳／「航空機＆ロケットの生産技術」（第1章「製造計画」p.30，第3章「マスターツーリング」p.63, p.67／大河出版）
4）Daniel P.Raymer／「Aircraft Design:A conceptual Approach」（AIAA Education Series J.S.Przemieniecki/Series Editor-In-Chief　7.Cofiguration Layout and Loft）p.117〜131
5）半田邦夫，小川賢一／「FA300に適用したMD/NCシステム」（日本航空宇宙学会第8回通常総会および講演会前刷集　1977年4月）

Part.5 板金加工

　板金加工は航空機生産技術のなかで最も伝統的な工作法の1つで，航空機の発達とともに各種の成形加工技術が開発されてきた．機体の軽量化や高速化の要求が高まるにつれて部品の一体化構造設計が進み，板金加工は機械加工や複合材成形技術と代替しつつある（**図5.1**）．しかし，この加工は依然として経済的な方法であり，今後も重要な加工プロセスとして引き続き使われていくと思われる．

　一方，ルータ加工装置，ストレッチ成形装置，チューブ曲げ加工装置など板金加工設備もNC化が進み，レーザ加工などの高エネルギー加工法や超塑性／拡散接合といった新しい成形加工法が採用されている．

5.1 板金部品の製造工程

　航空機に使われる板金部品は，材質的にはアルミニウム合金およびステンレス鋼やチタン合金などの耐熱合金で，製造工程的にはアームドリル／ルータやNCルータ加工装置によるルータ加工後，ゴムプレスやバーソンホイロンプレスで小骨類などの成形加工をして，素材の材質と部品形状に応じて要求強度を得るための熱処理を行なう．

　また，ルータ加工後，フォーミングローラで外板類を成形加工し，軽量化の肉抜きのためにケミカルミリング（ケミル）する部品は，その後に表面処理，塗装して完成部品となる．

　一方，シートストレッチャやドロップハンマプレスなどで各種外板類を成形加工し，必要に応じてケミル加工後，ハンドルータなどで外周の仕上げ加工をして表面処理，塗装を行ない，完成部品となる．なお，これらの成形法も素材の材質と部品の成形の度合に応じて熱処理が必要になる．

　板金部品の成形加工は，製造工程から見ると**図5.2**のようである．板金部品を塑性変形させる工程として「曲げ加工」，「成形加工」がある．

　曲げ加工は，V字曲げ，U字曲げなど大きな伸び成形で絞りのかからない成形法で，フォーミングローラ曲げやブレーキプレス曲げが代表的な加工法である．

　一方，伸びや縮み，または絞り成形による複曲面を成形するのが成形加工で，ゴムプレス成形，ストレッチ成形，セコスタンプ成形などの他，チューブ加工がある．

①0.8mm曲げ外板　　　⑥押出し型材桁フランジ　　①削り出し前縁材　　④ヒンジ(切削)
②軽減穴　　　　　　　⑦桁スティフナ　　　　　　②2.5mm板金曲げ外板　⑤削り出し外板
③ビード　　　　　　　⑧0.6mm外板　　　　　　　③ハニカム(切削)　　　⑥削り出し桁
④前縁小骨(ゴムプレス)　⑨0.6mmストリンガー
⑤0.8mm桁ウェブ　　　⑩0.6mm桁間小骨(ゴムプレス)

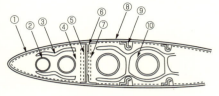

(a) 速度300km/hの練習機

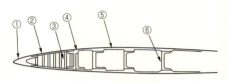

(b) マッハ1.3の戦闘機

図5.1　主翼構造部品の変遷

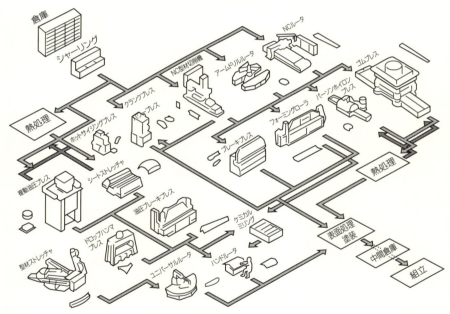

図5.2　主要板金部品の製造の流れ

5.2 素材と切断

　板金部品の素材は，板，押出し型材，管など，材質や板厚別に数百種類もあり，厳密に分類して整理し，混同は絶対に許されない．このため，通常は立体倉庫に分類保管し，加工手順書の指示に基づいて切断し，出庫する．

　板材のサイズは，3×6ft.，4×8ft.，1×2mが一般的であるが，外板用は特別注

124

文の大板も使用する．たとえば4×8ft.は「しはち」と呼び，板厚はin.で分類し，通常，板厚0.016in.～0.125in.（0.406～3.175mm）の板を10種類程度に分けて保管する．

　最も多く使われるアルミニウム合金板は軟らかく錆やすいので，防錆油を浸み込ませた紙を張って保管し，この油紙を貼付したままで切断，出庫して錆やスクラッチの発生を防止する．

　また，異材の混入を防ぐため，板材には5in.ピッチで材質を表示するマーキングを実施することが仕様書で規定されている．日本の航空機工業ではアルミニウム合金薄板などの需要は少なく，生産が困難なため，相当量を輸入しているのが実情である．

　切断はすべて加工手順書に基づいて行ない，一品ごとの加工部品は個々の板取り寸法で矩形に切断して出庫するが，量産機種などの部品は多数個の部品を1枚の大板から材料歩留まりを最大にして加工する手法（ネスティング）を採用するため，そのまま出庫する．

　3×6ft.，4×8ft.などの板から一品ごとの加工部品用材料を直線切断するには，薄板から厚板まで切断が可能なギャップシャーまたは薄板向きのスクェアシャーを使用する．

　輪郭形状を持つ耐熱鋼などの板金部品を外形加工する場合，薄板は円形のパンチで半円形に連続して打抜き切断するニブリングシャーなどを使用する．また，厚板の場合は，鋸盤の帯状ブレードを加工速度100～300m/minで回転させて曲線切断するバンドソーや円板鋸を回転させて直線切断するサーキュラソーなどを使う．

5.3 ルータ加工

　矩形に粗切断した素材（ブランク）から部品形状を切り出すには，ルータ加工装置を使用する．ルータ加工は，1枚刃の工具（ルータビット）を回転数15,000min^{-1}程度で回転させ，型板（テンプレート）に沿ってアルミニウム合金材料を自由な輪郭形状に切断するもので，ルータ主軸用電動モータの仕様は250Hz，出力6.3kWである（図5.3）．

　手作業によるルータ加工装置には2種類あり，比較的小物部品の輪郭加工には，工具を固定して素材と型板を一対にセットした手動ピンルータを使用する．一方，大物部品の場合は，部品を固定して工具を動かすアームル

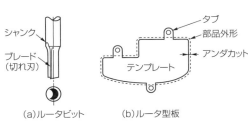

図5.3　ルータビットとルータ型板

Part.5　板金加工　　125

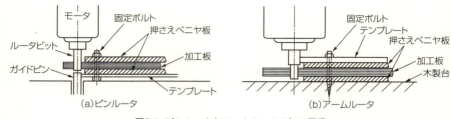

図5.4　ピンルータとアームルータの加工原理

ータを使用する(図5.4)．

　一般的にアームルータは1本の支柱に2個のアームを装備し，一方でアームルータ加工，他方で型板の内側に位置決めした穴を案内にして下穴をあけるアームドリル加工を行なう．

　ルータ加工は，素材の厚さに応じて5～10枚を重ね合わせてベニヤ板で挟み，1回の段取りで同時に多数個の部品を加工できる．通常，部品内には＃20～＃40のツーリングホールを設け，次工程の部品加工や組立基準の案内とする．

　設計上，部品内にツーリングホールを設定することがむずかしい場合は，部品外に特別のタブを設けてルータ加工時のつかみしろとしたり，熱処理時の吊り部分などに使い，最終工程で切断する．

　ルータ加工面の角は，後工程の成形時の割れ防止，スクラッチ防止，部品の疲労強度向上などの意味からバリ取りを行なうことが重要である．

　ルータ加工の自動化対策として，現在はNCルータ加工装置が使われている．NCルータは1,800×5,000mm程度の加工テーブルを持ち，主軸モータ出力7.5kW，回転数3,000～15,000min^{-1}，最大送り速度10m/minなどの能力がある．

　また，各部品のツーリングホールやタブを使用して，4×8ft.の大板素材を部品ごとに木ねじなどで木製ベースプレートに自動締結する機能を備えている．

　作業者は，あらかじめ段取りエリアでベースプレートに同じ材質，板厚の大板素材を複数枚，木ねじなどでセットして自動倉庫に保管する．次に，NCルータがベースプレート加工順序の指令情報に従って自動倉庫からベースプレートを搬出し，加工テーブルに取り付ける．

　そして，大板素材に部品ごとのツーリングホールやタブ用穴をあけ，ベースプレートに各部品を木ねじなどでクランプし，下穴のドリリングとルータ加工を開始する．加工が完了したらベースプレートをテーブルから取り外し，自動倉庫に搬入，保管する．これら一連の加工サイクルは無人化されている[1]．

　一般に板金部品は曲線の輪郭形状が多く，矩形素材から1部品ずつ板取りしていたのでは素材の歩留まりが悪く，経済的でない．そこで，同じ材質，同じ板厚

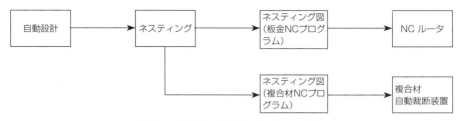

図5.5 板金部品,複合材のネスティング法

のいくつかの部品をグループ化して,大板素材から最も効率良く板取りできるようにNCプログラムで配置する.この方法が「ネスティング」である(図5.5).

NCルータ加工は,生産ロット機数に合わせて大板素材を重ねて加工することで,さらに能率的な生産が可能になる.

5.4 打抜きと外形加工

生産量の多い板金部品やルータ加工が困難な耐熱鋼部品などは,打抜き型をつくってクランクプレスで打ち抜く加工法を採用する.しかし,打抜き加工はルータ加工に比べて加工工数はきわめて少ないものの,型の費用がかかるという問題点がある.

一般に,打抜き型で加工できる小型部品は小型飛行機でも数千点あるが,型費の償却を考慮すると生産機数が数百機にならなければ採算が取れないため,打抜き型の採用は慎重に行なう必要がある.そこで,比較的生産量が少なく,剪断力も小さいアルミニウム合金の板金部品打抜き加工には,各種の簡易打抜き型が考案されている(図5.6).

一方,中型部品程度の成形加工後の複曲面形状を持つ板金部品を外形加工するには,プラスチック製のハンドルータ型と呼ぶかぶせ型をつくり,これをガイドにして空圧駆動で回転数2,300min^{-1}程

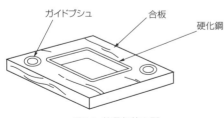

図5.6 簡易打抜き型

写真5.1 CNC5軸穴あけトリミングマシン[10]

度のハンドルータで外形加工する．また，複曲面を持つ大型航空機の厚い胴体外板の穴あけや外形トリミング加工には，手加工がむずかしいためCNC5軸穴あけトリミングマシンを使う（**写真5.1**）．

　生産量の少ない耐熱鋼やチタン合金の小物部品の外形加工は，型板を用いて外形をけがき，金切り鋏で切断してヤスリで仕上げる．また，成形加工した複曲面形状の耐熱鋼やチタン合金部品の外形加工は，ニブリングやバンドソーで粗切断後，ヤスリで仕上げるかハンドルータ加工する．

5.5 曲げと成形加工

1. ブレーキプレス曲げ

　「ブレーキプレス」は，150～500ton程度の成形圧力で外板の段付けやストリンガーなどの直線曲げ加工に使用する．ブレーキプレスによるV曲げは，「エアベンディング」（空気曲げ＝パンチとダイの間に空気を介在させる曲げ）と「コイニング」の2つに区分され，エアベンディングにはさらに「パーシャルベンディング」と「ボトミング」がある．

　パーシャルベンディングは，パンチとダイの3点曲げによる比較的小さな成形圧力で曲げ深さを調整して，各種の曲げ角度が簡単に得られる加工法である．

　ボトミングは，素材をパンチとダイの面圧で全面を接触させてスプリングバックを減らし，比較的弱い成形圧力で良い精度が得られる成形法である．

　コイニングは，ボトミングの5～8倍の成形ton数を必要とするが，90°以下のパンチ先端の食込みでスプリングバックを発生させず，きわめて高い精度が得られる加工法である．

　油圧式ブレーキプレスは，フォーミングローラでは能力上から曲げ加工ができない10～20mmにも及ぶ厚板翼外板のコンタ（輪郭）付け，一定断面胴体部の厚板胴体外板など，一方向だけに曲面を持つ曲げ半径の大きなチップフォーミング（単曲面曲げ加工）に使用する．

　チップフォーミングによる厚板の曲げ加工にはエアベンディングが使われるが，この場合，プレスラムの停止点はマイクロメータなどで0.005in.（0.13mm）の精度で正確にストロークを制御でき

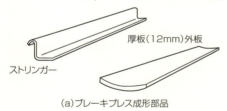

(a) ブレーキプレス成形部品

(b) ブレーキプレス型とエアベンディング

図5.7　ブレーキプレス曲げ加工部品と曲げ型

(a) 曲げ加工中の油圧ブレーキプレス

(b) 外板の曲げ加工例

写真5.2 曲げ加工中のブレーキプレス[11]

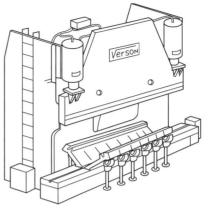

(a) ストレッチ補助装置を取り付けた油圧ブレーキプレス

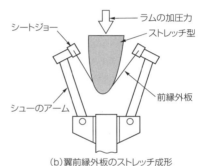

(b) 翼前縁外板のストレッチ成形

図5.8 翼前縁外板成形法

る機能が必要である(図5.7). 写真5.2は，曲げ加工中のブレーキプレスである．

また，油圧式ブレーキプレスにストレッチ補助装置を取り付け，フォーミングローラでは機能上成形できない翼の前縁，後縁外板などをストレッチ成形加工することもできる(図5.8).

2. フォーミングローラ曲げ

「フォーミングローラ」は，胴体外板や翼外板などの空力外表面を持つ部品の曲げ加工の他，多くの板金部品の直線曲げ加工に使われ，「3本ローラ」とも呼ばれている．この装置は，上部の曲げローラを磁石で吊り下げてバックアップローラで支え，強固なフレームに成形荷重を伝えて，長尺の曲げローラの変形を防止している(図5.9).

また，ローラの上下，駆動速度の変更，逆転などがリモートコントロールでで

Part.5 板金加工　129

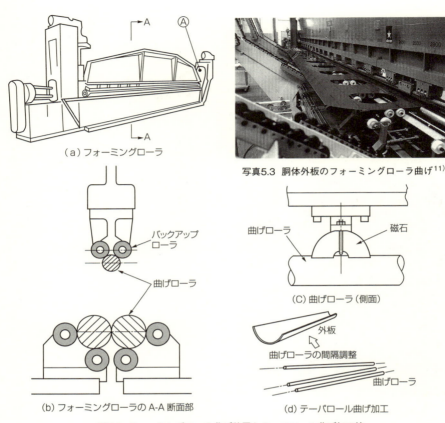

図5.9 フォーミングローラ曲げ装置とテーパロール曲げ加工法

きる．このように，成形時に長尺曲げローラが曲がらないように独特な方法で曲げローラを支持するファーナム社（アメリカ）の装置が有名である．**写真5.3**は，胴体外板のフォーミングローラ曲げ加工の例である．

一方，航空機部品を設計するときに，曲げ形状がフレームと干渉しないよう考慮する必要がある．丸く曲げた部品は，**図5.9** (a) のA部の穴からローラに平行に取り外すことができる．

また，曲げローラの間隔を調整することでテーパロール曲げ加工ができる．テーパロール曲げ加工は，部品の両端断面の型板を使用してそれぞれの曲げ半径を得るため，熟練作業者がローラ間隔を調整しながら試行錯誤で行なう．

3. ゴムプレス成形

「ゴムプレス成形」は，翼の小骨類や胴体フレームなど比較的フランジの低い

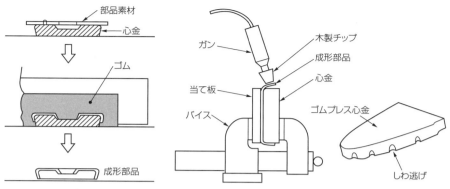

図5.10 ゴムプレス成形の原理　　図5.11 ガンフォーミングとゴムプレス心金のしわ逃げ

　板金部品の成形加工に使用する．原理は，心金(型)の上に成形する素材をセットし，上方から200～300kgf/cm²程度の強力な油圧でゴムを押し付け，成形加圧力を得るものである．

　上部プラテンのコンテナに入れた厚さ約280mmの巨大なゴムを5,000tonの油圧で圧縮し，成形する部品素材を心金にセットしてゴムプレスのテーブル上に並べて段取りする．テーブルは左右に移動して段取り時間を短くし，取付け，取外しをしやすくしている．この成形法は，第2次大戦中にダグラス社のH・ゲーリンが考案したことから「ゲーリン法」と呼ばれている(図5.10)．

　ゴムプレス成形は，比較的加工しやすいアルミニウム合金かフェノール積層板で雄型だけを製作すればよく，多種少量生産に適しているが，心金の側面に対する加圧力が弱く，一般のプレス成形のように縁押さえがないので十分な絞り成形はできない．

　そこで，前縁小骨などのウェブ面半径の小さなフランジ部品にしわ逃げを設けたり，ゴムプレス成形後にガンフォーミングで修正を行なう(図5.11)．しかし，軽減穴周辺の曲げやビードの付いた比較的低いフランジ部品の成形は，1回の成形，段取りでテーブル上に十数個に並べて成形できるので経済的であることから，板金部品の50～70％はゴムプレスで成形加工される．

　ゴムプレス心金は，ガラスクロスから転写したアルミニウム合金板の心金型板を基準にして，手加工またはNC加工などで製作し，心金ウェブ面に部品素材板を位置決めするための平行ピンを圧入する．この平行ピンにルータ加工した展開部品板のツーリングホールを合わせれば正確な位置が決まり，ゴムプレス成形後のフランジ高さのトリムが不要になる．

　ゴムプレス成形は一般的に側圧が弱く，部品形状によっては手加工修正が必要

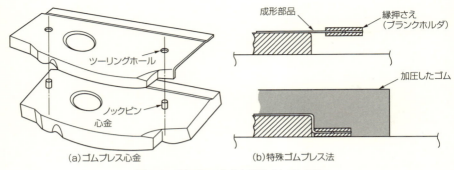

(a) ゴムプレス心金　　(b) 特殊ゴムプレス法

図5.12 ゴムプレス心金と特殊ゴムプレス法

で加工時間がかかるため，心金などに各種の工夫がなされている．しかし，これらの方法を採用しても，治具製作工数や段取り，外周加工時間がかかる割にはガンフォーミングなどを廃止する効果が少なく，部品形状に応じて経済的な成形法を工夫する必要がある（図5.12）．

4. ホイロンプレス成形

「ホイロンプレス成形」はゴムプレス成形の改良法で，側圧が十分にかかるように，400～700kgf/cm² 程度のゴム袋の油圧で直接，当てゴムに成形圧をかけるように工夫した成形法である．この成形法は，第2次大戦中にダグラス社のO.A.ホイロンによって考案されたので「ホイロン法」と呼ばれ，現在，主要な航空機メーカーが導入している（図5.13）．

ホイロンプレス成形は，側面の成形性はゴムプレス成形より大幅にすぐれているが，手直しが不要な程度の部品形状を得ることはむずかしい．近年，さらに成形精度を向上して手直しを解消するため，1,000～2,500kgf/cm² レベルに達する高圧ホイロンプレスが使用されている．ホイロンプレス成形に使用する心金は，スプリングバックの違い以外はゴムプレス成形で使用するものとほぼ同様である．

写真5.4は，トレイ上に心金と成形部品を段取り中のホイロンプレスである．

5. ストレッチ成形

「ストレッチ成形」は，素材を溶体化処理してW状態にある板材を引張り，降伏点を超えたところで雄型に馴染ませて成形する．ストレッチ成形法の特徴は，成形部品の素材全面に降伏点を超えた状態で2～10％程度の永久歪が残る程度に成形加工を行なうため，スプリングバックが少なく，同時に雄型だけで成形できるので治具費が安い．

しかし，一部分が凹んだ部品形状は凸型の成形型だけでは成形ができないので，「ブルドーザ」と呼ぶ補助加圧装置が必要である．一方，機械操作上引張りすぎ

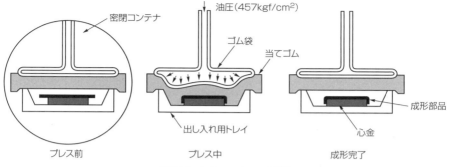

図5.13 ホイロンプレス成形法

て大きな伸びを与えると，成形部品素材が破断したりオレンジピールが出るので注意が必要である．

　加工対象部品は，緩やかな曲面の付いた胴体外板や翼前縁，各種の押出し型材成形部品などで，これらの部品をストレッチ成形するには，板材の部品素材成形と押出し型材の部品素材を成形する2種類の成形加工装置が必要になる．

　複曲面を持つ板材部品のストレッチ成形には，「シートストレッチ」と呼ぶ成形装置を使用する．

写真5.4 段取り中のホイロンプレス[11]

　この加工装置は，成形部品素材を雄型に馴染ませて成形し，板材の表面に現われる微細なしわ（ストレッチストレイン）を目安に，均一な伸びを与えるようにラムとジョーを調節する機能を持っている．

　シートストレッチ成形法には，大きく分けて「ジョー固定式」，「ジョーとラム移動式」の2つの方法がある（図5.14）．

　ジョー固定方式は，ジョーを成形加工時に固定し，型だけをラム圧で押し上げる形式である．この方式は装置が比較的安価であるが，型と板材の摩擦によって板材全面に均一な圧力がかかりにくい．しかし，簡単な複曲面形状の板材の成形には経済的である．

　ジョーとラム移動方式は「ストレッチラップ成形法」とも呼ばれ，最初にジョーを引張って板材に均一な力をかけてから，ラムを上昇させて型に巻き付けるため，スプリングバックの少ない成形加工ができる．

Part.5 板金加工　133

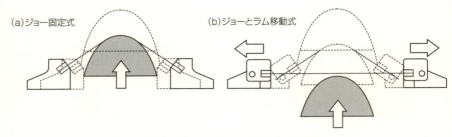

図5.14 シートストレッチによる成形法

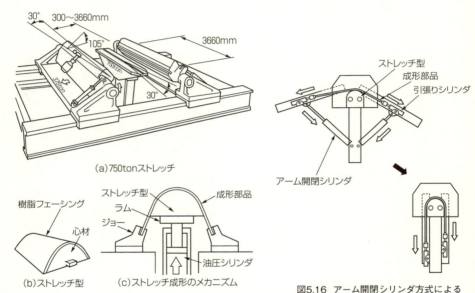

(a) 750tonストレッチ

(b) ストレッチ型

(c) ストレッチ成形のメカニズム

図5.15 ストレッチラップ方式のシートストレッチ成形装置

図5.16 アーム開閉シリンダ方式による型材ストレッチ成形装置

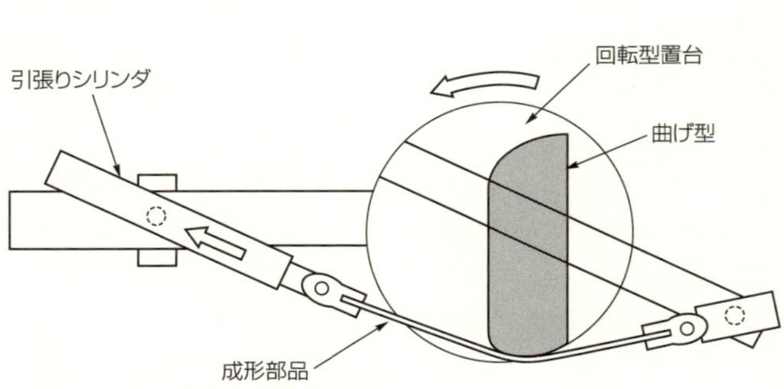

図5.17 曲げ型回転式(シリルバス法)のストレッチ成形法

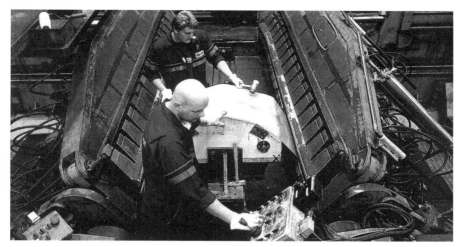

写真5.5 外板を成形中のシートストレッチ[11]

　このため,大型旅客機の複雑な複曲面を持つ幅広胴体外板などの成形加工に向いているが,この方式はジョーとラムを移動させたり傾ける機構が必要になるため,非常に高価な装置となる.

　図5.15は,ストレッチラップ成形法による代表的なシートストレッチ装置の機能である. 750tonのラムは3本のシリンダで30°傾けることができ,テーパ型にも均一な伸びを与えることができる.一方,ジョーは105°上下に首を傾けることで,型の上下に対して成形部品素材を引張り方向に切断しないよう保持できる.

　水平に30°移動できることから,先細の型に対しても板材を馴染ませることができ, 750tonのラムで加圧中にも375tonの力で引張り,水平に移動させることができるなどの機能を持つ.最近はさらに複雑な曲面を持つ部品にも対応できるように,ジョーを分割して成形部品素材にさらに均一な成形圧力を加える機能などが付加され,これらの動きはすべてNCで駆動させるシステムが実現している.写真5.5は,外板をストレッチラップ成形中のシートストレッチ装置である.

　一方,押出し型材の胴体円框,ストリンガー,翼胴結合力骨,風防枠などの成形には,「型材ストレッチ」と呼ぶ成形装置を使う.この装置は,ストレッチ時の伸びを自動的に計測しながら,引張りシリンダとアームの動きを自動制御して,押出し型材を成形加工する機能がある(図5.16).

　幅の広くない板材や押出し型材の成形加工には,チューブ曲げのように型が回転し,引張りシリンダを使用してしごき成形加工ができる形式があり,大型旅客機のフレーム成形などに使われる(図5.17).

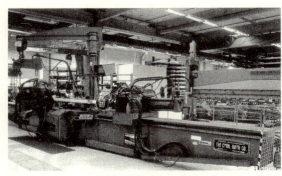

(a) 型材ストレッチ　　　　　　　　　　　　(b) 成形品例

写真5.6　型材ストレッチ成形装置[11]

　これらの成形加工法を選択する場合，成形部品の形状や設備投資費用を十分検討して，最も経済的な加工法を採用することが大切である．ストレッチ装置はアルミニウム合金の圧延メーカーでも使用され，板材や押出し型材のストレッチおよびTX651処理用に適用され，引張り力2,000tonクラスの装置もある．**写真5.6**は，押出し型材フレームを成形中の型材ストレッチ装置である．

6. ドロップ成形

　「ドロップ成形」は，ストレッチでは成形できない深い凹みを持つカウリング，フェアリングなどの成形や複雑な曲面を持つロンジロン，翼端チップなどの板材の成形加工に使用する．大量生産の場合は鋼製の雄雌型を製作して複動プレスで成形加工できるが，少量生産である航空機部品の場合は治具費が高額になるため，型費の安いドロップ成形法が採用されている（**図5.18**）．

　加工工数的には複動プレスで成形加工するほうが有利であるが，少量生産の場合，型費と加工工数をトレードオフすると，一般にはドロップ成形が有利である．成形に使用するドロップハンマの作動方式は，ラムに上型を取り付けて空気圧で持ち上げ，総重量約1〜6tonのラムと上型を約1mの高さから落下させて成形する．

　成形加工は1回だけでなく，ゴム板のしわ押さえを少しずつ減らしながら，4〜6回落として徐々に深い絞り成形を行なう．この何回かの成形の間に，加工硬化による割れなどを防止するために，必要に応じて再熱処理する．

　ドロップ成形は，装置メーカーの名から「セコスタンプ成形」とも呼ばれている（ドロップ成形に使用する型は図4.16参照）．

7. その他の成形法

(1) ロール式レベラ

　成形加工プロセスで，溶体化処理後凹凸表面のままの素材をすぐにプレス成形

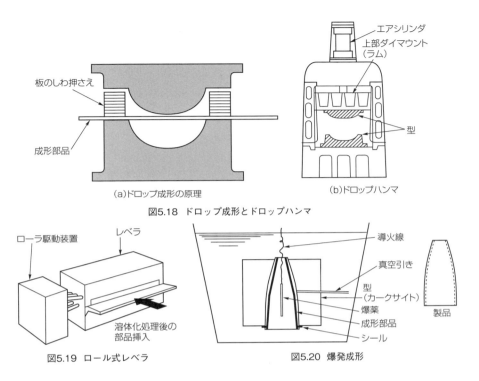

図5.18 ドロップ成形とドロップハンマ

図5.19 ロール式レベラ

図5.20 爆発成形

やストレッチ成形すると熱処理の凹凸が残る．このため，「ロール式レベラ」を使用して，プレス成形やストレッチ成形前に平らな板に整直する必要がある．

ロール式レベラ加工は，素材を上下に食い違い配置した24本あるいは12本のローラの間を強制的に通して平面にする方法である．ロール式レベラは，「矯正ローラ」とも呼ばれている（図5.19）．

(2) 爆発成形

「爆発成形」は，一般的な成形法のパンチを爆薬に置き換えた高速度成形法の一種である．成形速度は，ドロップ成形が1.5m/s程度なのに対し，爆発成形は80〜150m/sにも達し，爆発力はきわめて大きく圧力が瞬時に広がるため，板材は均一な伸びで高速度成形される（図5.20）．

スプリングバックはほぼ完全に除去され，部品を仕上げ寸法に塑性加工できる．成形型は雌型だけでよく，瞬時にきわめて大きな圧力を得られるので，アルミニウム合金だけでなく熱間加工でしか成形できないステンレス鋼などの難成形加工部品も成形できる．

一方，日本では作業安全性や環境問題もあり，型に成形部品素材を取り付けて

Part.5 板金加工

大きな池などに沈めて爆発させるなどの方法を取っており、スタンドオフ距離を決定するために火薬のセットにツールトライが必要になる。

このように少量生産の場合は加工工数がかかるなどの課題があるので、最近では爆発成形の適用例は少ない。

(3) スピニング、玉ローラ、ロール成形

「スピニング成形」は「へら絞り成形」ともいい、プロペラのスピナやミサイル、ロケットのノーズ部品など、円錐や半球形状部品を成形するのに使われる。

「玉ローラ成形」は「だるま成形」とも呼び、プレス型を使用せずに複曲面の成形が可能であるが、熟練技能と加工工数がかかるために試作だけに使用される。

「ロール成形」は、数段階の連続したローラを通して順次曲げ加工する方法で、胴体のストリンガーなど長尺部品の成形加工に使用する。この方法は連続した成形が可能で、量産加工向きの成形法である（図5.21）。

(4) 手加工成形

航空機の場合、試験研究機や試作機あるいは2～5機程度しかつくらない開発機があり、このような機体の板金加工は手加工成形で行なう。

素材板を部品の展開形状に金切鋏で切断して、ヤスリで仕上げる。アルミニウム合金は軟らかいので、目の粗い、目詰まりのないヤスリを使用する。外周はていねいに仕上げないと、手加工成形時に伸び成形の板端から切れる場合がある。

伸び成形は、展開形状に加工した素材を手加工心金のツーリングピンに合わせて押さえ型をかぶせ、万力で挟んでフォーミングガンと当て板を使い、順次打ち伸ばして成形する。

縮み成形は素材を縮める成形加工であり、熟練作業が必要になる。このとき、叩きすぎると加工硬化するので、過度のハンマリングは避けなければならない。最終仕上げ工程は、鉛板でフランジ全体を一度に打ち付けて型に馴染ませる。

表5.1は、板金部品を成形する場合の目安となる各種曲げと、成形加工の成形

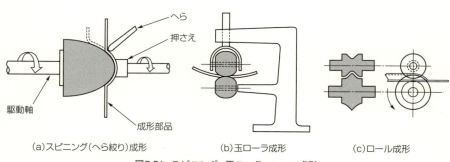

図5.21 スピニング、玉ローラ、ロール成形

表5.1 各種成形法の成形限界[5]

成形法		材　質				
		2024		7075		ステンレス鋼 (321-A)
		O	T3	W	T6	
伸び率(%)		18	16	15	5	25
曲げ成形	曲げ限界 : $\left(\dfrac{R}{t}\right)$	1.5	3	2	6	1
ゴムプレス成形	伸び率 : $\left(\dfrac{R_1-R}{R}\right)\times100$	16	15	15	—	30
ゴムプレス成形	縮み率 : $\left(\dfrac{R_1-R}{R_1}\right)\times100$	10	3	7	—	5
絞り成形	絞り率 : $\left(\dfrac{d}{D}\right)\times100$	55	—	60	—	50

限界である.

8. ショットピーン成形とショットピーニング

「ショットピーン成形」は厚板翼外板などの成形加工に使われ，単曲面だけでなく複曲面の成形加工にも適用できる．この成形法は，ショット（鋼球）を材料表面にぶつけて局部的塑性降伏を起こさせて圧痕を付けるもので，ショットの影響を受けなかった圧痕周囲の深い弾性域が塑性変形の拡大を押し戻してバランスする．

その結果，伸びた塑性域には弾性部分から押し戻されて圧縮応力が生じ，逆に弾性域には引張り応力が発生する（**図5.22(a)**）．

この原理を応用して，大きな衝撃エネルギーを付加できるホイール式ショットピーン成形装置などで翼外板などの表面の片面だけにショットピーニングすると，圧縮応力によってピーニング面が凸面になるような曲げモーメントが発生するので，部品の成形加工に利用できる．

ショットピーン成形装置は，外板など幅の広い部品の両面に対向するように2基のホイールを装備し，1基あたり300kg/min程度のショット投射能力を持ち，完全自動運転が可能である．

この装置は，成形加工用の大径ショットから疲労強度向上のための小径ショットまでの各種粒度のショットを投射することができ，多軸制御によってホイールの向き（ショット投射方向）を任意に変えられる．板厚10mm程度のアルミニウム合金外板のショットピーン成形加工には，粒度＃460〜930（×0.0001in.＝0.00254mm粒径）程度のショットを使用する（**図5.23**）．

Part.5 板金加工　139

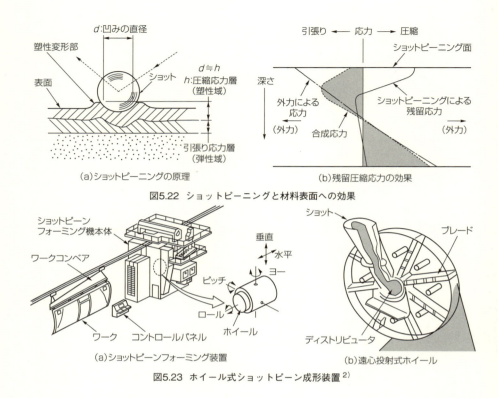

図5.22 ショットピーニングと材料表面への効果

図5.23 ホイール式ショットピーン成形装置[2]

　ショットピーニングは，コンプレッションピーニング法によってさらに部品の疲労強度を向上させることができる．この方法は，部品表面に圧縮残留応力を付加し，その下層の引張り残留応力とバランスを維持して，亀裂の発生を減少させる効果がある．また，ショットピーン成形後に部品両面にピーニング加工して，疲労強度の向上をはかることができる(図5.22(b))．

　一般に，この方法による金具類などの疲労強度向上を目的としたショットピーニング装置は，空気圧でノズルからショットを噴射しながらノズルを往復運動させ，ノズルの動きに直交する運動を作業台などの往復運動または回転運動として部品に与え，2つの合成運動によってショットピーニング面を得る．

　しかし，このときの理想的なコンプレッションピーニング面は，単一の平面，円柱面しか得られない．このため，深いポケット傾斜面を持つ立体的な金具などのコンプレッションピーニングを行なおうとすると，機械的な駆動方式では多くの段取替えが必要となり，基本的には人手作業で対応しなければならず，多大な作業工数を要する(図5.24)．

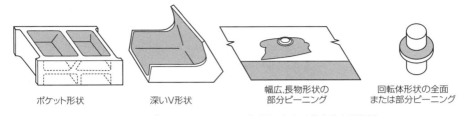

図5.24 コンプレッションピーニングが用いられる代表的な形状例

(左から) ポケット形状／深いV形状／幅広,長物形状の部分ピーニング／回転体形状の全面または部分ピーニング

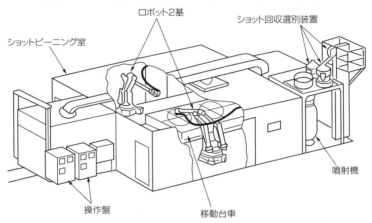

図5.25 ロボットを利用した空気噴射式ショットピーニング装置 [3]

これを改善するには,対向する2台のロボットにノズルを装着し,手首の捻り運動で任意方向に位置決めし,ノズルを投射面に直角に維持したまま直線補間運動させてショットピーニング面をつくり出すと経済的である.

このロボット式ショットピーニング装置を用いると,両面ポケットを持つ大型力骨類や2個以上の金具類の同時コンプレッションピーニング作業が可能になるため,大幅な作業性の改善と塵埃から作業者を解放することができる(図5.25).

ショットピーニングによる圧縮応力の深さは,部品の材質,ショットの量と流速,ショットのサイズと材質などの影響を受ける.このため,設計図面には,ショットのサイズと材質,ピーニング強度(インテンシティ),カバレージ(被覆率)などを指示する必要がある.経験則によれば,圧縮応力層の深さはショット直径の1/4～1/2程度であり,ほぼピーニングされた凹みの直径に等しい.その最大圧縮応力は,部品材料の降伏応力の1/2にも達する.

一方,ショットピーニング面は梨地状態となるが,この圧縮応力層の10％まで除去してもピーニング効果は減少しないので,この範囲の仕上げ加工により表

面粗度を向上させることができる.

9. クリープ成形とエージ成形

　大型旅客機などのアルミニウム合金製翼外板の成形加工にはショットピーニングが適用されているが，この成形方法は翼外板の曲面が単曲面または比較的緩やかな複曲面である場合に向いている.

　一方，翼外板の複曲面形状が複雑で厳しいものは，ショットピーン成形では加工困難な場合がある．また，ショットピーン成形は加工表面が梨地状態となり，翼外板表面にこの方法を適用することは美観などの課題もある.

　このような成形加工と美観などの問題を解決する手段として，クリープ成形法またはエージ成形法が開発され，実用化されている.

　一定応力の下で材料が時間の経過とともに変形する現象を「クリープ」といい，一般に材料が置かれている温度Tと材料の融点T_mとの比T/T_mが0.3～0.4程度になるとクリープ現象が起こる．この原理を応用して材料に応力（歪）を加え，ある温度以上に加熱保持してクリープを生じさせ，空冷後もクリープ歪を材料に残して部品の成形に利用する.

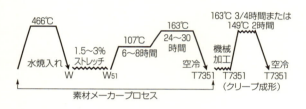

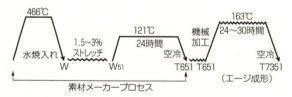

図5.26 アルミ合金7075のクリープ成形とエージ成形の熱処理プロセス

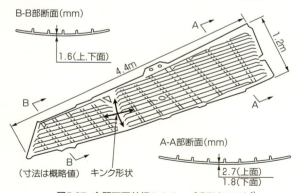

図5.27 主翼下面外板のクリープ成形(7075)[4]

　この成形法を活用して，アルミニウム合金製翼外板素材を図要求形状に機械加工した後，翼外板に適切な初期歪，応力と加熱条件を設定して所定の翼面形状を得る．この成形加工が「クリープ成形」である.

　ただし，一般に材料に応力を与えて加熱する場合，加熱温度によってはクリープ現象以外に強度

低下などの物性値が変化するため，注意する必要がある．これに対して，アルミニウム合金製翼外板素材を機械加工後，翼外板に適切な初期歪と応力を与え，翼外板素材に時効処理するための加熱温度を適用するクリープ現象で所定の翼面形状を得る成形加工法を「エージ成形」と呼び，クリープ成形と区別している（図5.26）．

一般に，エージ成形は材料の時効処理温度を適用しているので，強度低下などの物性値は変わらないが，比較的長時間の成形時間を必要とする．これらの具体的な成形法は，スプリングバック量を考慮した成形型に，機械加工を終えたアルミニウム合金製翼外板をセットする．そして，プレス付き成形炉やオートクレーブなどに挿入し，アルミニウム合金の材質に応じて約160～180℃前後に加熱，加圧する．

その後，ある一定時間加熱保持し，炉冷して取り出す．このように熱間クリープ現象を利用してスムースな複曲面の空力表面を得ることができる．

たとえば，翼断面形状が翼根部，翼幅中央部および翼端の3断面で定義された翼幅中央部でキンクした一体削り出し外板形状は，ブレーキプレス曲げ成形やショットピーン成形では不可能であり，一般的な設計法では分割構造にしなければならない．これを解決する工法としてクリープ成形法が採用され，機体の重量低減に大きく寄与している（図5.27）．

10. チューブ曲げ

機体構造部の隙間に油圧や燃料，空調系統などの配管を効率良く行なうために，精度の高いチューブ曲げ加工が必要となる．チューブの素材はアルミニウム合金の場合は5052，6061などであるが，油圧配管にはステンレス鋼やチタン合金も使われる．小径チューブはチューブ曲げ型に巻き付けるだけで加工できるが，大径のものはチューブにしわが出ないように球を連結したマンドレルなどをチューブの内径に挿入し，油圧駆動やNCによるチューブ曲げ加工装置を使用して加工する（図5.28）．

まずチューブを切断してバリ取りと脱脂を行ない，曲げ加工する．その後，耐

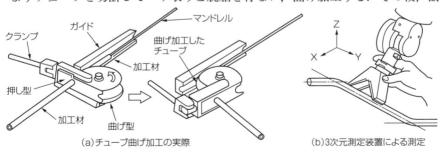

図5.28 チューブの曲げ加工と測定

圧試験で割れがないことを確認する．チューブ両端の接合部は，フレアやビード加工，フレアレスフィッテング取付けなどを専用機械で行ない，識別マーキングして機体に取り付ける．

機体構造部の狭い空間に各種の配管を正しく3次元形状定義して曲げ加工することは，長い間大きな課題の1つだった．従来，これらの作業は，試作開発にあたって実機を使用してϕ5mm程度の針金で3次元の型棒をつくり，これに倣ってチューブを曲げ加工し，実機合わせして検査合格後，曲げ位置，曲げ角度などの諸元データを設計図面に反映し，作業指示書に記載して加工する作業方式であった．

航空機の開発ではこの作業に長期間を必要とし，日程上の大きな障害となっていた．その後，改善を加えた方式として3次元曲げ形状の型棒やサンプルチューブをつくり，NC5軸測定装置を使用して曲げ位置の長さや曲げ角度，隣接する回転角度を数値化（デジタイズ）して，NCチューブ曲げ加工装置のNCデータとすることができるようになった．

最近は，設計当初から3次元CADを使用してチューブの3次元形状定義と干渉チェックを行ない，この諸元データを直接，NCチューブ曲げ加工装置の入力データとすることもできるなど，飛躍的な設計，製造技術の進展が見られる．

11. 耐熱鋼の成形加工

ジェットエンジンの登場後，後部胴体ジェットパイプ周囲の準耐熱構造，ジェットガスのブラストを受けるテールコーン部分，超音速機の空力加熱を受ける部分など，耐熱鋼の成形加工がきわめて重要になっている．**表5.2**，**図5.29**は，代表的な機体用耐熱材料と耐熱鋼の高温強度である．

耐熱鋼の場合も，単純なブレーキプレス曲げやフォーミングローラ曲げ，単曲面のストレッチ成形などは，18-8系ステンレス鋼と同じように常温で成形加工

表5.2 代表的な機体用耐熱材料の機械的性質

材料の種類	合金名	室　温		高　温			用　途
		降伏強さ Fty(ksi)	伸び(%)	温度 (F)	降伏強さ Fty(ksi)	伸び(%)	
鉄基合金	A-286	100	25	1200	88	13	タービンディスクなど
	N-155	58	49	1000	40	54	ジェットパイプなど
析出硬化型 ステンレス鋼	17-7PH	185	9	800	129	6	準耐熱構造用
	PH15-7Mo	200	7	800	150	9	準耐熱構造用
ニッケル基 合金	インコネルX	92	24	1000	84	22	ジェットパイプ，テール コーンブラスト部など
	ハステロイX	52	43	1000	41	45	ジェットパイプ，テール コーンブラスト部など
チタン合金	純チタン	27〜85	17〜30	600	10〜30	25〜50	準耐熱と普通構造用
	Ti-6Al-4V	128	12	800	78	18	準耐熱と普通構造用
	Ti-8Mn	125	15	800	59	15	準耐熱と普通構造用

できる．耐熱鋼の成形加工が問題になるのは絞り成形を伴う部品加工であり，各種の熱間成形法を適用しなければならない．

(1)熱間ゴムプレス成形

通常のゴムプレス成形用雄型と違い，鋼製の雄雌型の間に成形する素材を挟み，電気炉で約1,200F（649℃）以上に

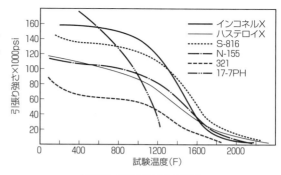

図5.29 耐熱材料の高温強度

加熱し，ゴムプレス成形する．このとき，ゴムプレス用のゴムが燃えないように50mm程度のシリコンゴムのパッドを載せる．この加工法は，フランジの低いチタン合金部品などの成形に適用する．

(2)ホットサイジング成形

ホットサイジング成形工程は，最初に成形素材を熱間粗成形するため雄型だけの心金を使用し，熱間ゴムプレス成形する．次に概略の形状が成形できた時点でホットサイジングプレスを使用し，熱間クリープ現象を利用して仕上げ部品形状に熱間成形加工する．

この方法は，上下のプラテンに電熱カートリッジヒータを使い，プラテンを1,500F（815℃）程度に加熱するもので，プラテンの間にあらかじめ粗成形した部品と雄雌型を挿入し，成形部品の材質に応じて約500℃以上の高温下で，上下と側面から加圧保持して成形する（図5.30）．

一方，ホットサイジングプレスを使用して，チタン合金製ハニカムパネル製作用の拡散接合を行なうことができる．この耐熱ハニカムパネルは，ジェットエンジン

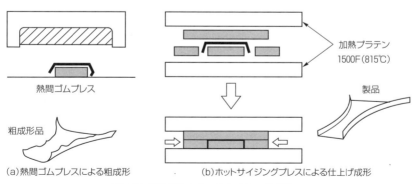

図5.30 耐熱材料のホットサイジング成形

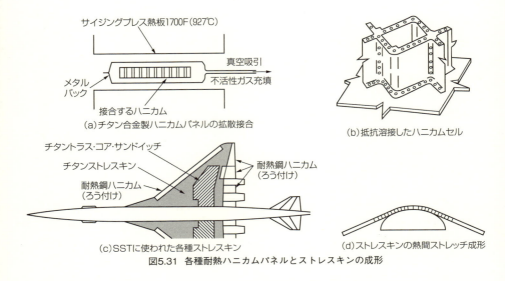

図5.31 各種耐熱ハニカムパネルとストレスキンの成形

のスラストリバーサ(逆噴射装置)や超音速機の耐熱構造部分などに使われ,「ストレスキン」(商標)と呼ばれている(図5.31).

(3) その他の熱間成形法と成形型

ホットサイジングプレスのような高価な装置は使わず,通常のストレッチ成形やドロップ成形プレスを使用し,ラジアントヒータで成形型と成形素材を加熱してチタン合金や耐熱鋼を熱間成形できる.このヒータは強力な赤外線灯で,厚さ2.5mm程度のチタン合金板を約5分で1,500F(815℃)まで加熱させる能力がある.

熱間成形型は,成形温度に応じて各種の耐熱材料が使用される.ホットサイジング成形型は通常はNi-Cr鋼でつくられるが,高価なインコネルも使用され,ドロップ成形型にはセラミック型も使われている.

12. 超塑性成形と拡散接合

チタン合金(Ti-6Al-4V)は融点(1,668℃)の55%(910℃)程度まで加熱すると,比較的低い応力で均一に伸びる性質がある.結晶粒を微細化した超塑性合金は,その合金の臨界温度以上に加熱すると,微細結晶粒子間の変形抵抗が少ないために簡単に変形するが,室温に冷却すると強度を回復する.

この特性を持つ材料を使用して,適当な温度および圧力下で複雑な形状に加工する成形法を「超塑性成形」(SPF:Super Plastic Forming)という.

この特性を持つ材料はまた,超塑性成形する同じ温度下で適切な圧力を加えると,互いに接触する合金の原子が内部に拡散して接合境界のない一体部品を形成し,母材と同等の接合強度を持つ.このような接合法を「拡散接合」(DB:Diffusion

Bonding)という.

このように, 超塑性合金は複雑形状で難加工性材料の成形加工が可能な超塑性成形と, リベット, ファスナなどの結合部品を必要としない組立が可能な拡散接合を同じ温度条件下で, 酸化防止用アルゴンガスなどの不活性ガスで加圧して成形することができる. この加工プロセスは, 同一治具を使用して1回の段取りで経済的に, 軽量な一体成形／接合構造部品をつくることができ, 「超塑性／拡散接合」(SPF/DB)と呼んでいる. 超塑性特性を持つ材料は, チタン合金だけでなくアルミニウム合金やステンレス鋼でも可能である.

最近はチタン合金製金具類の材料費, 加工費低減のため, 拡散接合を適用する研究が継続的に行なわれている. その主要工程は, 板材を外周加工後, 酸洗い洗浄し, 板材を積み重ねてステンレス鋼などのレトルトに挿入して, 真空引きする. その後, 熱間プレスなどを使用して, 加熱加圧し拡散接合する.

チタン合金の拡散接合条件は, 接合中は真空引きを継続しておき, レトルトを910℃前後に加熱し, $0.3\sim0.5\mathrm{kgf/mm^2}$程度で加圧し, 積み重ね板厚の高さ比で数％程度変形させる. 接合が完了したら部品をレトルトから取り出し, 仕上げ機械加工後, 寸法検査, 蛍光浸透探傷による非破壊検査を行なう[6),7)].

なお, 拡散接合加工技術の実機適用には, 超塑性成形／拡散接合工程のさらなる生産効率向上など解決すべき課題が残っている.

5.6 ケミカルミリング

航空機構造の板金部品は一定板厚の圧延薄板を成形加工するため, 成形後は均一の板厚を持った部品形状になっているが, 設計強度上一般にこの板厚が全面にわたって均等に必要とされる場合は少ない.

たとえば, 胴体外板とストリンガーが当たるリベット接合部分は, 沈頭リベットを使用する場合は強度上厚くする必要があるが, 他の部分は強度上薄くてもよい. また, エルロン外板, 垂直安定板外板などは, 取付け部や作動部こそ高い応力を必要とするが, 先端部の板厚には余裕がある.

そこで, 強度上問題のない部分は板厚を除去して取り除くために, 外板を小割りにして次第に薄くつなぐか板をテーパ切削すればよいが, 設計重量や加工コスト上, あまり細切れにはできない. また, 曲面を持つ前縁外板などは, 成形加工後薄くテーパ状にポケット加工することは非常にむずかしい.

そうした要求に答えて開発された工作法が「ケミカルミリング」である. この技術は, 1954年にアメリカのノースアメリカン航空機と化学薬品メーカーのターコ社が共同開発し, その後, 各国の航空機メーカーがこの両社から特許およびライセンスを導入して, 「ケミミル」(Chemi-Mill)と呼ぶ加工法を実施している(日本国

特許権は1984年消滅).

ケミミルの原理は，アルミニウム合金板の削らない部分だけをマスキング（被覆）してアルカリ溶液に浸漬し，加工速度約1mm/hで溶解して削り取るものである．この加工法が適用できる金属は，アルミニウム合金，マグネシウム合金，チタン合金，低合金鋼，ステンレス鋼で，それぞれにアルカリまたは酸溶液など加工溶液（エッチャント）が異なり，個別の設備が必要となる．

1. ケミミルの特徴

複曲面を持つ外板などに補強部品を取り付ける場合，その部分の沈頭リベットには皿取りのために一定の板厚が必要となるが，一般部の板厚は強度上薄くてもよい．また，金属接着構造の場合にも，外板の撓みを避けるため補強部品を取り付ける接着部分を厚くする必要がある．このような複曲面を持つ外板の薄肉加工には，ケミミル加工は不可欠である（図5.32）．

ケミミルは，加工後の板厚要求精度±0.1mm，表面粗さ50～100RMS（Root Mean Square：二乗平均あらさ）程度を確保でき，テーパ加工も比較的簡単である．問題点としては，平面上の寸法公差は±1mm程度と緩く，カット部のラジアスRは疲労強度上，より強くなるように大きくしたいが，ほぼ削った深さに等しい寸法にしかできないということがある．また，表面にある傷や材料内部にある偏析などの欠陥がそのまま表面に出てしまう．

切削加工では外板の最小板厚は2mm程度が限度であるが，ケミミルでは0.2mmまで削ることができる．航空機用外板は一般的に，その取扱いやスクラッチ（小さな傷）などの点から，特殊な部品以外は0.016in.(0.4mm)以下の薄板は使用しない．また，ケミミルは切削加工に比べて同時加工量が大きく，外板を約1mm/hずつ両面から数枚同時に削り取ることができ，比較的経済的な加工法である．設備費も機械加工設備に比べると安価であるが，廃液処理設備が必要になる．

2. ケミミル加工

ケミミル工程は，まず部品を洗浄した後，加工しない部分をマスキングする．

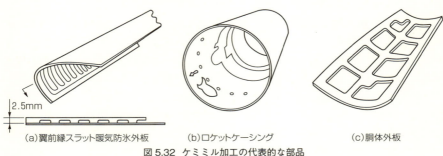

(a) 翼前縁スラット暖気防氷外板　　(b) ロケットケーシング　　(c) 胴体外板

図5.32 ケミミル加工の代表的な部品

このマスキング材のコーティング(塗布)は，まず部品全面にマスキング材を塗布し，乾燥後にエッチング(食刻)する部分を剥ぎ取る(スクライビング)．

　ケミルの技術的な困難はマスキング材の開発であり，適当な接着力と90℃以上の温度で強アルカリまたは酸に耐える材料でなければならなかった．開発されたマスキング材質は合成ゴムで，キシレン，トリオールなどの可燃性溶剤で溶かして使用する．このため，引火しないように十分な注意が必要であり，作業エリアの換気やマスキング材の撹拌装置，部品搬送用のホイストなどは，すべて防爆型の器具を使用しなければならない．

　マスキング材の塗布は，通常はディップ(浸漬)法を使用し，均一で気泡のないコーティングを得るため，1回あたり0.06mmずつ，大物複雑部品は180°回転させながら合計3〜4回部品を浸漬して，0.25mm程度の膜厚に仕上げる．とくに大きな部品や浸漬が困難な部品は，スプレーやフローコート(流し塗り)を行なう．乾燥は大気中か80℃程度に加熱して溶剤の蒸発を促進する．

　次に，部品に型板を当て，エッチングする部分に外科手術用ナイフで切れ目を入れてマスクを剥ぎ取る．このとき，ナイフで表面に傷を付けるとエッチング後に表面欠陥となって現われるので，細心の注意が必要である．

　ケミル加工は，板厚のカット深さだけでなく，幅方向の平面寸法も同時にエッチングされるので，ケミル型板の外形形状はおおよそフィレットR寸法程度が仕上がり線と異なる必要がある．

　幅方向の平面寸法Aとカット深さDの比A/Dを「エッチングファクタ」と呼び，この数値は材質や処理条件により異なるので，ケミル型板は実験的に定めてから製作する必要がある(図5.33)．

　近年，大型旅客機の胴体外板など大型部品のスクライビングは，CNC装置付きCO_2レーザ加工機を適用してケミル型板を必要とせず，大幅な効率化を実現している．

　アルミニウム合金の場合，エッチングはクラッド材と裸材では溶液の組成が異なるが，基本的には苛性ソーダを主体としたアルカリ溶液である．溶液には，エッチング面の肌荒れ防止やアルミニウム合金溶解の累積で「エッチングレート」(エッチング速度)があまり変化しないように種々の添加物が入っている．

　アルミニウム合金のエッチングレートは約1mm/hで，エッチング中は相当の水素ガスが発生し，発泡のため苛性物が飛散するので，十分な排気が必要である．また老化した加工溶液は，別な槽で過剰に沈殿した水酸化アルミニウムを取り除き，上澄み溶液に薬剤を添加して再使用できる．

　エッチングを終了した部品は，アルカリエッチングで発生したスマット(汚れ)を溶解・除去するスマット除去工程が必要になる．ケミル後の部品は裸材となって

Part.5　板金加工　　149

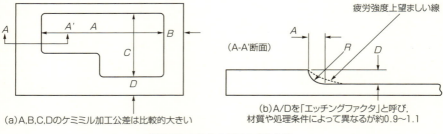

(a) A,B,C,Dのケミミル加工公差は比較的大きい

(b) A/Dを「エッチングファクタ」と呼び，材質や処理条件によって異なるが約0.9～1.1

図5.33　ケミミル加工の寸法公差

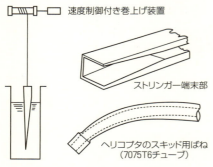

図5.34　テーパケミミル加工法

耐食性を失っているので，陽極酸化皮膜処理（アノダイズ）で防食処理を行ない，仕上がりとなる．

特殊なケミミル法として，「テーパケミミル」，「ステップケミミル」がある．テーパケミミルは，部品を連続して正確に速度制御可能な巻上げ機に吊るし，加工槽から出し入れを数回繰り返すと，液に長い時間浸漬されたエリアが薄くなり，テーパ形状が得られる（図5.34）．

ステップケミミルは，1つの部品に数種類の深さのケミミルができる．多段階 n ステップケミミルの加工工程は，最初に素材板厚の全面にマスキングする．次にエッジファクタを考慮して，最も深い加工（n番目）を必要とするエリアのマスクを取り除き，最深エリアの加工深さ D_n と $(n-1)$ 番目に深い加工を必要とするエリアの加工深さ D_{n-1} との板厚差 $(D_n - D_{n-1})$ だけケミミル加工する．次に，$(n-1)$ 番目に深い加工を必要とするエリアのマスクを剥ぎ取り，D_{n-1} 番目と D_{n-2} 番目に深い加工を必要とするエリアとの板厚差だけケミミル加工する（図5.35）．

以下，同様の作業を繰り返して必要なステップを得るが，多段階のケミミルを行なうためには，各ステップのエッチングファクタを考慮した慎重な工程計画が要求される．

3. ケミミルの加工品質

ケミミル加工後の表面粗さは，部品の材質，ケミミル前処理や素材の表面性状，ケミミルによるカット深さにも影響されるが，250RMS程度以下の良好な表面平滑性が得られ，最大カット深さは品質上0.5in.（12.7mm）程度が限度である．

深さ寸法精度は，注意深く板厚測定しながら加工すれば0.01mmまで可能であるが，実用上は±0.0023in.（0.06mm）程度が限度である．また，素材の表面性状

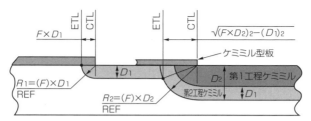

F：エッチングファクタ　ETL：ケミミルライン　CTL：スクライブライン
図5.35　ステップケミミルの断面とケミミル型板

による影響は取り除けない．平面寸法精度は，カット深さ約0.2in.(5.1mm)までなら，±0.03in.(0.76mm)以下で加工できる．最大のカット深さは品質上，0.5in.(12.7mm)程度が限度である（**表5.3**）．**写真5.7**にケミミル加工部品の例を示す．

展伸材は，素材の組織に異方性があるので，L方向（グレン方向）とLT方向（幅方向）で，フィレットRに影響を及ぼす．また，ケミミル部品形状による部品のディップ方向で水素ガスの溜まりが発生し，フィレットR形状が悪くなる．この場合は，部品形状に応じてディップ方向を変えなければならない．アルミニウム合金のクラッド材は，クラッド層の影響で隅Rが丸くなる（**図5.36**）．

4. ケミミル溶液の劣化と再生[9]

航空機分野で多く使われるアルミニウム合金のケミミル溶液中のアルミニウム溶解反応は，一般に次式で表わされる．

$2NaOH + 2Al + 6H_2O \rightarrow 2NaAl(OH)_4 + 3H_2$

この反応は，水酸化ナトリウムによってアルミニウムが溶解し，溶解アルミニウムと水素ガスが発生することを示している．つまり，アルミニウムを溶解すると水酸化ナトリウムが消費され，溶液中の溶解アルミニウム濃度が上昇する．その結果，エッチングレートが低下し，表

写真5.7　ケミミルによる加工部品[11]

表5.3　ケミミルの加工品質と加工後の板厚

(a) 表面粗さ

材料	粗さ(RMS)	カット深さ(in.)
アルミニウム合金	50～150	0.125まで
	100～250	0.500まで
マグネシウム合金	30～125	
鋼	30～250	
チタン合金	10～40	

(b) 板厚精度

カット深さ(in.)	残板厚精度(in.)
0.1	±0.0023
0.2	±0.003
0.3	±0.004
0.4	±0.005
0.5	±0.006

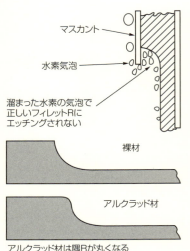

図5.36 素材の影響と水素ガスの巻込み

面粗さが悪化するなどの不具合が起こるので,溶液中の水酸化ナトリウムと溶解アルミニウム濃度を管理する必要がある.

ケミミル溶液は,作業量に応じて水酸化ナトリウムを補給することで液組成を調整できるが,エッチング能力が低下する規定値以上に溶解アルミニウム濃度が上昇すると,ケミミル溶液を廃棄しなければならない.この廃液は,表面粗さを良くするために有害な添加物を含んでいるので,単なる中和では廃棄できない.

このため,有害成分が溶出しないようにコンクリートで固化するなどの処分を行ない,管理型埋立て場で処理する必要があり,産業廃棄物処理上大きな問題の1つである.

こうした観点から,ケミミル溶液の再生,長寿命化は重要な課題であり,アルミニウム精錬に使用されるバイヤー法の晶析技術を応用して,溶解アルミニウムから水酸化アルミニウムの結晶を分離除去する方法や,酸化カルシウムを添加してスラッジ化する酸化カルシウム法などの実用化例が報告されている.しかし,いずれもまだ完全な再生法ではなく,今後の研究テーマである.

＜引用文献＞
1) 牧野和也／「ネスティングシステム付きNCルータの適用例」(第22回飛行機シンポジウム前刷集／日本航空宇宙学会 1984年11月) p.454～457
2) 小島裕登,工藤正夫／「ショットピーンフォーミングによる外板パネル成形技術」(第32回飛行機シンポジウム前刷集／日本航空宇宙学会 1994年10月) p.595～598
3) 滝田二郎／「ロボットによるショットピーニング装置」(第22回飛行機シンポジウム前刷集／日本航空宇宙学会 1984年11月) p.458～461
4) 則竹佑治,三宅司朗,星恒憲／「中等練習機(XT-4)主翼,尾翼構造設計」(第25回飛行機シンポジウム前刷集／日本航空宇宙学会 1987年12月) p.244
5) 「航空宇宙工学便覧」(A8.3板金加工／丸善) p.238～241
6) 柘植和年,坂口秀明／「航空機部品への拡散接合技術の適用について」(第21回飛行機シンポジウム前刷集／日本航空宇宙学会 1983年11月) p.444～447
7) 岩上敏男,奥康生／「チタン合金に対する拡散接合技術の適用化研究動向」(第36回飛行機シンポジウム前刷集／日本航空宇宙学会 1998年10月)
8) ASTME (SME)編著,半田邦夫・佐々木健次共訳／「航空機&ロケットの生産技術」(第11章「ケミカルミリング」／大河出版) p.267～273
9) 神畠尚文／「航空機部品ケミカルミーリング液のリサイクルについて」(第36回飛行機シンポジウム／日本航空宇宙学会 1998年10月)
10) 巽重文／「国産航空機に向けての展望:機体メーカーの取組み状況」／(日本航空宇宙工業会誌 2001年2月Vol.149,No.565) p.19
11) サーブ社カタログ

Part.6 機械加工

　機械加工には「切削加工」,「研削加工」,「砥粒加工」,「特殊加工」などがあり,これらの加工法を適用して航空機部品を設計指定寸法や形状, 面粗さに仕上げて要求品質を得る.

　従来, 機械加工部品は高価な機械設備や高度の加工技術を必要とすることから機能部品が中心であったが, NC技術の発展や機体軽量化の要求とともに, 厚板や鍛造素材からの削り出しによる一体化構造部品が多く採用されるようになり, 機体製作に要する機械加工の比率は全体の約10％から, 現在は25％程度にもなっている. これは, 航空機がさらに高性能化して機体に及ぼす空気力が非常に大きくなり, 板金部品では効率の良い軽量化機体構造を維持できなくなったことが大きな要因である(**表6.1**).

　一方, 材料開発の努力と大型素形材製造法の発達, さらに高精度な大型CNC工作機械の開発や複合材成形加工技術の進歩も, 一体化構造機械部品や複合材部品の実用化を大きく推進させた.

　図6.1は, 1940年に開発された零式艦上戦闘機と1960年代のノースロップT-38「タロン」ジェット練習機, そして1980年代に日本が開発したT-4中等練習機お

表 6.1　機体構造と機械加工部品の変遷

	年代	1920年代	1940年代	1960年代	1980年代	1990年代
	機体	甲式4型	零式艦上戦闘機	T-2高等練習機	T-4中等練習機	F-2戦闘機
	エンジン		○	○	○	○
機能部品	操縦系統	○	○	○	○	○
	降着装置		○	○	○	○
	油圧システム		○	○	○	○
	桁フランジ			○	○	○
	結合ヒンジ金具			○	○	○
構造部品	外板			○	○	○
	円框・翼小骨			○	○	○
	ストリンガー			○	○	○
	ハニカムコア			○	○	○
一体化	一体化構造機械部品			△	○	○
構造部品	一体化構造複合材部品				△	○

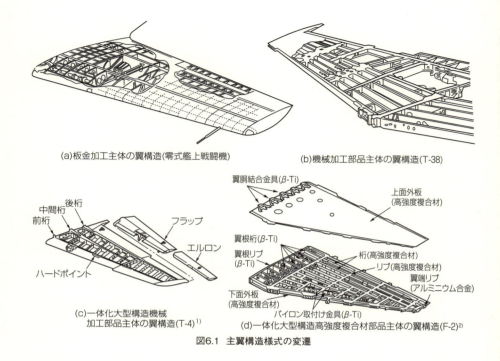

図6.1 主翼構造様式の変遷

および1990年代のF-2戦闘機の主翼構造様式の変遷を示している.

　図6.1(a)の零式艦上戦闘機の場合,前後フランジの押出し型材と結合金具類が機械加工,その他はほとんどが板金構造で,国産の超超ジュラルミン(7075)系を初めて桁に採用した.

　図6.1(b)のT-38の主翼は後縁部に部分的に板金加工があるが,他はほとんど鍛造材と押出し型材の機械加工部品である.同機は1958年に初飛行後,約1,000機の納入実績を持ち,最も成功した超音速練習機の1つで,日本のT-2高等練習機も同様の構造様式である.

6.1 機械部品の特徴

　航空機は,機体構造に数多くの機械加工部品を採用している.通常,この種の部品はコストが高くなり,できるだけ機械加工を避ける設計が一般的である.にもかかわらず航空機に機械加工部品が採用されるのは,高性能化と空気力学的に決められた機体形状という限定されたスペースのなかで,大荷重に対して十分な強度を持ち,軽量化できること,さらに機体のライフサイクルコスト上から有利になるためである.

機械部品のうち，棒材加工する機能部品は旋盤加工で比較的安価につくれるが，フライス加工による一体削り出し部品は，一般に大型CNC工作機械を使った長時間の加工を必要とし，コストもかかる．一体削り出し部品は，そのメリットを最大限に生かすために，エンドミルを使って徹底的に余肉を削り落として軽量化をはかるが，このために複雑形状の機械加工になる．

　機体構造の機械部品は，翼や胴体外板などの幅広部品，桁フランジ，縦通材やストリンガーなどの長尺部品，円框，力骨，結合金具やヒンジ金具およびフラップレール，脚などの複雑形状部品に大別される．これらの部品は，2014，2024，7075などのアルミニウム合金が主体であるが，4130，4340などの低合金鋼も使用され，機械部品の種類によって特有の性能を持つ工作機械が必要になる．

　寸法精度は，外形形状は±0.25mmが一般的だが，外板や金具の板厚は±0.13mmが要求される．その生産形態は1ロットあたり数機から20機程度で，代表的な多品種少量生産である．

6.2　切削加工

　材料を切削加工する時間や能率は，被削材の性質や切削工具，切削速度，送り，切込み，工作機械の種類や大きさ，主軸電動モータの出力などで大きく異なる．

1. 被削材の性質

　材料の被削性は，ある一定の加工条件下で切削するときの「切削のしやすさ」や「切削加工時のコスト」などで表わされる．被削材の変数には，材料の硬さ，引張り強さ，降伏応力，化学成分，金属組織，冷間加工の程度，加工硬化率，圧延方向，剛性などがあり，材料の被削性はこれらの変数によって左右されるため，切削加工の工程計画にあたっては，まず材料の性質を理解することが重要である．

表6.2　各種航空宇宙材料の代表的性質[5]

	代表的合金	F_{tu}	F_{ty}	E	RA(%)	伸び(%)	n	K	TE
アルミニウム合金	7075-T6	77.5	68.5	10.5	-	11	.08*	900	13.2
低合金鋼 HR	4340	108	68.5	29.5	50.8	22	.225*	261	6.3
低合金鋼 HT	4340	200	151	29.5	-	13	.123*	260	6.3
鉄基合金	A-286	146	100	29.1	-	25	.17*	90	9.8
M系ステンレス鋼	USS-12MoV	252	205	30	-	10.5	.095	174	5.8
マルエージング鋼	VM-300	275	266	27*	27.1	6.5	.057		6.3
チタン合金	6Al-4V	147	137	15	-	16	.06*	45.6	5.1
コバルト基合金	L-605	134.3	64.7	32.6	34.1	48.7	.537	64.9	7.77
ニッケル基合金	Rene41	177.8	128.4	27	9.9	10.9	.215	64	6.63
耐熱合金	Mo-0.5Ti	137.2	117.6	46	-	13	.08*	818.3	3.06

F_{tu}：引張り強さ (ksi)　F_{ty}：降伏強さ／0.2%耐力 (ksi)　E：ヤング率 (10^3ksi)
RA：断面収縮率　伸び：ゲージレングス 2in.　n：加工硬化率　K：熱伝導率 (Btu/[hr・f_t^2・F/in]，70F)
TE：熱膨張係数 ($\times 10^{-6}$／F)　*推定値

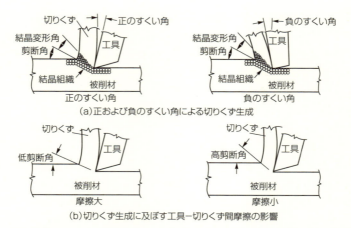

図6.2 結晶粒のすべり，工具のすくい角，摩擦の影響による切りくず生成のプロセス[5]

表6.2は代表的な航空宇宙材料の主要な性質を示したものである．

　切削加工は，被削材が持つ降伏応力と工具切れ刃による切りくずの剪断応力，被削材の熱伝導率や加工硬化する度合，金属組織の結晶構造における原子配列の違いによる結晶粒のすべりやすさなどと関連がある．

　たとえば，降伏応力と加工硬化率の点から見ると，低合金鋼4340HTはチタン合金6Al-4Vより加工しにくいはずであるが，実際はチタン合金のほうが加工しにくい．この理由は，約6倍にもなる材料間の熱伝導率の差による影響である．

　また，コバルト基合金L-605はチタン合金より降伏応力が小さいので切削しやすいはずであるが，実際は加工しにくい．その主な理由は，コバルト基合金はチタン合金に比べて約9倍加工硬化しやすいからである．

　一方，工具と被削材の関係から見ると，工具が被削材に沿って前進すると切込み線以下の微小結晶が切れ刃前方で塑性変形する．その結果，工具のすくい面に沿って変位が起こって切りくずを生成する．このような変形が起こりやすいか否かは，金属の原子配列や工具のすくい角などと関係があり，被削性を表わす要素の1つである．

　アルミニウムや銅のような材料の原子配列は面心立方構造ですべりやすく，延性に富み，鉄やβチタンなどは体心立方構造で，延性は面心立方構造に次ぐ．αチタンなどは稠密六方構造で，展性はあるが延性に乏しい結晶構造である．

　このように，原子がすべりやすい合金は高い延性を示し，低いすべりの材料は低い延性を持つ．金属原子のすべりが材料の延性に影響を与え，材料の変形や剪断を許容し，切削しやすさに関係してくる．

工具面と切りくずの摩擦との関係では，結晶粒がすべりにくく摩擦が大きい材料は，結晶変形角や剪断角が低い角度になって，その結果，切りくずは厚く，圧縮されたものになり，剪断面が長いために発熱も大きくなる．したがって，剪断角が低い材料は切削しにくいといえる（図6.2）．

一般に低い剪断角の材料は剪断面が長くなり，工具に働く力も大きくなる．また，剪断面が長いと破壊に必要な仕事量が大きくなり，切削抵抗が増加する．同時に，この剪断角は工具のすくい角によっても変化する．正のすくい角が増加すると剪断角も増加する傾向になって被削性が向上するが，切れ刃の強度を弱め，チッピングによる損傷を招くので注意が必要である．

このように，ある特定の材料に対する最適な被削性を求めるには，これら多くのパラメータを整合させることが必要となる．

2．切削の所要動力

材料を機械加工する場合，工作機械のモータの最適な所要動力を決定することは，重要な要素の1つである．材料の被削性を切削に必要な動力で表わす場合は，1分間に1in.^{3}（16.4cm^3）の被削材を切削するのに必要な単位切削馬力で表現する．

この単位切削馬力は，切削に必要な全動力を求めるのに便利な指標で，これと所要切削量の加工能率を決めれば，目安となる全動力を求めることができる（表6.3）．

たとえば，作業の種類はフライス加工，被削材は鋼で硬さ300HB（ブリネル硬さ），切削量5in.^{3}/min，単位切削馬力2.1HP/in.^{3}/minのとき，おおよその全所要動力は次のようになる．

$$2.1 \times 5 = 10.5HP$$

一方，20HPのモータを搭載する工作機械は，最大9.5in.^{3}/min程度の切削量の加工能率を持つといえる．モータの仕事量は被削材の破壊（切削）と発熱エネルギーとなるので，工具切れ刃部の冷却が重要になる．

3．撓みと剛性

切削加工システムの全体は，大きく「切削塑性場」と「機械系」に分けることができるが，この2つの系はまったく異なる性質を持つ．つまり，切削塑性場では被削材が塑性的に変形しながら摩擦しているのに対して，機械系は工作機械，工具，工作物（必要に応じて取付具）の3つからなる剛性に依存している．そして，これらは直列に連結されているので，どれか1つでも剛性の弱い部分があれば全体の剛性はそれで決まってしまう．

一般的に工作機械は比較的高い剛性を確保できるが，航空機部品は薄肉で長尺，幅広といった部品が多く，工具もポケット加工を多用するため，剛性の確保は厳しい（図6.3）．

表6.3 各種航空宇宙材料に対する代表的な単位切削馬力[5]

被削材	HB	単位切削馬力（HP/in.³/min）*		
		高速度鋼，超硬工具による旋削	高速度鋼によるドリル加工	高速度鋼，超硬工具によるフライス加工
快削鋼，炭素鋼，快削合金鋼，合金鋼，鋳鋼，窒化鋼，熱間ダイス鋼，工具鋼	120	1.2	1.0	1.2
	200	1.4	1.2	1.5
	300	1.8	1.5	2.1
	400	2.0	1.8	2.4
	500	2.4	2.2	2.8
フェライト，オーステナイト，マルテンサイト系ステンレス鋼	140	1.6	1.2	1.6
	200	1.7	1.3	1.7
	350	2.0	1.8	2.0
	440	2.3	2.1	2.3
析出硬化型ステンレス鋼	180	1.6	1.7	1.7
	400	1.8	1.9	2.1
耐熱合金	250	2.2	2.2	2.5
	350	2.4	2.6	2.5
ニッケル基合金	180	1.6	1.2	1.7
	220	1.7	1.6	1.8
ねずみ鋳鉄，ノジュラー鋳鉄，ダクタイル鋳鉄，マレアブル鋳鉄	140	0.9	0.8	1.0
	200	1.1	1.1	1.2
	280	1.9	1.6	1.8
マグネシウム合金	50**	0.2	0.2	0.2
アルミニウム合金	100**	0.3	0.2	0.4
銅合金	160	0.7	0.5	0.8
	200	1.2	1.2	1.3
銅	150	1.2	1.1	1.2
チタン合金	180	1.0	1.0	1.1
	250	1.2	1.1	1.2
	350	1.6	1.2	1.7

* 工具摩耗および機械効率（80%）を補正した主軸駆動モータの所要馬力　　** 荷重 500kg

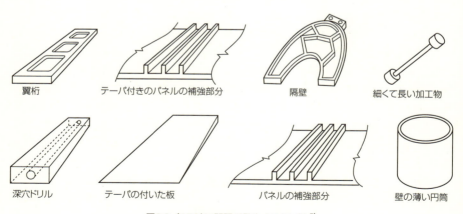

図6.3 加工時に問題が発生する加工物[5]

そのため，一体削り出し外板などの薄肉で長尺，幅広の部品加工では，工作物と工具の剛性確保のためにウェブ面を真空チャックで工作機械テーブルに強固に密着させたり，補強部分のストリンガー部には組合わせ式フライス工具などを使用する．また，エンドミルなどでストリンガーやフランジ部を加工する場合は，できるだけ工具の側圧による切削抵抗を与えない加工法を採用する．

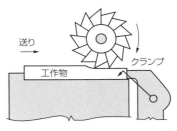

図6.4 取付具，工作物と工具の関係[5]

4. 取付具

工作物の取付具やクランプ装置などは，剛性を確保したり動作を確実に行なうために，一般的にはできるだけ簡単なほうがよい．クランプは常に工作物を押し付ける方向に設計し，切削力が取付具に向かって作用するように工夫する．

航空機部品の機械加工によく使われる側フライスやエンドミルなどを使った加工法では，「アップカット」（上向き削り）と「ダウンカット」（下向き削り）がある．

アップカットは，切削厚みが最小の位置から削り始め，次第に切削厚みが増加する．このため，加工硬化しやすい被削材の場合，加工硬化した表面から工具切れ刃が進入することになり，被削材が変形してすべりを起こすことがある．また，切削力の分力が工作物を浮かせる方向に作用する傾向がある．

一方，ダウンカットの場合は，1刃あたりの送りが大きければ切れ刃は加工硬化していない部分から進入し，切削力は工作物をテーブル面や取付具に押し付ける方向に作用する．とくに加工硬化しやすい被削材に対しては，ダウンカットのほうが工具寿命は良いと考えられている（図6.4）．

5. 工具材種

切削工具材種は，高速度鋼（ハイスピードスチール．通称ハイス），超硬合金，セラミックス，ダイヤモンドなどが主なものである．これらのうち，航空機構造部品の機械加工に多く使われるエンドミルなどには，5〜8％程度のCoを含むコバルトハイス，粉末冶金による粉末ハイス，超硬合金などが使われる．

コバルトハイスは耐摩耗性にすぐれたエンドミルの標準的な材種で，アルミニウム合金から難削材まで幅広い被削材に適用できるのが特徴である．また，粉末ハイスは，とくに中軟質の被削材の切削性が良好である．超硬合金は硬度が92HRA以上あり，67HRCのハイスを大幅に上回る硬さを持つが，靭性が低くチッピングを起こしやすいのが難点である．

しかし，超硬合金は耐久性にすぐれるため，チッピングに注意しながら，1刃あたりの送りを比較的小さくして送り速度を上げるアルミニウム合金の高速切削

加工用として，また一般材料から難削材加工用まで広く使われている．

6.3 材料と機械加工性

　被削材を機械加工するためには，切削条件を決めなければならない．機械加工部品に多く使われる代表的な工具であるエンドミルの場合，切削条件は次式で与えられる．

$$V = \pi \cdot D \cdot N \cdot 10^{-3}$$

　ここで，V：切削速度(m/min)，D：切削工具の直径(mm)，N：切削工具の回転数(min^{-1})

$$F = f \cdot n \cdot N \cdot 10^{-1}$$

　ここで，F：送り速度(cm/min)，f：1刃あたりの送り(mm)，n：刃数，N：切削工具の回転数(min^{-1})

　一方，単位時間あたりの切削量および素材から製品を切削する機械加工時間は次の通りである．

$$Q = w \cdot d \cdot F$$

　ここで，Q：切削量(cm³/min)，w：切込み幅(cm)，d：切込み深さ(cm)，F：送り速度(cm/min)

$$T = (v_1 - v_2) / Q$$

　ここで，T：機械加工時間(min)，v_1：素材の体積(cm³)，v_2：製品の体積(cm³)，Q：切削量(cm³/min)

　アルミニウム合金は，マグネシウム合金と同様に軟らかくて熱伝導性が良く，きわめて切削性にすぐれた材料である．アルミニウム合金機械部品を加工する工作機械は，主軸回転数5,000～10,000min^{-1}，出力30～50HP程度で，高い剛性を備えていることが望ましい．

　素材は，厚板，押出し型材，鍛造品が主体であるが，アルミニウム合金部品を機械加工するうえでの大きな課題は，加工に伴って発生する素材の内部残留応力

表6.4 各種材料の代表的な切削性と切削量
(a)切削性(切削速度＝ft/min)

材質	高速度鋼工具		超硬合金工具	
	荒加工	仕上げ	荒加工	仕上げ
アルミニウム合金	400	700	1000	2000
マグネシウム合金	700	1300	1300	3000
SAE 1020HR	110	110	450	450
AISI 4130HT	55	80	200	200
AISI 4340HT	45	65	200	200
ステンレス鋼	70	110	270	270
チタン合金	30～70		200～350	

(b)切削量(in³/min)，下段(cm³/min)

材質	モータ出力	
	10HP	50HP
アルミ合金	12 (196)	91 (1491)
SAE1020HR	4.6 (75)	36 (590)
AISI4130HT	2.5 (41)	19 (311)

のアンバランスによる加工歪である．この加工歪を抑制するためにT651処理が採用されるようになり，大幅に改善されている．

一方，鋼は強靭鋼4130，4140，4340などが主体で，一般の金具は焼準しまたは焼準し後焼鈍し状態の素材を粗加工後，150〜180ksi（硬度33〜40HRC）に熱処理し，次に仕上げ加工を行なう．この程度の硬度の材料は比較的切削性は良いが，フラップレールなど270〜300ksi（硬度54〜58HRC）もの高強度が要求される部品には特別な加工プロセスが必要になる．

チタン合金は鍛造品の開発が進み，大型複雑金具をフライス加工するようになっている．チタン合金は粘いので刃物にかじり付き，同時に熱伝導性が悪いために切削性はきわめて低いが，ジェット戦闘機の後部胴体隔壁に採用された1.5×2.5mにも及ぶ大型鍛造品の加工例もある．

マグネシウム合金は切削性は最も良いが，切りくずが発火する危険があるので注意が必要である．また，機械加工前後には防錆処理も必要である．**表6.4** に一般的な加工法による各種材料の切削速度と切削量の目安を示す．

6.4 NC（数値制御）と工作機械

1. NC（数値制御）

数値制御（NC：Numerical Control）は繰返し精度がきわめて高く，同一品質の部品を高精度で多数個製作できること，一体削り出し部品化に伴う複雑曲面の加工が高精度でしかも容易にできることなどから，航空機工業では不可欠な加工制御技術である．

NC工作機械は，必要とされる運動を数値化情報によって指令して自動加工するもので，さらに工作機械のNC装置にマイクロコンピュータを内蔵したものをCNC（Computerized Numerical Control）という．

CNCは，キーボードから直接入力した加工形状，加工条件，加工動作などのデータを，コンピュータ内に格納した自動プログラミング装置がNCデータに変換し，パルス信号化して増幅器に送る装置である．最近のNC工作機械の多くはCNCであり，CNC工作機械と呼ばれている．

2. 日本のNC開発と発展[4]

1958（昭和33）年，日本で最初のNC工作機械実用1号機が完成し，航空機メーカーに納入されたが，これはアメリカのマサチューセッツ工科大学（MIT）の技術をベースにした油圧サーボモータ利用の「クローズドループ」（閉回路）式NC装置であった．

しかし，この方式は作動油に異物が混入した場合の機械保全などに大きな課題があり，1960年に作動油やサーボ系の保守の問題がない電気・油圧パルスモー

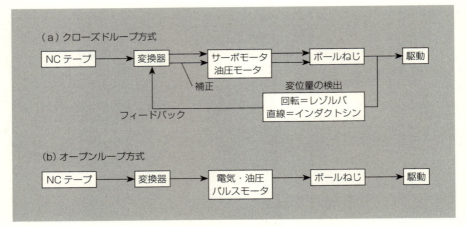

図6.5　NCの制御方式

タを使用した「オープンループ」（開回路）式NC工作機械が登場し，1970年代中頃までNCの主流となった．しかし，半導体の急速な発展や位置決め精度の向上などから，1975年に電気・油圧パルスモータに代わり，信頼性を高めた直流サーボモータを使用したクローズドループ式CNC装置に発展して現在に至っている（図6.5）．

3. NC工作機械の加工手順

NC工作機械による機械加工は，NCデータの入力情報に基づく工具の移動指令により，素材を加工することで製品形状を得る加工プロセスである．

まず最初に，加工図面を基に使用工具，取付具，加工手順，切削条件などを検討する．次に，加工手順に基づく工具経路，主軸回転，停止などを定義し，コンピュータを活用して工具経路を自動生成する．これがNCプログラミングである．これらの情報は，NCテープやフロッピディスクなどでNC装置に入力する．簡単な部品形状や指令情報などは直接キーボードから入力することもできる．

工作物と工具をNC工作機械の所定の位置にセットし，機械の起動ボタンを押すと，NCプログラムの指令情報が機械に指示され，加工を開始する．NC装置から出される指令は，主軸モータ，切削油ポンプなどのON・OFF指令，工具，割出し台などの選択指令，X，Y，Z，A，B軸など各サーボ機構へのパルス指令などで，電気信号として出力される．この指令に従った機械動作で加工が始まり，自動運転が可能となる（図6.6）．

NC工作機械のうち，とくに自動工具交換装置（ATC：Automatic Tool Changer）を装備した工作機械を「マシニングセンタ」という．従来は数種類の工作機械を使用して加工していた一体化機械部品を1台の機械で自動加工できることから，

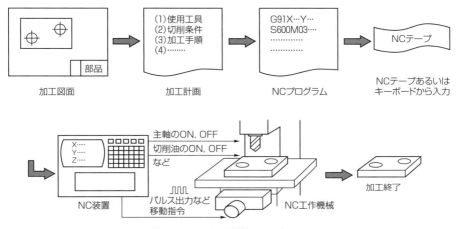

図6.6　NCによる機械加工のプロセス

とくに航空機産業で発展した．

NCを活用することで自動化による省力化が可能になり，数値情報を用いることで複雑な曲面を高精度で加工できることから，今やNC工作機械はあらゆる機械加工分野で活用されている．

6.5　同時5軸制御CNC工作機械

1. ルールドサーフェス

航空機の機械部品は，空力要求に基づく機体外形形状を満足させるため，機体外表面を形成するねじれ面と多数のポケット部を持つ一体削り出し構造部品（一体化構造機械部品）が多い（**図6.7**）．

これらのねじれ面の多くは，2つの平面上の空間曲線を結ぶ直線で創成される曲面であり，「ルールドサーフェス」（ruled surface：線織面）と呼ばれる．この面は，図6.7でわかるように平面1上の空間曲線の端点であるP1とP2を結ぶ弦と，平面2上の空間曲線の端点であるP4とP5を結ぶ弦を必要な等分数でそれぞれ等分し，これらの等分点から弦に垂線を立て，曲線と交わった点をそれぞれ結ぶ直線で線織面を得るものである．

このようなルールドサーフェスを持つ部品を機械加工するには，同時5軸制御CNC工作機械が必要となる．

CNC工作機械の駆動軸には，X，Y，Z直交座標系の基本軸と，各軸の回転軸としてA，B，C軸を設ける．このうち，X，Y，Z軸と任意2軸の回転軸の動きを同時に制御して，側面と底面加工を行なう輪郭加工用エンドミルを使用するこ

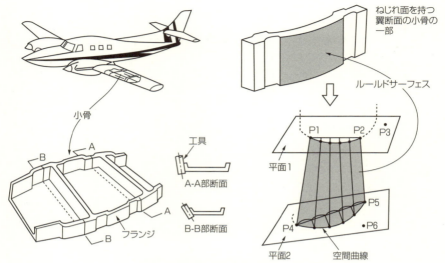

図6.7 一体削り出し構造のねじれ面加工[3]

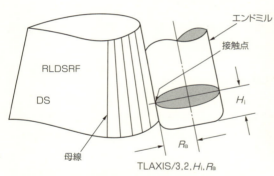

・APT：NC自動プログラム言語・RLDSRF：ルールドサーフェス・DS：ドライブサーフェス・R_a：工具半径・H_i：工具軸に直交する円板の工具端からの高さ

図6.8 エンドミルによる同時5軸制御APT言語の例[3]

写真6.1 エンドミルによるねじれ面の加工

とで，ルールドサーフェスの加工が可能になる（**図6.8**）．**写真6.1**は，エンドミルによる捩れ面の加工例である．

2. 同時5軸制御NCデータの作成法

　工具動作指令などのNCデータは，X-Y座標による2軸制御のような比較的簡単な形状であれば，手作業による計算でも作成できるが，3次元のねじれ面を持つ複雑な形状になると，これを加工するための工具動作指令の計算はきわめても

ずかしくなる.

そこで, NCデータを自動作成する言語開発の必要性が認識され, 1955年にMITでAPT (Automatically Programmed Tools) という自動プログラム言語が開発された. その後, 1957年に英語的言語を使って立体を定義できるAPT-Ⅱが開発され, APT言語の基盤が形成された.

APTは, アメリカ航空機工業会 (AIA) の支援で1961年にAPT-Ⅲに発展した. さらに能力と信頼性の向上を目的に研究が進み, 1970年代初頭には自由曲面プログラム, オンラインAPT, APT-Ⅳが開発され, その後も継続的に改良が加えられて広く航空機工業を始めとして実用化されていった.

航空機部品に特有なねじれ面を持つ桁や力骨の加工には, 工具の動作指令を連続的に制御する必要がある. APT言語を用いたプログラム手法は, 加工する部品形状を図形定義し, 使用工具寸法を指定し, 工具動作を英語に近い言語で表現する. これらを膨大な手書きステートメントで記述していき, このステートメントをコンピュータ入力してAPT処理し, 工具動作指令値を得る.

このようにして工具の指令値計算は自動化できたが, 依然として, プログラマは出力された工具軌跡データを3次元の動きで想像し, 工具動作を検証しなければならなかった.

そこで, 1980年代後半から, 「CATIA」などのコンピュータグラフィクスによる3次元対話式ソフトウェアが本格的に開発され, それらを適用した設計データを対話式にオンラインで呼び出して図形定義できるようになった.

このソフトウェアは, 定義した3次元モデルに沿うように工具を操作することで工具軌跡を作成でき, オンラインでAPT処理を起動して工具動作指令などのNCデータを自動作成する機能を持つ. さらにNCデータの品質をチェックするために, シミュレーション画像で工具の切込みや削り残し部分の有無や干渉チェックなどを即座に実行できるようになった (図6.9 (a)).

3次元モデルは, 3次元で表現した図形をいい, ワイヤフレーム, サーフェスモデル, ソリッドモデルの3つの種類で定義される. 「ワイヤフレーム」は, ものの形を直線や曲線の輪郭線だけで現わしたモデルで, いわば堤灯の骨組みのようなイメージであり, 比較的データ量は少なく, 簡単な形状の定義に適用される.

「サーフェスモデル」は, ものの形を面で表現したモデルで, 輪郭線と平面, 曲面で定義され, いわば堤灯の骨組みに紙を張ったイメージである. 複雑な形を表現できるが, データ量も多くなる.

「ソリッドモデル」は, ものの形を中身の詰まった固体として表わしたモデルで, 曲面を小さな平面で近似するので, わずかな誤差が出る. ちょうど堤灯の内部に石膏を流し込んだイメージである. 部品表面の中と外が判別できるので部品どう

Part.6 機械加工　165

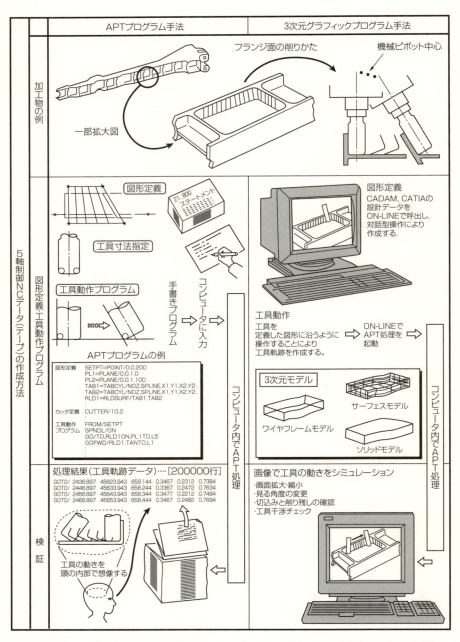

図6.9(a) APTプログラムと3次元グラフィックスプログラム手法による5軸制御NCデータ作成法

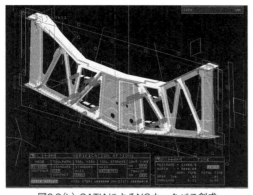

図6.9(b) CATIAによるNCカッタパス創成

しの干渉チェック，重さや体積，表面積，重心などを求めることができるが，データ量はきわめて多くなる．

しかし，「陰線処理」と呼ぶものの影に隠れた線の処理ができるので，3次元モデル形状を理解しやすいという特徴がある．また，ソリッドモデルで図形定義したNCデータのシミュレーション画像は，実際にNC工作機械を使った試し加工を行なわずに，画面上で工具の切込みや削り残し部分の有無の検討，カッタパスの修正，工具と取付具の干渉チェックなどができる（図6.9(b))．

3. プロファイラ

写真6.2は，同時5軸制御加工を実現する代表的な工作機械で，一体削り出し構造部品の翼桁，小骨，力骨や胴体の円框などを加工する「プロファイラ」である．また，図6.10は同時5軸制御CNCプロファイラの制御軸を表わしている．

プロファイラは，大型のフライス治具を取り付けるT溝を設けた平面精度の高い加工テーブルの8〜18mにも及ぶ長手方向をX軸とし，この軸に直交して3〜4mのY軸を設ける．このテーブルの両側に精密な走り面レールを設け，大型のガントリーを懸架する．

ガントリー前面には，通常は鋼もアルミニウム合金も加工可能なように，主軸回転数20〜4,000min^{-1}まで可変で，出力22kW（30馬力）程度の1〜3主軸頭を装備し，X軸とY軸に直交する工具軸をZ軸として，±25°程度のX軸周りの水平旋回軸をA軸，Y軸周りの前後旋回軸をB軸とする．

CNCからの指令情報に基づいて各軸のサーボモータを駆動し，これに連結したボールねじを回転させて各軸を単独，または最大5軸を同時制御して合成した動きを得る．ガントリーの両側にはATC装置を装備している．

比較的中小物類の金具，桁，力骨などを能率良く加工するには，固定したブリッジにY軸方向の走り面を持ち，水平と前後に旋回可能な出力22kW程度の立型主軸頭を設けた剛性の高い鋼溶接構造の上に，X方向に動く1.5×3.3m程度の作業テーブルを持つプロファイラが使われる．

4. スキンミラー

外板など幅広の大型部品を高精度で加工するには，プロファイラと同様な制御

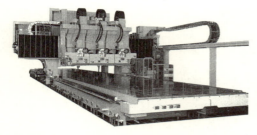

写真6.2 ガントリー駆動型同時5軸制御CNCプロファイラ[6]

図6.10 同時5軸制御CNCプロファイラの制御軸

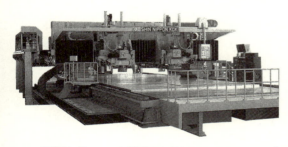

写真6.3 ガントリー駆動型同時5軸制御CNCスキンミラー[6]

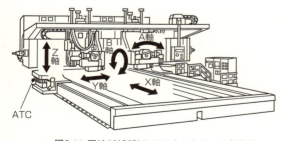

図6.11 同時5軸制御CNCスキンミラーの制御軸

軸を持つ同時5軸制御の「スキンミラー」を使用する(**写真6.3**, **図6.11**). スキンミラーは, 一般的には長手方向(X軸)12〜16m程度, 幅方向(Y軸)2.6〜5.5m程度の作業テーブルを持ち, 主軸回転数4,000〜10,000min^{-1}, 出力22kW程度の主軸頭を1〜2基装備している.

作業テーブル上には真空チャック機能付きの大型フライス治具を取り付け, 外板などを加工基準面に強固に密着させて切削中の浮上がりを防止し, 板厚の要求精度±0.13mm以下を確保している.

また, この機械はストリンガー付きの一体削り出し翼外板を能率良く加工できるように, 主軸頭下端にエンドミルだけでなく大型の組立式側フライスを取り付けることができ, これらの工具を自動交換するATC装置を装備するタイプもある.

5. マシニングセンタ

CNC工作機械のうちでとくに工具軸を水平に設けて切りくず処理を容易にし, ATC装置を備えて多種多数の工具を自動交換しながら3次元自動無人加工するものを「同時5軸制御マシニングセンタ」と呼ぶ(**写真6.4**, **図6.12**).

この機械は, 最大積載重量2.5ton, 1〜1.5m程度の作業テーブルをA軸, B軸に旋回させるタイプと, 主軸先端部にA軸, B軸を旋回させる機構を設けた2つのタイプがある.

また, いくつかの自動交換方式

パレットを装備して，多数個の部品を長時間，無人加工できることから，航空機分野で急速に発展し，自動車産業などにも広く使われるようになった．

6.6 機械部品の加工

代表的な機械部品の加工工程例として，アルミニウム合金7075-Fの鍛造品から製作して，工程中に溶体化処理を行ない，同時に機械加工歪矯正が必要な支持金具の機械加工例と，高張力鋼4340Mの鍛造品から製作し，工程中に各種の熱処理を行なう最重要部品の1つであるフラップキャリッジ支持金具の難削材加工工程例を紹介する．

さらに，近年一体化構造部品の機械加工コスト低減に大きく貢献しているアルミニウム合金の高速加工の定義と金具類，長尺と幅広部品の代表的な高速加工例を見ていく．

写真6.4 テーブル傾斜型同時5軸制御マシニングセンタ[7]

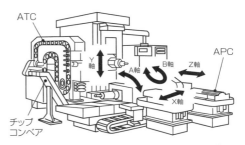

図6.12 同時5軸制御マシニングセンタの制御軸

1. アルミニウム合金製主翼後縁支持金具

図6.13を見てみよう．アルミニウム合金7075-Fの型鍛造品素材から加工する支持金具は，加工手順書の指示に基づいて倉庫から「材料出庫」され，加工プロセス中の品質保証のため「荷札付け」される．

この鍛造品は複雑な3次元機械加工形状をした厚肉の型鍛造品となるので，溶体化処理の焼入れ性から溶体化処理前に50mm程度以下の板厚になるように，全面にわたって「粗加工」が必要になる．

この粗加工に際しては，後の仕上げ機械加工時に発生する加工歪を考慮した鍛造品の偏肉によるスクラップを防止するため，まず鍛造品の加工基準点（ツーリングポイント＝T/P）を基準として，素材を保持する治具を使用してフライスで基準面加工してから各面を粗加工する．その後，製造のまま（F状態）の熱処理状態から粗加工した鍛造品を485℃で溶体化処理後，110℃で人工時効（T6状態）して，材料の要求強度を得る．

次に，「熱処理」（F→T6）で発生した加工基準面の歪を取り去るため，再び「基準面加工」して取付面を「穴あけ」した後，マシニングセンタで全面「仕上げ加工」

する．この機械加工工程では，7種類のエンドミルと3種類のドリルを使用するため，自動工具交換ができるマシニングセンタが効率的である．

その後，仕上げ加工時に発生する薄板フランジ面の歪を矯正して平面度を確保するため，140℃程度で「熱間矯正」を行なう．「寸法検査」後，精密取付穴を「中ぐりとドリル加工」し，手仕上げで全面「バリ取り」する．

表面処理として「陽極酸化皮膜処理」をし，すぐにスプレー塗布でエポキシプライマを「下塗り」して，ポリウレタンエナメルで「仕上げ塗装」する．そして乾燥後，識別のために部品番号を「ナンバリング」して完成品となる．

2. 高張力鋼製フラップキャリッジ支持金具[8]

機体構造材料としてはアルミニウム合金が主流であるが，航空機フラップのキャリッジ支持金具など高荷重部品で高強度が要求される最重要部の強度部材には，高張力鋼の1つである強靭鋼を使用する．この材料はいわゆる「難削材」で，

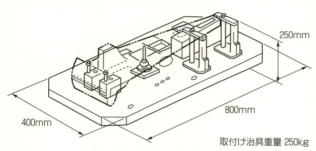

・部品名称：主翼後縁支持金具
・加工の種類
　エンドミル加工
　ドリル，リーマ加工
　中ぐり加工
・加工範囲
　全面機械加工
・素材
　7075-F（型鍛造品）
・使用工具
　エンドミル7本
　ドリル3本

(a)主翼後縁支持金具の鍛造品と基準面フライス工程用取付治具

主要加工工程
10 材料出庫（7075-F）
20 荷札付け
30 粗加工
40 熱処理（F→T6）
50 基準面加工
60 穴あけ
70 仕上げ加工
80 熱間矯正
90 寸法検査
100 中ぐり加工
110 ドリル加工
120 バリ取り
130 陽極酸化皮膜処理
140 下塗り
150 仕上げ塗装
160 ナンバリング

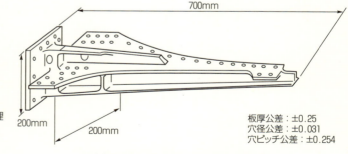

板厚公差：±0.25
穴径公差：±0.031
穴ピッチ公差：±0.254

(b)主要加工工程と機械加工部品(完成品)

図6.13　アルミニウム合金製主翼後縁支持金具の機械加工プロセス

この種の加工がむずかしい部品を安定した品質で経済的に製作することは重要な機械加工法の1つである．

図6.14は，フラップキャリッジ支持金具の加工法である．この部品は大型航空機の主翼フラップのローラキャリッジ支持部を構成する金具で，強靭鋼4340Mの鍛造品素材から加工され，最終品質として270～300ksi（189～210kgf/mm^2）の高強度が要求されている．

加工手順は，最初に鍛造品の状態で結晶粒の微細化や内部歪除去のために焼準しと低温焼鈍しを行なう．次に，機械加工の粗フライス加工工程として全面に1.5～5mmの仕上げフライス加工しろ（余肉）を残して機械加工する．この工程の加工しろは，次工程の低温焼鈍し工程で発生する熱処理歪を吸収できる最小の加工しろとすることが，経済的に仕上げ加工を行なえるポイントである．

さらに，粗加工時に発生した内部残留応力による仕上げ加工時の歪発生を防止するため，再び循環型空気炉で677～705℃，2時間の条件で低温焼鈍しする．この時点で部品の硬度は33HRC程度である．

次に，熱処理後の穴径の研削加工しろを残して2回の段取り替えを行ない，最終的な仕上げフライス加工やドリル，リーマ，タップ加工などを行なう．このような複雑形状部品の加工はマシニングセンタが能率的で，できるだけ段取りを少なくすることがポイントである．

次の焼入れ硬化時に，仕上げ加工時の残留応力による焼割れを防止するため，再び低温焼鈍しを実施する．その後，焼割れを防止し，熱処理歪を最小にする方法として，焼入れ液に溶融塩などの熱浴を使用する熱浴焼入れを利用して焼入れと焼戻しを同時に行なう「マルテンパー」（マルクエンチ）処理で，270～300ksi（硬度54～58HRC程度）の引張り強度を得る．

この熱処理法は，雰囲気炉中で857～885℃，75分間加熱後，熱浴焼入れ炉を用いて焼入れと焼戻しを同時に行なわせるため，149～204℃のマルテンパーオイル槽の熱浴に焼入れし，オーステナイト変態が完了するまで恒温保持し，取り出し

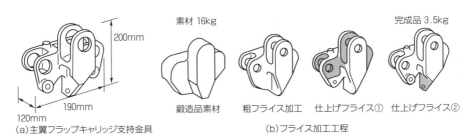

図6.14 高張力鋼製主翼フラップキャリッジ支持金具の加工プロセス[8]

て空冷する方法である．マルテンパーの利点は，硬度があまり低下せず衝撃値の高い物性が得られることである．この後，さらに302℃で2時間，「ダブルテンパー」（2段焼戻し）を実施する．

　次に，ベアリング穴径の研削加工や残りの精密穴をドリル，リーマ加工した後，疲労強度を高めるために，部品の全表面にショットピーニングを実施する．

　一般に，このような高張力鋼部品に通常の青化カドミウムめっきを行なうと，水素吸収によって脆性破壊（水素脆性）を起こす．この脆化を防止するために，チタンカドミウムめっき（Ti-Cdめっき）を適用する．そして，ここまでの工程の品質を保証するため，磁気探傷検査法の1つである「磁粉探傷検査」で表面欠陥のないことを確認して完成品となる．

　このような狭く深いポケット部分の形状が多くある部品はマシニングセンタ加工が適している．この部品をマシニングセンタで仕上げフライス加工する代表的な加工条件は，ϕ30〜50mmの4〜6枚刃エンドミルを使用し，回転数100〜500min^{-1}，切込み2〜5mm，送り0.1〜0.2mm/刃，切削速度10〜20m/min，送り速度50〜120mm/min程度である．

　このときの工具はSKH57（高速度鋼）を使用し，ねじれ角30°，すくい角4°，逃げ角5°で，工具寿命は切削長さ約3.5m程度である．

　なお，刃先と被削面の摩擦で発生する静電気の抑制と構成刃先の生成を防止し，面粗度と送り速度を向上させるため，切削剤には亜硝酸塩グリコールを主成分とする脱イオン水溶液を使用している．

　1個あたり重量16kgの鍛造品素材から，完成部品3.5kgまで12.5kgを削り取るのに要する加工時間は約50時間で，この部品の材料歩留まりは28%である．

3. アルミニウム合金製金具類，長尺と幅広部品の高速加工[9]

(1)高速加工

　一体削り出し機械加工部品をより低コストで製作するために，アルミニウム合金部品の高速切削加工が要求されている．H.シュルトによれば，アルミニウム合金の高速加工（HSC）は，周速度である切削速度が2,500m/min以下の通常加工に対して2,500〜10,000m/minレベルをいい，これ以上の切削速度による加工を超高速加工（UHSC）と定義している（図6.15 (a)）．

　アルミニウム合金製の板金部品用薄板のルータ加工と接着部品用ハニカムコア加工，および金具やストリンガー，外板など代表的な機械部品の高速加工による切削速度と切削量の関係の適用例を図6.15 (b)に示す．

(2)ルータ加工

　航空機工業では早くからアルミニウム合金の高速加工を実用化してきた．板金部品のNCルータ加工は，数枚の薄板を重ねて10mm前後の厚みにして，「ルータビット」

と呼ぶフルート状の切れ刃を持つ約 ϕ 10mmのハイス工具を使用して，主軸回転数は10,000～20,000min^{-1}，切削速度は300m/minレベルで，送り速度1,000～2,000mm/min程度で行なっている．

(3) ハニカムコア加工

ハニカムコア加工は，「バルブステムカッタ」と呼ぶ弁状の全周に鋭利な切れ刃を持つ約 ϕ 50mmのハイス工具を使用し，最大主軸回転数20,000min^{-1}，切削速度2,800m/minレベル，送り速度4,000mm/min程度である．

(4) 高速マシニングセンタ加工

円框類の高速加工は，5軸制御マシニングセンタで ϕ 25mmの超硬エンドミルを使用して最大主軸回転数15,000min^{-1}，切削速度800m/min程度，

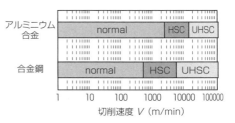

(a) 切削速度によるHSC, UHSCの区分例[9]

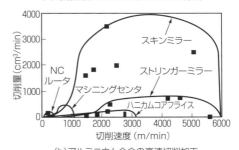

(b) アルミニウム合金の高速切削加工

図6.15 アルミニウム合金の高速切削加工[9]

送り速度は12,000mm/minで，このときの切削量は750cm^3/min程度である（**写真6.5**）．

(5) 高速ストリンガーミラー加工

大型旅客機の中央翼ストリンガーなどの長尺部品は，5軸制御CNC高速ストリンガーミラーで高速加工する（**写真6.6**）．この代表的な部品は，アルミニウム合金製押出し型材素材60kgから最終加工部品重量が15kgと，その75%が切りく

写真6.5 胴体円框の高速マシニングセンタ加工と超硬エンドミルなどの使用工具（右）[9]

Part.6 機械加工 173

ずになるという典型的な高機能機械加工部品である.
　一般的にはϕ40〜180mmの超硬特殊工具を使用し,主軸回転数18,000min^{-1},切削速度2,000〜5,500m/min程度,送り速度10,000mm/minで乾式高速切削する.このときの切削量も750cm^3/min程度である(**写真6.7**).

　近年,従来の機械加工部品用エンドミルに代わって,板金加工のルータビットから発展した工具形状で超硬合金を使用した「ルーティングカッタ」と呼ぶ工具が開発され,アルミニウム合金の高速加工に使われ始めている.

(6) 高速スキンミラー加工

　大型旅客機の中央翼外板など幅の広い部品は,5軸制御CNCスキンミラーで高速加工する.素材は7055や2324

写真6.6　5軸制御CNC高速ストリンガーミラー[6)]

写真6.7　ストリンガー類の高速ストリンガーミラー加工とルーティングカッタ,T溝カッタ(右)[9)]

写真6.8　外板の高速スキンミラー加工と正面フライスなどの使用工具(右)[9)]

などのアルミニウム合金を使用し，部品の板厚は基準板厚3〜12mm程度のテーパと各種厚板ランド部が付いている．

素材重量は，最も大きな部品で1枚約560kgにもなり，加工後の部品260kg程度で300kg（54%）が切りくずとなる．この大量の切りくずを効率良く処理するため，工具の周囲をカバーで覆って真空圧を利用して吸引し，ダクト搬送方式で屋外に自動搬出する．

スキンミラーのテーブル上面に取り付けた真空チャック機能付きフライス治具で，幅広の素材を強固に保持することで加工中の歪を防止し，板厚精度±0.13mmを確保する．加工工具は，φ約180mmの超硬チップ式スローアウェイ正面フライスを使用，最大主軸回転数12,000min^{-1}，切削速度5,500m/min程度，送り速度10,000mm/minで高速乾式加工し，このときの切削量は4,000cm^3/minにも達する（**写真6.8**）．

4. アルミニウム合金の進歩と一体化部品の高能率加工[10], [12]

航空機の機体に使用されている高強度アルミニウム合金は，比重が2.7〜2.8，引張り強さ40〜60kgf/mm^2，縦弾性率7,200kgf/mm^{2}程度の特性を示し，比強度，比剛性で最もすぐれた特性を示す構造材料の1つである．

機体が浮揚するためには，主翼で発生する揚力が機体重量に勝る必要がある．この主翼には，飛行中は上に曲げようとする動的な負荷，駐機中は自重による静的な負荷がかかる．翼の荷重を詳しく見てみると，上面外板には圧縮荷重がかかるため，材料には圧縮強度と高い剛性が要求される．このため，AA規格で約6〜8%程度の亜鉛を添加した7000系アルミニウム合金が使用される．

一方，下面外板には引張り荷重がかかり，引張り強度，靱性や疲労強度の高い材料が必要となり，約4%程度の銅を添加した2000系アルミニウム合金が使用されている．

胴体に加わる負荷を見てみると，翼と胴体の接続部を中心に曲げの荷重がかかり，客室には与圧を負荷するため，内部からの圧力がかかる．このため，胴体外板には高い疲労強度や損傷許容性，破壊靱性が要求されるので2000系が使用され，ストリンガーやフレームには7000系の材料を使用し，高強度や疲労強度が必要となる（**図6.16**）．

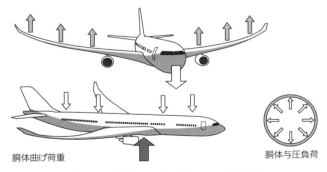

図6.16　航空機の主翼と胴体にかかる負荷[10]

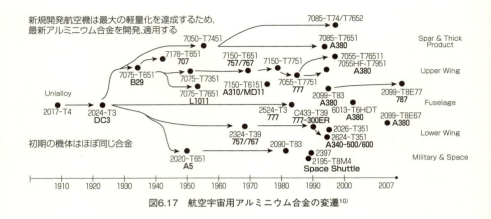

図6.17　航空宇宙用アルミニウム合金の変遷[10]

　これらの要求を満たすために，機体部品には現在，合金番号の2000系では2024，2324，2524，2026，2624，2099（アルミリチウム合金）など，7000系では7075，7050，7150，7055，7085などのアルミニウム合金が設計要求に基づいて，適材適所で最適な材料が使用されている（**図6.17**）．

　これらのアルミニウム合金材料は，合金番号や調質による物性値の違いはあるが，基本的にはいずれの材料も従来の機械加工法で切削できる．しかし，近年は航空機の価格競争が激しく，とくに民間機の場合は，機材の売値から決まる各部品レベルの低コスト加工要求に対応できる加工技術や工作機械の開発が強く求められている．

　軽量化設計要求を満足させるため，一般に航空機の構造部品形状は材料歩留まり率が悪く，一般に60～80％程度は切りくずとなり，いかに高速で大量の切りくずを排出させ迅速に切削するかが大きなポイントとなる．これに対応するためには，アルミニウム合金の厚板や押出し型材，鍛造品など素形材からの高速切削加工が主たる対応策となっている．

　近年の動向を見ると，とくに1990年代以降，日本の工作機械メーカー各社の航空機部品加工分野への進出が著しく，世界市場でも大きな比重を占めるまでに発展し，日本の航空機産業にとっては心強い限りである．

　アルミニウム合金製の機体構造部品の高能率，高速加工用の工作機械としては，たとえばマシニングセンタ分野では，牧野フライス製作所がMAG Aシリーズを開発している．このシリーズの工作機械は，連続出力130kWの電動機を装備し，X，Y，Z，A，C軸制御の同時5軸制御で，直動軸の最大送り速度50,000mm/min，主軸回転数500～33,000min^{-1}の能力を持ち，同社の加工事例では，アルミニウム合金7075材を10,000～12,000cm^3/minに及ぶ切りくず除去量で，高速切削加工を

Al合金製航空機
部品例

主軸頭部

[機械仕様]
・同時5軸制御横型マシニングセンタ
（牧野フライス製作所MAG3.EX）
・主軸回転数：500～33,000min^{-1}
・主軸モータ：連続出力130kW
・X，Y，Z，A，C軸同時5軸制御
・X，Y，Z各軸：4.0×1.5×1.0m

写真6.9　アルミニウム合金航空機部品の高能率加工機[12]

実現する横型マシニングセンタである（**写真6.9**）．

5. 難削材チタン合金部品の加工技術 [11], [12]

チタン（Ti）は資源的には比較的豊富な金属材料で，Al，Fe，Mgに次いで4番目に多く，比重4.51，融点1,668℃である．ASTM規格グレード1～4の純チタンや現在約50種類のチタン合金が開発されているが，チタン合金の種類を見ると，チタン材料のα相やβ相の違い，安定化元素であるAlやMoなど添加元素の添加量との組合わせで，Near α合金，αβ合金，βおよびNear β合金などに分類される（Part.3.3.4項参照）．

このうち，とくに航空機の機体部品として多用されているチタン合金は，αβ合金に属するTi-6Al-4Vなどであるが，近年，強度上の面などから，Ti-3Al-8V-6Cr-4Mo-4ZrやTi-5Al-5V-5Mo-3CrなどのβおよびNear β合金の適用が増加傾向にある．これらのチタン合金の種類による切削加工性の違いは，一般的にα合金は低強度で比較的被削性は良いが，β合金は高強度で難削性である．αβ合金はその中間に属していると考えてよい．

機体部品にチタン合金が使用されている理由は，比強度が高く，耐熱性や耐食性があるなどであるが，近年，機体にCFRP部品の適用が多くなるにつれて，アルミ合金とCFRP部品の接触による電解腐食や熱応力対策が懸念される箇所にはチタン合金の使用が増加している．このため，CFRPの適用の増加につれてチタン合金の使用量が多くなっている．このような背景で，従来，難削材料の1つであるチタン合金の高能率加工が要求されてきている大きな理由となっている．

一般の炭素鋼に比べてチタン合金が削りにくい理由は，チタン合金は工具のすくい面にかかる応力が炭素鋼に比べて4倍と大きく，切削温度が炭素鋼に比べて約200℃も高い．また，切削加工中に生じる振動が炭素鋼に比べて約10倍も大き

いため，工具の摩耗やチッピングの問題が発生するなどによる．

　加工事例を見ると，炭素鋼の加工では発生熱の約75％が切りくず，15％が切れ刃，10％が被削材に排出されるが，チタン合金では切りくずへはわずか25％が排出されるだけで，切れ刃に60％蓄積され，残り15％は被削材に蓄積される．このため，工具切れ刃が高温となり摩耗が急速に進行する．切削油による積極的な冷却が重要になる理由である．また，切れ刃は化学的に活性な性質を持つチタンと工具材料の間で高温拡散が活発となり，急速なクレータ摩耗の原因となる．

　このようなチタン合金加工の課題を解決するには，工具の開発や加工硬化を起こしにくいカッタパスの工夫などが重要であるが，工作機械側は基本的には低速回転で低速送り加工となる．そこで，工作機械の主軸は高出力で高トルク，加工テーブルやベッド，コラムは，高剛性，低振動が要求され，また，高剛性と高出力の軸送り機構，工具刃先への大量の切削油供給装置などの機能が求められる．

　たとえば，三井精機製の難削材加工用5軸制御横型マシニングセンタ（HU100-5Xシリーズ）は，機械剛性を高めて主軸回転数6,000min^{-1}，主軸テーパBT50，主軸出力37/30kWで，通常の高トルクといわれる機械の約3倍のトルク3,332Nmを持ち，チタン合金を高能率で加工可能である．

　この機械の加工例では，チタン合金Ti-6Al-4Vを，切削条件が主軸回転数178min^{-1}，送り速度129mm/minで，工具はケナメタル社製重切削加工用工具を使用し，センタースルーと主軸周りの水溶性切削油を給油して，最大で切りくず除去量642cm³/minを実現している（**写真6.10**）．

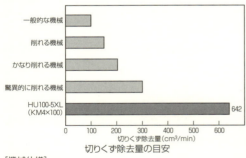

切りくず除去量の目安

[機械仕様]
・同時5軸制御型マシニングセンタ
　（三井精機工業HU100-5X）
・主軸回転数：6,000min^{-1}
・主軸モータ出力：37/30kW（30分／連続）
・主軸テーパ：BT50/KM4X100（オプション）
・最大トルク：3,332Nm
・X, Y, Z, A, B同時5軸制御
・X, Y, Z各軸：2×1.5×1.4m
・給油方式：センタースルー

主軸頭部加工例

写真6.10　チタン合金航空機部品の高能率加工機[11]

178

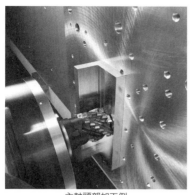

チタン合金航空機
部品例

高トルク
ビルトインモータ主軸頭部

［機械仕様］
・5軸制御横型マシニングセンタ(牧野フライス製作所T4)
・主軸回転数：20～4,000min^{-1}
・主軸モータ(ビルトイン)出力：150/100kW(定格／連続)
・トルク：1,500/1,000Nm(定格／連続)
・X, Y, Z, A, C軸同時5軸制御
・X, Y, Z：4.2×2×1m

主軸頭部加工例

写真6.11(a)　チタン合金航空機部品の高能率加工機[12]

　また，牧野フライス製作所製の高トルク主軸による難削材高能率加工用5軸制御横型マシニングセンタT4では，チタン合金Ti-6Al-4Vの重切削加工例として，主軸回転数245min^{-1}，送り速度123mm/min，工具φ80スローアウェイチップ式ラフィングエンドミル(粗加工用工具)を使用し，切削油は7MPaで200ℓ/minを給油して，最大で切りくず除去量501cm^3/minを実現している(**写真6.11(a)**)．

　これらの工作機械は，従来の一般的な加工機械によるチタン合金部品の粗加工時の切りくず除去量100～200cm^3/minに比較して，高い切りくず除去量を達成している．このような機械の性能は，とくにチタン合金航空機部品の粗加工や中仕上げ加工には大きな効果を発揮する(**写真6.11(b)**)．

　一方，最終工程である仕上げ加工における最も重要な評価基準は，仕上げ面や設計要求寸法の品質確保である．したがって，仕上げ加工は，粗加工や中仕上げ加工における単位時間あたりの切りくず除去量(cm^3/min)だけの評価ではなく，設計上の薄肉一体化部品構造要求などから部品保持や工具形状といった制約があるため，単位時間あたりの加工仕上げ面積(cm^2/min)という指標により，機械の

被削材	Ti-6Al-4V
切りくず除去量	230cm^3/min
使用工具	φ80mmエンドミル(5枚刃)
主要回転数	240min^{-1}
送り速度	144mm/min
軸方向切込み深さ	80mm
径方向切込み幅	20mm

写真6.11(b)　同時5軸制御マシニングセンタT4によるチタン合金部品の中仕上げ加工例[12]

Part.6　機械加工　179

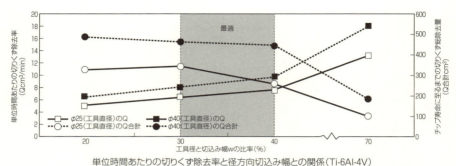

図6.18 チタン合金の切りくず除去量(Q),工具径方向の切込み幅(w)と工具チップ寿命(Q合計)の関係[13]

性能や生産性を評価することも必要となる.

このため,難削材のチタン合金部品加工には,粗加工や中仕上げ加工から最終仕上げ加工まで対応できる高出力,高トルク主軸を持つ高剛性工作機械を使用し,工具寿命を考慮して,切削速度や送り速度,工具径方向の切込み幅や工具軸方向の切込み深さ,1刃あたりの送り,工具の刃数など最適なパラメータを選定し,工具費用を最小化することが重要となる(**図6.18**).

チタン合金 Ti-6Al-4V 薄肉一体化構造部品のサンプル加工例では,粗加工や中仕上げ加工の適正な切削速度は 60m/min 程度までで,薄い切りくずが生成される仕上げ加工でも最大 250m/min 程度までといわれる.また,工具径方向の切込み幅と工具直径の比率は,高い切りくず除去量(cm^3/min)と経済的な工具寿命を同時に実現するためには,最大でも 30〜40% 程度にすることが効率的である.一方,工具寿命は工具軸方向の切込み深さに影響されることはほとんどない.

たとえば,チタン合金薄肉一体化構造部品の仕上げ加工例として,ϕ25 mm 直径のエンドミルで,工具径方向の切込み幅と工具直径の比率が 30% の場合,単位時間あたりの切りくず除去量は約 7 cm^3/min で,チップ工具寿命までの切りくず除去量合計は約 350 cm^3 であり,工具寿命は加工時間がおお

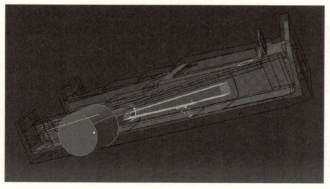

写真6.12 チタン合金薄肉一体化構造部品の仕上げ加工例

よそ50分となる(**写真6.12. 6.2，6.3参照**).

6.7 はめ合いによる精密組立

1. 焼きばめ

「焼きばめ」は設計重量の制約がほとんどなく，円筒状鋼部品どうしを強固に結合するシンプルな継手法である．まず雌部品の内径を小さくしておき，それを加熱して膨張させて内径が大きくなったところで雄部品をはめ，冷却して締め付ける．

たとえば，軽飛行機の鋼製前脚フォークと車輪軸の焼きばめでは，締めしろ寸法が25～90μm程度のはめ合いの締付力で，20～60kgf/mm²程度の雌部品側の内部応力が期待できる．この焼きばめしろは，鋼の焼戻し温度とカドミウムめっきの耐熱温度を考慮して加熱温度340±14℃程度を適用し，雌部品の膨張と雄雌部品の冷却後の応力状態を検討して決定する．

焼きばめを行なうときのポイントは，締付面に水などが入って腐食しないように設計時や工程上注意すること，焼きばめ作業中に圧入に失敗した場合には，雄または雌部品を削り取って新規部品と交換することなどである(**図6.20**).

2. 冷やしばめ

焼きばめは部品を高温に加熱するため，一般的には鋼にしか適用できないが，「冷やしばめ」は温度による部品の材質的な物性変化の心配がないので，アルミニウムやマグネシウム合金鋳物，鍛造品の高面圧摺動部に鋼製のブシュやベアリングを取り付ける場合に適用する．この方法は，ドライアイス(－75℃)や液体窒素(－180℃)で雄部品を冷却してプレスで圧入する．

冷やしばめは，ヘリコプタのブレード支持や駆動機構部分などに使われ，部品精度が確保されていれば，比較的容易に短時間で組立できる．また，設計上も軽量でコンパクトにまとめることができるので，すぐれた工作法の1つである．

冷やしばめ作業の留意点は，異種金属による接触腐食やシーリングを設計や工作上配慮すること，締付応力は5～15kgf/mm²程度などである．冷却作業の準備は，ドライアイス15kgにメチルアルコール16ℓを混合すると，容易に－75℃という低温が得られ，液体室

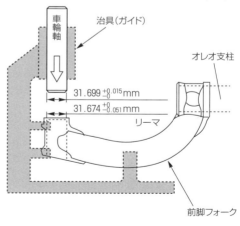

図6.20 車輪軸の焼きばめ

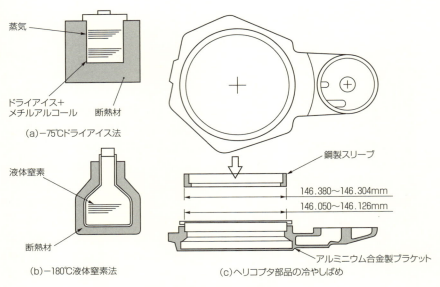

図6.21 冷やしばめの冷却方法と組立例

素は特製の魔法瓶に入れて購入したものを使用する．
　冷やしばめ作業は，あらかじめ部品を清浄にしておき，部品寸法を確認してからMIL-L-6085A相当の油を雄部品に塗り，3～5分間冷却してから圧入治具を使用して正しい角度で挿入する．このとき，雌部品を加熱して挿入を容易にすることも考えられるが，一般的にはその必要はない（図6.21）．

3. 圧　入

　「圧入」はベアリングやブシュをケース類部品に固定する工作法で，はめ合いの程度は部品の材質やサイズなどを考慮した経験に頼らなければならない．圧入作業は，正確な寸法に仕上げられた部品どうしを油圧プレスや手動プレスなどを使用して静かに挿入する．
　カドミウムめっき処理するケース類部品は，事前にめっき厚さを考慮して機械加工時の穴径を決定してお

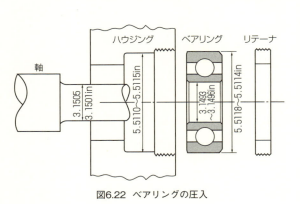

図6.22 ベアリングの圧入

く．ベアリングの圧入または取外しは，ベアリングのアウタレースまたはインナレースの径寸法に合った圧入工具を当て，油圧か手動プレスで加圧する．

一方，ベアリングのアウタレースをリテーナで押さえ付ける方式があり，この場合のはめ合いは中間ばめ程度である（**図6.22**）．

4. かしめ

かしめ（ステーキング）は，特殊なダイを使用してベアリング外側のレース部を3～4点または全周をプレスで塑性変形させる取付け法で，比較的軽荷重のベアリングなどに適用する（**図6.23**）．とくに全周かしめの場合はベアリングを交換する2回目以降の圧入が不確実になるので，ボール盤などにローラかしめ工具を取り付け，2024材のスリーブを圧入してかしめるか，ベアリングのアウタレースを直接かしめる方法がある．

かしめ作業の注意点は，かしめ圧力が適切でない場合，ベアリングの動きが悪くなるので慎重な工作法が必要になる．ベアリングが外部に曝される環境の場合には，ベアリングの圧入時にウェットジンクロメートプライマを塗布してから挿

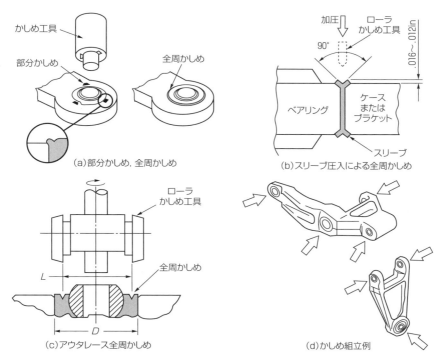

図6.23 ベアリングの各種かしめ方法と精密組立

入することなどである.

なお,航空機機能部品へのベアリング類の圧入やかしめ作業では,はめ合い寸法公差やかしめの程度を少しでも間違えるとベアリングの動きが鈍くなり,極端な場合は動かなくなって機体構造の機能不全を招くので,十分な注意が必要である.

ベアリングを圧入したり,かしめる組立品のうち,とくに重要な部品は部品ごとに荷重試験(プルーフテスト)を行なうが,設計上ベアリング軸方向荷重がかかる可能性がある箇所は,かしめは不確実なので原則として使用しない.

<引用文献>
1) 則竹佑治・三宅司朗・星恒憲／「中等練習機(XT-4)の主翼・尾翼構造設計」(日本航空宇宙学会第25回飛行機シンポジウム前刷集)p.242～245
2) 景山正美・田口尊寿・則竹佑治・山内文彦・八手又昇・小祝弘道・山口善一・吉田慎一・稲富丈夫・金子治弘・中坪博之・星恒憲・中村俊一郎／「XF-2の構造設計」(日本航空宇宙学会第35回飛行機シンポジウム講演集)p.17～20
3) 研野和人／「数値制御のソフトウェア」5,6章「5軸NC機械用プログラミング」(産業図書 1970年)p.109～114
4) 貫井健／「黄色いロボット:富士通ファナックの奇跡」第二部疾風怒涛の10年(読売新聞社 1982年3月17日)
5) R.E.ハウ編　竹山秀彦監訳／「難削材の加工技術・宇宙材料と一般材の被削性と生産性」1章被削性の調査研究とその要因(工業調査会)p.1～48.
6) 新日本工機カタログ 2066-01992000D
7) 東芝機械カタログ M0025-CJED-12
8) 半田邦夫／「航空機用難削材部品の加工技術と生産性について」(日本航空宇宙学会年会シンポジウム 1975年4月)
9) 坪井繁実　小野宏明／「大型民間航空機用長尺部品・外板の高速切削加工技術」(日本航空宇宙学会第36回飛行機シンポジウム 1998年10月)
10) 松岡孝／「航空宇宙用アルミ合金」(アルコアジャパン)2011年1月26日
11) 岩倉幸一／「工作機械における難削材加工の対応と事例」(三井精機工業)2009年1月20日
12) 牧野フライス製作所「マキ」総合カタログ・部品加工2007
13) サンドビック社「チタニウム加工アプリケーションガイドブック」

Part.7 金属接着と複合材成形加工

　航空機への本格的な接着接合技術の応用は，1940年代初期にイギリスのライト研究所のJ.T.マーチンが金属接着技術を航空機に応用する研究から始まった．1941年，やはりイギリスのエアロリサーチ社のド・ブラインがフェノール-酢酸ビニル樹脂「リダックス（Redux）」（商標）を開発，さらに1944年にデハビランド社の「ホーネット」機に初めて金属と木材の接着に採用，航空機と接着との歴史が始まった．

　その後，高分子化学工業の発展によって新しい接着剤の開発と接着プロセスが進み，航空機接着構造の使用実績データの蓄積や設計技術の進歩などから，さらに信頼性を高めていった．

　とくに1960年代後半から1970年代前半にかけて航空機の需要が増え，機体の大型化や高速化，軽量化などから多数の機体が開発され，接着組立技術は目覚ましい発展を遂げた．

　1975年以降，接着プロセスや接着剤の開発はさらに進み，機械的結合法に匹敵する耐久性や信頼性を十分に備えた金属接着接合技術が確立された[1]．

　一方，第2次世界大戦中，金属材料に比べて比強度，比弾性率にすぐれた複合材料であるガラス繊維強化プラスチック（GFRP）が航空機材料として開発され，使われ始めた．

　その後，炭素繊維，アラミド繊維などの高性能強化繊維が開発され，マトリクス（母材）であるフェノール，不飽和ポリエステル，エポキシ，ポリイミド樹脂などの改良進歩と高性能化で，炭素繊維強化プラスチック（CFRP）やアラミド繊維強化プラスチック（AFRP）などの複合材料が新しい航空機用材料として飛躍的に発達した．

　こうした高強度強化繊維と高性能マトリクスを使用した複合材料は「先端複合材料」（ACM：Advanced Composite Materials）と呼ばれ，成形加工法の開発も進んで航空機材料には不可欠なものになっている[2]．

　なお，ここでは機体構造に多く使われる樹脂系複合材料を中心に取り上げている．金属系複合材料については，他の有用な文献を参照されたい．

7.1 接着

1. 接着の原理

接着の原理は，主に分子間の結合エネルギー説に基づいている．2物質間の距離，つまり分子間距離を極端に短く（5Å以下）すると，分子間引力が働いて接着するというものである．たとえば，冷間圧接や爆発圧接など機械的圧力をかけて距離を詰め，接合できる．同様に，接着剤が液体となって被着体と濡れ，馴染んで被着体表面と接着剤の距離を詰めることで分子間引力が働き，接着する．

「接着」は異種の物質を密着させたときに結合することであり，2つの被着体の表面が化学的，物理的力で接合した状態をいう．接着力は接着に作用する力であり，一般的には接着剤と被着体間に作用する分子間力をいい，接着剤はその被着体表面に介在して被着体を接合させる．

接着力には，分子結合による力としては「1次結合」と呼ばれる化学結合による力，「2次結合」とも呼ばれる「ファン・デル・ワールス（van der Waals）力」など分子間相互作用による力と，本来は2次結合である「水素結合」がある．

一方，物理的な力としては「投錨効果」による界面力が働く．また，接着剤自体の凝集力も接着力にとっては重要な要素である．なお，接着剤を被着体の片側だけに塗布する場合は「塗装」と呼ぶことが多い．

2. 接着力のメカニズム

接着したものを引張った場合，その強さは被着体A自体の凝集力F_A，被着体A，被着体Bと接着剤Cとの各結合力，F_{A-C}，F_{B-C}，接着剤C自体の凝集力F_Cに分解され，破断するときはこのうち最も弱いところから破壊する．

たとえば，AとBが木材でCがエポキシ樹脂の場合は，通常AまたはBの木材自体が破壊する．また，Aが鋼でBがアルミニウム合金の場合は，AとC，CとBの結合力は当然違ってくるので，多くの場合はCとBの間で剥離する（図7.1）．

接着の原理で述べた結合力を理論的に計算すると，被着体である金属自体が破断するといわれている．しかし，実際には実用上最も強力な接着でも8ksi（5.6kgf/mm²）程度で，接着のメカニズムには接着を妨げる力が働いている．

その要因は接着剤の収縮である．一般的に航空機用接着剤は，作業性を良好にするために，室温で使用する場合はフィルム状であるが，オートクレーブ（圧力釜）などで硬化するときは液体から固体に変化して固まる．

水は液体から固体に変化するときは膨張するが，接着剤などの液体は固体になると必ず収縮する．被着体と接着剤の硬化過程では，まず被着体界面の結合力が発生し，次に接着剤の固化収縮で接着層界面を引き剥がす応力がかかる．つまり，ポリエステルのような収縮の大きな接着剤は接着力が弱く，エポキシのように収

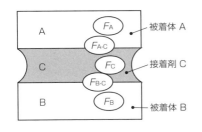
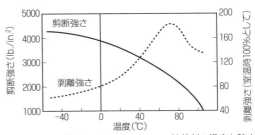

図7.1 接着力のメカニズム　　図7.2 熱可塑性ポリビニルホルマール接着剤の温度と強さ

縮しにくいものは強力な接着剤となる．

一方，馴染み(濡れ)が不十分だと，当然，分子間距離を十分詰めることができないので，接着力は弱くなる．このため，接着剤が被着体に濡れやすいように表面処理することが重要となる．

サンドペーパーなどで被着体の表面を粗くすると接着力が増すように思われるが，多くの場合，空隙ができたりしてあまり効果はない．ただし，この処理は被着体表面の不活性化している物質を取り除く効果はある．

また，接着剤の強さは温度によってその性質が激しく変わる．たとえば，熱可塑性ポリビニルホルマール樹脂接着剤(リダックス)の剪断強さと剥離強さは40℃ではほぼバランスしているが，－40℃ではその性質が著しく異なる(図7.2)．

一方，構造用接着剤としては，接着力が強いだけでは十分でない．たとえば，鋼とガラスを純エポキシ接着剤で接着し，温度を上げていくと，2つの被着体の熱膨張係数の差で応力が生じ，ガラスが破壊する．これを防止するには，接着剤にゴム系の材料を混入し，可撓性を与えることである．このように，接着剤の性質には粘さも大切な要素になる．

7.2　金属接着

1. 航空機用接着剤の発展

第2次世界大戦前の木製航空機の接着には，主に牛乳や大豆などを酸化させて沈殿，凝固，乾燥させた粉末状などの接着剤である「カゼイン」(Casein)が使われた．しかし，この接着剤は可逆性がある，つまり性質が元に戻るという致命的な欠陥があった．

第2次世界大戦中，ソ連のラーグ3型戦闘機やデハビランド社のモスキート爆撃機は，従来の木骨構造から木製モノコック構造に進化し，同時に木製構造の接着剤もユリア(尿素)系とフェノール系の人工合成樹脂を使うようになった．

これらの接着剤は可逆性も相当改善され，強度的にも速度600km/hの機体構

造に十分耐えられるものだった．第2次大戦末期は日本でも，アルミニウム合金不足や電波探知対策などから「キ106」（「疾風」の木製型機）などの木製機体が相当数つくられた．

　航空機の金属構造に接着剤が実用化された時期は正確には明らかでないが，先のリダックス接着剤が最初である．リダックスは，液状のホルムアルデヒド系フェノール樹脂を被着体の接合面に塗布し，これに粉末状のポリビニルホルマール樹脂を振りかけて加熱溶融後に硬化させ，4〜7kgf/mm² 程度の剪断強度を得るものである．

　この接着剤を金属構造に本格的に適用した機体は，デハビランド社が開発した「コメット」といわれている．同機は 1952 年 5 月，世界最初のジェット旅客機として就航したが，その約 20 か月後の 1954 年 1 月と 4 月，続けて 2 機が空中分解して失われた．

　一時，その原因は大量に使われた金属接着構造の破壊のためと思われたが，調査の結果，窓周辺のリベット構造の疲労破壊と判明し，逆にこのときに実施された試験などから，接着構造の信頼性が再認識される結果となった．

　接着剤の特性としては不可逆性であることが不可欠で，フェノールやエポキシ樹脂の接着剤は一度硬化すると再び溶解しないので，航空機用接着剤として最適である．

2. 接着接合構造の利点

　航空機構造組立の伝統的な方法であるリベット締結に対して，機体構造に接着接合を適用する利点は，強度上から見ると静強度的には圧縮強度や剪断強度が向上し，疲労強度的には荷重伝達の分散化や応力集中の緩和をはかることができることである．

　同時に，接着ダブラーを適用することで補強効果も得られる．また，これらの補強部材を接着することで，亀裂が発生した場合のクラックストッパ作用やフェイルセーフ構造となり，機体構造の信頼性が向上する（**図 7.3**）．

　一方，機体外表面を平滑にするには，リベット締結の場合は高コストの薄板構造用皿押し，厚板構造用皿取り加工が必要になるが，接着接合ではそれが容易にでき，空力性能が向上する．

　また，耐振性からは接着構造が持つ内部減衰特性によって，耐音響疲労性や客室ノイズレベル減少などの効果がある．製造上の成形加工性からは，サンドイッチ構造などの機械的な締結法では不可能な一体組立構造を可能にでき，客室など与圧構造とする場合のシール効果も期待できる．

　このように，機体構造に接着接合を適用すれば機体の軽量化や製造工程の削減がはかれ，コストダウンを実現できるという利点がある．同時に，これらの接着

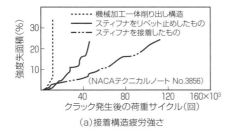
(a) 接着構造疲労強さ

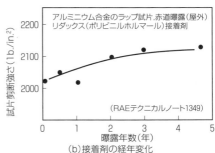
(b) 接着剤の経年変化

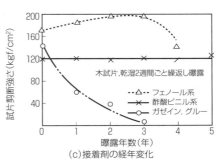
(c) 接着剤の経年変化

図7.3 接着接合構造の利点

接合の利点を十分に発揮させるには，厳密な接着プロセスを確保可能な表面処理設備や各種検査法を確立させなければならない．

3. 接着剤と保管管理

代表的な金属構造用接着剤としては，現在フェノール系およびエポキシ系接着剤が主流である．その用途から分類すると，金属－金属（Metal-to-Metal）の接着と金属－ハニカムコアの接着に大別される．高分子材料としては，ニトリルフェノリック，ビニルフェノリック，エポキシフェノリック，ニトリルエポキシ，エポキシポリアミド，ポリイミドなどがある．

接着剤の特徴に応じて，エポキシポリアミド系の高温硬化型FM-1000，ニトリルエポキシ系中温硬化型AF-126，AF-163，FM-123，Metalbond1113，ビニルフェノリック系の高温硬化型FM-47などが使われている（表7.1）．図7.4は，接着剤の高温強度を示している．

これらのうち，金属－金属接着剤のFM-1000，金属－ハニカムコア接着剤のFM-47の用途と硬化プロセス，特性は次のようである．

(1) 金属－金属の接着
商品名　　：FM-1000（アメリカン・シアナミド社）
適用規格　：MIL-A-5090
成分，形状：乳白色の0.5mm厚フィルム状接着剤
使用法　　：同社が供給するBR-1009-49液状プライマを部品の接着部分に塗布し，175±5Fで30分乾燥する．これらの部品を接着治具上で組み立て，真空バッグで密封してオートクレーブに入れる．オートクレーブの硬化条件は，50psi（3.5気圧），350±5Fで60分間保持する．この硬化過程で接着フィルムは約300F

表7.1 構造用接着剤の種類と特性

(a) 構造用接着剤の種類と特徴[3]

材 質	接着剤	特 徴
ニトリルフェノリック	AF-30, AF-31	・広い温度範囲で強度大 ・金属どうしの接着用 ・凝集力にすぐれる
ビニルフェノリック	FM-47	・フィレット形成は発泡による ・耐熱性低い（最高 79℃）
エポキシフェノリック	HT424	・広い温度範囲（約249℃まで）で特性すぐれる
ニトリルエポキシ	AF-126, FM-123 FM-73, Metlbond 1113, EA-9601, Plastilock 717, Metlbond 328, FM-300	・中温硬化型 ・全般的に良い特性 ・無溶剤，反応ガスが発生がしないためハニカムパネルにも多用
エポキシポリアミド	FM-1000 EA-951	・高温硬化型 ・高い接着力 ・耐衝撃性にすぐれる
ポリイミド	FM-34 B-18 FM-35 NR-150 B 2	・高温特性にすぐれる ・大面積の接着不良

(b) FM-47とFM-1000の接着強さ

強度	接着剤	MIL-A-5090 タイプⅡ FM-47	スペック要求値	MIL-A-5090 タイプⅠ FM-1000	スペック要求値
剪断強さ (lb./in.²)	−67F	3100	2500	6740	2500
	75F	4940	2500	6590	2500
	180F	5080	1250	3400	1250
	250F	3000	-	-	-
	350F	525	-	-	-
疲労強さ（剪断） 600psi 10⁷ サイクル	75F	No Failure	-	No Failure	-
剥離強さ (in-lb./3in.) 3003 コア 0.020in. 2024T3	−67F	25		-	
	75F	55		177	
	180F	75		-	
接着剤系列		ビニルフェノリック		エポキシポリアミド	

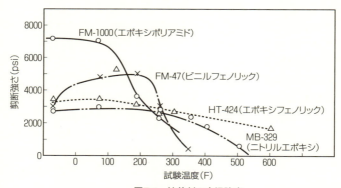

図7.4 接着剤の高温強度

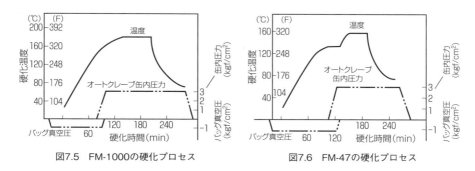

図7.5 FM-1000の硬化プロセス　　　　図7.6 FM-47の硬化プロセス

で軟化するため，この時点で加圧を始める．さらに加熱を続けると350Fで硬化が始まるので，この温度で60分間保持する．その後，加圧下で150Fまで冷却し，硬化を完了する(図7.5)．

(2) 金属とハニカムコアの接着

　商品名　　：FM-47 (アメリカン・シアナミド社)
　適用規格　：MIL-A-5090
　成分，形状：ガラス織布基材にビニルフェノリックを薄いフィルム状にした接着剤
　使用法　　：FM-47液状プライマを部品の接着部分に塗布し，225Fで60分風乾し，接着治具上で，サンドイッチ構造部品間に接着剤を挟んで組み立てる．真空バッグで密封し，オートクレーブに入れる．次に，定められた硬化条件で加熱硬化する(図7.6)．

　このような構造用接着剤は，要求仕様書に基づく厳格な各種試験が要求されるので，多額の開発費用がかかる．

　現在，構造用として使用されている接着剤は，その性能と品質の均一性，構成部品への適用性や硬化後品質の安定性などの理由から，ほとんどがフィルム状で供給されている．

　このように，フィルムタイプの接着剤はユーザーである航空機メーカーにとっては非常に使いやすく有用であるが，半硬化状態であるためにきわめて不安定で，常温での許容される有効期間は2週間～1か月程度しかない．このため，航空便などで-18℃以下の冷凍庫に保管して輸送，貯蔵し，0℃以下の冷蔵庫で保管，管理しなければならない．

4. 金属接着工程

　「金属接着組立品」製作の主要工程は，前工程で完成した構成部品の仮合わせ，接着前処理，プライマ塗布，接着組立およびバギング，硬化，仕上げ作業などであり，最終的に品質検査を行なって合格品だけを次工程の組立ショップに送る．

図7.7は，接着組立品を製作するための工程の流れである．

(1) 仮合わせ

まず，接着組立構成部品である板金部品や機械加工部品を準備する．

この時点までに，各部品は図面要求をすべて満たしていることやベリフィルム (verification film) による接着フィルム膜厚の適性

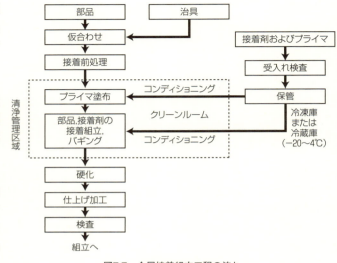

図7.7 金属接着組立工程の流れ

さなどが検査で確認されている．

次に，これらの構成部品を接着治具上に載せ，それらの寸法公差内でのばらつきや歪などの累積誤差による構成部品相互の合い具合を確認するため，「仮合わせ」作業を行なう．

硬化前の接着フィルムの厚さは約0.5mmもあるが，硬化後の厚さが0.25mmを超えると接着強度を失うだけでなく，接着層に空気が残留して欠陥（ボイド）となるので，仮合わせ工程は非常に重要な工程の1つである．

一般に，リベット結合組立品の板金部品の加工精度は±0.5〜0.8mm程度であるが，接着組立品の構成部品の場合では±0.15〜0.2mmレベルに精度良く仕上げなければならない．当然，機械加工部品もこのレベルの加工精度で完成しなければならない．なお，硬化後の接着剤の厚さは，均一な0.1〜0.2mm程度が望ましい．

仮合わせ作業で各部品の合い具合を確認した構成品は，本工程以降の品質を保証するために，一貫番号を付与して管理する．**図7.8**は接着組立構成品の合い具合修正とボイド発生の例，**写真7.1**は接着治具上での胴体外板，フレーム，ストリンガー，窓枠の仮合わせ作業である[11]．

(2) 接着前処理

仮合わせを終了した構成部品は，単品ごとに接着前処理ショップに送られる．接着前処理の目的は，被着体表面の油分などの汚染物質，酸化物，加工変質層な

どを化学的に除去，活性化して基体面の濡れ性を良好にし，接着剤が持つ特性を十分に発揮させ，接着をより完全に行なうために実施する(図7.9)．

アルミニウム合金の代表的な接着前処理としては，硫酸・重クロム酸ソーダによるエッチングやクロム酸アノダイズ(陽極酸化皮膜)処理などが幅広く用いられている．このうち，被着体の防食効果も期待できるクロム酸アノダイズは，処理すべき部品を陽極，ステンレス鋼プレートなどを陰極として，電解酸化して表面に酸化皮膜を形成させる方法である．

陽極酸化は，約30～40℃に加熱したクロム酸30～50g/ℓと6価クロム30～100g/ℓ程度の電解液中にアルミニウム合金部品を浸漬し，電流密度2～6A/ft.^{2}前後で，直流電圧を0から40Vまで規定の順序で

写真7.1　接着治具上での仮合わせ[11]

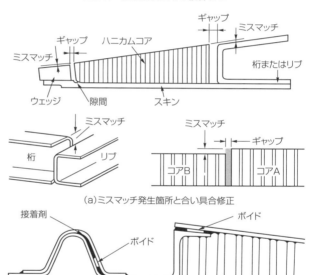

図7.8　接着組立品の合い具合修正とボイド発生

ステップ昇圧し，合計60分程度処理して，その後降圧して膜厚が数μmの酸化皮膜を得る．

この酸化皮膜の組成は非晶質のAl_2O_3であり，緻密なバリア層と多孔質のポーラス層から成る(図7.9(c))．

バリア層は電解電圧によってほぼ一定(約0.1μm)であるが，ポーラス層は電

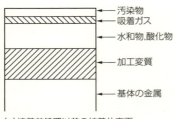

(a) 接着前処理以前の被着体表面　　　(b) 被着体表面の濡れ性

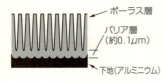

(c) アルミニウム陽極酸化皮膜の模式図[5]

図7.9　接着前処理の目的と濡れ性

解時間とともに厚くなる．この陽極酸化された表面は活性で，後処理として封孔処理（シーリング）が必要になる．この処理は重クロム酸ソーダの沸騰水中に部品を浸漬し，酸化皮膜の一部をベーナイト（Al-OOH）化し，体膨張させてポーラス層の孔をふさいで耐食性を向上させるものである[5]．

　ボーイング社は，金属接着前処理としてリン酸アノダイズ処理を自社開発した．この接着前処理はプロセス管理が比較的簡単で接着性能が安定し，耐環境性や耐久性にすぐれた接着力を実現するため，同社が伝統的に大型旅客機などに適用しているもので，同社の特許にもなっている．

　接着前処理プロセスのなかでもとくに，処理液の濃度，処理温度と時間，電圧と電流密度などは，被着体表面の特性を大きく左右するため，厳しい工程管理が必要となる．

　接着前処理が完了した構成部品は，取扱い時に人の手などが触れて被着面を汚染しないように，処理工程中はもちろん，処理後も構成品を次工程に送るために完全自動搬送装置が必要である．

　このように，航空機工業は他の一般産業に比べて，より信頼性のある金属接着を行なうために，格段の研究や生産設備，品質管理が要求されている．接着前処理設備は，金属接着強度や接着の信頼性を左右するといっても過言ではなく，各航空機メーカーはこれらの設備や研究に多大の投資を行ない，品質を確保している（図7.10）．

　写真7.2は，エアバスA310下面後方翼外板のクロム酸アノダイズ処理である．輪郭フライス加工後，エアバスA310下面後方翼外板は陽極酸化皮膜処理される．

　陽極酸化皮膜処理は処理槽（長さ18.8m，高さ3.6m，幅1.8m）に，吊上げ能力5tonの搬送キャリアを使用してロードバーを処理槽の案内ポストの正しい位置に位置決めし，陽極酸化皮膜処理後に再び搬送キャリアで処理槽と洗浄槽間など

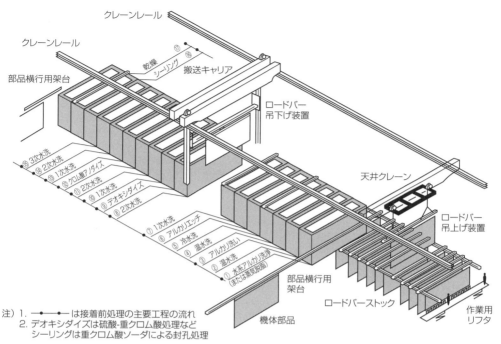

図7.10 表面処理ラインの構成例

注）1. ●—●—● は接着前処理の主要工程の流れ
2. デオキシダイズは硫酸-重クロム酸処理など
   シーリングは重クロム酸ソーダによる封孔処理

を移動させる[7].

(3) プライマ塗布

次に，各構成部品はプライマ塗布ショップに搬送され，接着前処理完了後，直ちに接着プライマ（下塗り）を塗布する．この目的は，前処理後の被着体表面の保護，被着体の耐食性向上，前処理のばらつきを少なくして均一な接着表面をつくる，被着体と接着剤の相性（親和性）を良くして接着力を改善するなどである．

写真7.2 クロム酸アノダイズ処理[7]

プライマ塗布時に注意すべきことは，接着力と耐食性はプライマ膜厚に対して相反する関係にあることである．プライマ膜厚を厚くすると，耐食性は向上するが接着力は低下するので，最適な膜厚(0.005〜0.025mm程度)を塗布することが重要である(**図7.11**)．**写真7.3**は，ロボットを使った接着プライマ塗布作業である[11].

塗布方法はスプレー法が一般的である．また，接着剤と接着プライマは普通は

同一のメーカーで研究開発されているので、機体の使用目的に合った推奨材料を選定することが大切である。

一方、プライマの性能は湿度や汚染に敏感なため、清浄度管理された区域で塗布しなければならない。たとえば金属接着清浄度管理スペック MIL-A-83377 では、温度 65〜80F（18〜26℃）、相対湿度 50％以下で、浮遊塵の数も規定されている。

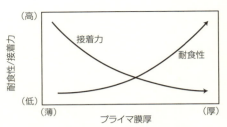

図7.11　耐食性，接着力とプライマ膜厚

(4) 接着組立

プライマ塗布された構成品は、プライマ塗布ショップに隣接した場所で、汚染された外気が浸入しないように与圧されたクリーンルームの清浄管理区域内で接着組立を行なう。

写真7.3　ロボットによる接着プライマ塗布作業 [11]

接着組立は、専用の接着治具上にプライマ塗布した構成品をセットし、被着面間にフィルム接着剤を張り付けて組立を行なう工程である。接着剤は、薄いロールフィルムで供給されたものを所定の形状にカットして張る。このとき、作業者は常に清浄な手袋を付け、素手で接着構成部品などを扱ってはならない。

接着治具は、接着剤の硬化中に構成部品の相互位置を確保し、組立品の被着面全体に均一な温度と圧力をかけることができ、耐熱性も必要となる。また、できるだけ均一な昇温速度を得るため軽量構造で、同時に熱変形に耐えて接着組立品の熱膨張を考慮した材質でなければならない。加圧が不十分だと硬化後の接着剤厚さが厚くなってボイドが発生し、接着力が低下して欠陥の原因となる。

このため、接着組立品の特性に応じて圧力を均一にかけるために、加圧治具で直接に接着部を加圧する「治具加圧法」、オートクレーブの缶体圧で加圧する「オートクレーブ加圧法」、治具とオートクレーブ真空圧で接着組立品の形状を保持する「治具オートクレーブ加圧併用法」などがある（**図 7.12**）。

これらの方式のなかで、とくに接着構造組立品に多く使われる治具オートクレーブ加圧併用法の金属接着治具の機能を **図 7.13** に示す。

接着組立作業が完了したら、硬化中の温度をモニターする熱電対をセットし、ガス抜きのためにブリーダクロスなどの副資材を適用し、耐熱性ナイロンフィルムで接着組立品を真空バッグ密封する「バギング」作業を行なう。

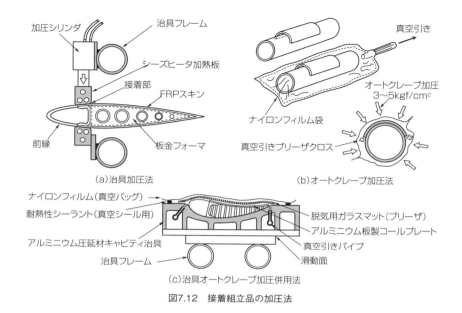

図7.12 接着組立品の加圧法

バギングの目的は，オートクレーブ缶体圧を接着組立品にかけるためのシールと，シール後に真空度600mmHg程度以上の真空引きで組立品形状を保持し，初期の硬化時にバッグ内の空気を真空吸引して被着面間の空気を排出してボイドのない良好な接着品質を得るためなどである．

バギング後，真空圧を負荷してリーク（漏れ）チェックを行ない，密封されたバッグ内に漏れがないことを確認後，オートクレーブに挿入する．

(5) 硬化

接着剤を最適硬化させるためには，真空圧，昇温速度，硬化温度，加圧力，時間，冷却速度などの条件を接着剤の特性に合わせて，一定した精度で管理することが大切である．

硬化装置としては，オーブン，ホットプレス，オートクレーブなどがあるが，オートクレーブは硬化サイクルを正確に再現，監視できるため，構造用接着剤を使用した接着組立品の硬化に多く使われる．

オートクレーブ硬化は，比較的硬化条件の自動設定が容易で，複雑な形状の組立品に対しても均一な加熱，加圧ができ，同一硬化サイクルの組立品であれば一度のチャージで多数個同時に硬化できるなどの利点がある．また，各組立品ごとにプロセスコントロール試験片を挿入することで，容易に硬化サイクルを品質保証できる．

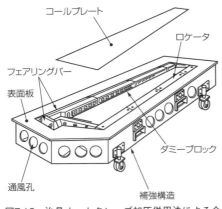

図7.13 治具オートクレーブ加圧併用法による金属接着治具の機能

写真7.4 バギング完了後の胴体外板接着組立品のオートクレーブ挿入作業 [11]

　硬化温度は，接着剤の種類に応じて 350F 高温硬化と 250F 中温硬化タイプに大別される．たとえば，中温硬化タイプのエポキシ接着剤の硬化サイクルは，硬化温度 250F (121℃)，昇温速度 5F/min (2.8℃/min)，圧力 50psi (3.5kgf/cm^2)，硬化時間 60〜90 分間などである．

　350F (177℃) 高温硬化タイプの接着硬化温度は，アルミニウム合金7075 などが過時効しない限界の温度であるために正確な管理が必要であり，真空バッグに使用する有機材料フィルムも発火点に近いため，オートクレーブ缶体内に窒素などの不活性ガスを充填して火災発生の防止をはかっている．

　一般的にオートクレーブ缶体内の温度分布は±5F に規定されているが，とくに大型の複雑接着組立品は，組立品に応じた接着治具の質量や形状の違いがあり，あらゆる場所の接着剤自体の昇温速度を一定にすることは困難なので，事前に実機を模擬した供試体（試験目的だけに使用される機体相当品＝品質管理試験パネル）の確認試験で品質を保証することで，最速および最遅昇温速度を規定範囲内で許容している．

　代表的な金属接着組立品の例として，**写真 7.4** に胴体外板の接着組立品のオートクレーブ挿入作業，**図 7.14** にヘリコプタのロータブレード付け根部金属接着組立品と高温硬化タイプ接着剤 FM-1000 によるオートクレーブ硬化サイクルを示す．

(6) 仕上げ

　硬化が完了した組立品はオートクレーブから搬出され，真空バッグや副資材などを取り除く．この作業を「デバッグ」と呼び，製品に傷を付けないように丁寧に行なう必要がある．次に，フィレット部からはみ出た接着剤などを規定に従って注意深く仕上げ，その後，図面要求に基づいて精密穴などを機械加工して完成

品となる．

(7) 検査

構造用金属接着組立品の品質保証は，大別して供試体による生産前確認試験と実機生産中の製品の品質検査に区分され，それぞれ破壊検査と非破壊検査を実施する．

金属接着組立品は，まず実機を生産する前に，(1)から(6)までの実機生産と同一の工程と接着治具などを使用して，実機と同じ供試体を製作する．

この供試体は，あらかじめ定めた非破壊検査と破壊検査を実施し，検査合格後，設定した工程と接着治具の妥当性が承認される．その後，初めて実機生産が行なわれる．

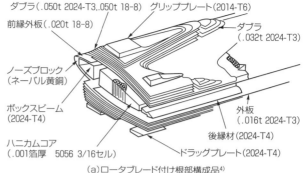

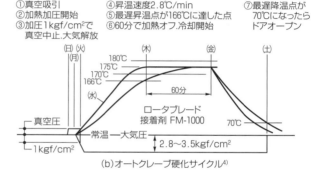

図7.14 ヘリコプタロータブレード付け根部と硬化サイクル

破壊検査は，接着組立品の設計要求の重要度に応じて，実機切出し試験片か標準試験片かを決定する．たとえば，ロータブレードなどの最重要接着組立品は，全製品の実機の一部に余分な切出し試験片を設けて，破壊試験に提供して品質を保証する．また，構造用金属接着組立品はあらかじめ定められた頻度で抜き取った実機完成品を，所定の破壊検査を行なって品質を保証している．一方，実機生産品に対する超音波深傷検査などの非破壊検査は，原則として全数実施する．

この他，接着剤やプライマなどの材料の受入れ検査，接着前処理や硬化プロセスなどの工程検査，完成品の最終検査などを一貫して行ない，これらの工程履歴を示す検査記録は，万一の不具合調査などに対応できるように規定期間保管し，航空機金属接着組立品の品質を保証している（**図7.15**，**写真7.5**）．また**写真7.6**は，胴体外板の超音波探傷検査装置である[11]．

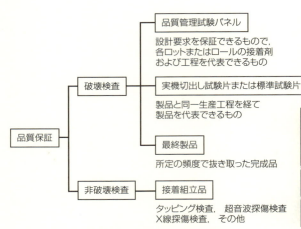

図7.15 構造用金属接着組立品の品質保証[1]

写真7.5 ピール(剥離), ラップシェア(剪断), などの標準試験片[11]

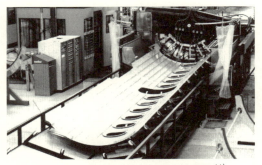

写真7.6 胴体外板の超音波探傷検査装置 [11]

7.3 複合材成形加工

複合材部品は,金属加工部品と違って強化繊維とマトリクス樹脂から最終形状部品を直接成形加工するところに特徴があり,とくに材料,構造設計,成形加工,検査の各部門が一体となって,最適な製品をつくり上げていくことが重要である.機体部品形状は,強化繊維と樹脂の種類,強化繊維の形態,積層構成,成形法と設備などを十分考慮して決定しなければならない.

主な強化繊維には,無機系のガラス繊維(GF)や炭素繊維(CF),有機系の芳香族ポリアミド(アラミド)繊維(AF)などがある.また,強化繊維の形態としては,長繊維の連続フィラメントから成るロービング,短繊維から成るチョップドストランドマット,クロス(織物)などがあり,部品に要求される性質や成形法によって決定する.

マトリクス樹脂には「熱硬化性樹脂」,「熱可塑性樹脂」があり,熱硬化性樹脂は成形しやすく,加熱後に重合あるいは硬化によって線状分子間に3次元網目状の架橋構造ができるため,再加熱しても変化しない剛体となる.

熱硬化性樹脂のうち,代表的な不飽和ポリエステル樹脂UP(Unsaturated

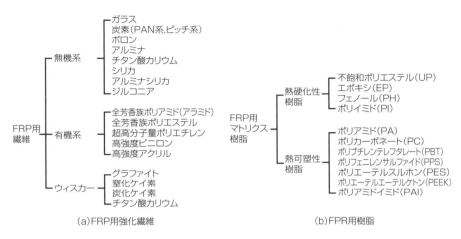

図7.16 FRP用強化繊維と樹脂の分類[2]

Polyester resin)は比較的成形加工が容易で,1940年代に電波透過性に富むGFRP(ガラス繊維強化プラスチック)としてレドームに使用された.その後,各種樹脂の実用化研究が急速に進み,航空機用構造材料としては機械的特性にすぐれ,硬化収縮が小さいエポキシ樹脂(EP),内装部品にはフェノール樹脂(PH)などが使用されるようになった.

一方,熱可塑性樹脂は,重合後は基本的には架橋せず,線状分子から成り立っており,加熱冷却によって溶融と凝固を繰り返す性質がある.構造用に適用するため,ポリエーテルスルフォン(PES)やポリエーテルエーテルケトン(PEEK)など,耐熱性の高い樹脂の複合材料化が研究されているが,成形加工性が悪いなど多くの課題がある(**図7.16**).

繊維強化複合材料としては,強化材としてGF,CF,AFなどを用いてマトリクスにEPを用いた複合材料を,一般にそれぞれGFRP,CFRP(炭素繊維強化プラスチック),AFRP(アラミド繊維強化プラスチック)と呼び,航空機用構造材料などに多く使用されている.

また,これらの複合材料を総称して「繊維強化熱硬化性樹脂複合材」(FRTS:Fiber Reinforced Thermoset Plastic),熱可塑性のものを「繊維強化熱可塑性樹脂複合材料」(FRTP:Fiber Reinforced Thermo-Plastic)ということもある.

GFRPは比弾性率が小さいため,構造用としては軽量化の利点が少ないが,耐疲労性にすぐれているため,ヘリコプタのロータブレードの桁などに使われている.CFRPは材料コストは割高であるが,比弾性率,比強度が大きく,軽量

化を実現できるため，構造用として広く使われている．

芳香族ポリアミドのうち，アメリカ・デュポン社の「ケブラー」繊維として知られるパラ系 AF は，引張り特性は高いが圧縮強さが低いために圧力容器などに向いており，2 次構造部材として翼胴フェアリングなどに CF などとハイブリッドで使用されている．

一方，同じ芳香族ポリアミドでメタ系 AF であるデュポン社の「ノーメックス」(Nomex) は，ケブラーに比べて強度や弾性率は低いが，紙状でサンドイッチ構造の心材のハニカム材として広く使用されている．図 7.17 は，CFRP と金属材料の特性である．

1. 高性能強化繊維と特性

「ガラス繊維」は 1948 年，繊維強化用として初めて連続フィラメントが製造された．ガラスは脆いが，1,200℃以上に溶融して細いブシュ中を数千 m/min の速さで引き抜き，5μm 程度のフィラメント（きわめて長い単一ストランドの繊維）にすると 1g のガラスが 20km もの長さになり，しなやかで 250kgf/mm² 以上という引張り強さを持つ繊維となる．

このフィラメントは，強化繊維と樹脂の接着性を向上させる有機シリコーンや，その他の特性を改善する基材などを含有したサイジング剤でサイジング（集束）する．フィラメントを引き揃えたり加撚してできる糸を「ヤーン」と呼び，編織布をつくるための原糸となる．

ヤーンを用いた織物は，折り目の繰返しパターンによって「平織」，「綾織」，「朱子織」に分類される．平織は，経（たて）糸と緯（よこ）糸が 1 本おきに交互に組み合わされた簡単な組織の織物で，FPR 基材としてはやや目の粗い目抜き平織が使用される．形状への馴染み性が良くないので，不整列があると材料の特性をすべて発揮させることはむずかしい（図 7.18）．

綾織は特有の斜行模様を示し，平織より馴染み性は良い．厚手のしっかりした織物であるが樹脂の含浸がむずかしいので，FRP にはあまり使われない．

朱子織は，一般的には 8 枚朱子と呼ばれる経糸が緯糸 7 本と 1 本を交互にくぐって組み合わせた織物で，密度が高い割には最良の馴染み性を示す．FRP 成形用として含浸性や型馴染みが良く，同時に最高の引張りおよび曲げ強さを持つので，航空機用構造部品に多く使われている．

織物以外にはすべてのヤーンを一方向に揃えた一方向材と，短繊維が面内のあらゆる方向に分布しているマットなどがある．

各種のガラスを繊維化することは可能であるが，実用上はアルカリ成分が少なく GFRP として多く使われ，電気特性にすぐれた絶縁グレードの E タイプ，高強度，高弾性グレードのアメリカ・OCF 社開発の S タイプ，フランス・サンゴ

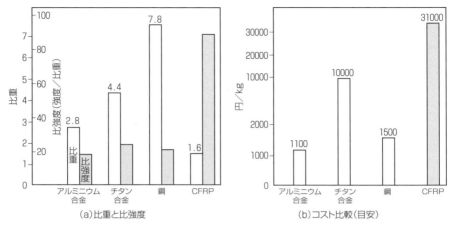

図 7.17　CFRP と金属材料の特性比較

図 7.18　強化繊維の形態と織物の種類

バン社開発の R タイプが航空宇宙分野で使用されている．
　これら各タイプの高性能ガラス繊維は，ケイ酸 SiO_2，ホウ酸 B_2O_3，Na_2O 1% 以下の低アルカリ性高生石灰のホウケイ酸ガラスからつくられている．
　航空機構造用の主要材料である高性能「炭素繊維」は，PAN 系ポリアクリロニトリル繊維のプリカーサ（前駆体）を熱分解してつくられる．PAN を 200 〜 250℃大気中で加熱酸化後，高強度繊維用には 1,000℃以上の非酸化性雰囲気で加熱，炭化し，さらに高弾性繊維をつくるためには 2,500 〜 3,000℃の非酸化性雰囲気下で加熱し，黒鉛化する．このプロセスの加熱温度は，繊維の剛性や強度特性を決定するので慎重に行なう必要がある．
　このようにしてつくられた各種炭素繊維のうち，高強度タイプの繊維は航空宇宙全般で使われ，高歪タイプ繊維は機体の 1 次構造に適用できる．高弾性タイプの繊維は高い剛性特性を持ち，ヘリコプタのロータブレードに適している．
　一方，分子内にアミド結合を持つ線状高分子の総称であるポリアミドは，脂肪族ポリアミドと芳香族ポリアミドなどに大別される．このうち，脂肪族ポリアミド（aliphatic polyamide）で直鎖状繊維を持つポリアミド繊維の合成繊維がデュポ

表7.2 FRP用各種繊維の特性[2]　　　　　　　　　　　　　　　　（　）内はヤーンの値

繊維の種類	(ストランドの値)	密度 (g/cm³)	引張り強さ (kgf/mm²)	引張り弾性率 (kgf/mm²)	破断伸び (%)
アラミド	ケブラー29	1.44	369 (280)	8400 (6400)	4.4 (4)
	ケブラー49	1.45	369 (280)	12700 (11000)	2.9 (2.4)
炭素繊維	T300	1.75	316	22500	1.25
ガラス繊維	Eガラス	2.5	246	7000	3.5

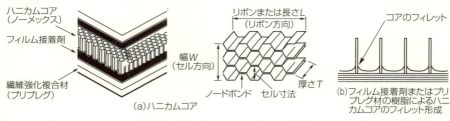

図7.19　ハニカムコアサンドイッチ構造

ン社で開発され,「ナイロン」として知られている.他方,芳香族ポリアミド(aromatic polyamide)で,脂肪族ポリアミドと区別するため「アラミド」と呼ばれるアラミド繊維が,同じくデュポン社で開発された.

アラミド繊維は,パラフェニレジンアミン(パラ)系芳香族ポリアミド繊維で高強度,高弾性の繊維状ケブラー(Kevlar)などと,メタフェニレジンアミン(メタ)系芳香族ポリアミド繊維ですぐれた耐熱性を持つ紙状のノーメックスなどが市販化され,広く航空機用複合材料として使用されている.

1971年に生産が開始された「ケブラー」繊維は,ナイロンなどの有機合成繊維分子鎖が曲がったりもつれたりする繊維構造とは異なり,分子鎖が繊維軸に沿って高度に結晶化した状態で配列した繊維構造なので,すぐれた強度と高い弾性率を持つ.

一方,ノーメックス繊維はハニカムコアの心材などに使用し,高温でも溶融しないが約370℃以上で炭化するという性質がある(**表7.2, 図7.19**).

2. 高性能樹脂と特性

代表的な熱硬化性樹脂であるポリエステルは,多塩基酸と多価アルコールの縮重合で得られるエステル結合(-O-CO-)を主鎖に持つ3次元高分子化合物の総称である.本来は,ポリエステルとポリエステル樹脂は同義語であるが,とくにポリエステルの一種である不飽和ポリエステルと,架橋剤として働くビニル単量体との混合体である不飽和ポリエステル樹脂を「ポリエステル樹脂」と呼ぶことが多い.

ポリエステル樹脂は透明で機械的性質にすぐれ,ポリエステル樹脂のGFRPは非常に強靭である.この樹脂は粘度があり,離型性が良く積層も容易で,作業

表7.3 FRP用マトリクス樹脂の特性[2]

	樹脂の種類	密度（g/cm³）	引張り強さ（kgf/mm²）	引張り弾性率（kgf/mm²）
熱硬化性	不飽和ポリエステル	1.14～1.23	6～8	357～469
	エポキシ	1.15～1.35	5～6.8	316
	ビスマレイミド	1.29	5～6	316
	ポリイミド	1.4	10	367
熱可塑性	PEEK	1.3	16	398
	PAI	1.38	12	367
	ポリアミド	1.14	8	286

性は他の樹脂に比べて最もすぐれ，価格も比較的安い．

「エポキシ樹脂」は，1分子中に2個以上のエポキシ環を含有する樹脂の総称で，分子中の骨格構造の相違や分子量の大小によって多くの種類がある．硬化剤の種類によって，硬化温度が室温，中温（60～130℃），高温（150～180℃）硬化タイプに分かれる．

250F（121℃）中温硬化タイプのエポキシ樹脂は，ビスフェノールAとエピクロルヒドリンを主原料としたエポキシ基を持つ樹脂をつくり，これにポリアミンなどの硬化剤を加えて硬化させるものが一般的である．350F（177℃）高温硬化タイプの樹脂にはとくに耐熱性の高い原料の配合系を用い，複合材料としての性能を向上させている．

また，通常のエポキシ樹脂は硬すぎて撓みにくいので，合成ゴムの一種である「チオコール」（チオコール社の商品名）などの多硫化ゴム（ポリサルファイド）を加えて，剥離強さや可撓性を改善したもの，あるいは樹脂の組成を変成して耐熱性を向上させたものなどを「変性エポキシ樹脂」と呼んでいる．

フェノール樹脂は，フェノール（C_6H_6O）とホルムアルデヒド（HCHO）から合成される熱硬化性樹脂で，1907年にベルギーのL.H.ベークランドが発明し，世界で初めて工業化された合成樹脂である．この樹脂は，発明者に因んで「ベークライト」と名付けられ，高温下，荷重下での寸法安定性が比較的良く，広い範囲の温度，湿度下で各種性能を保持する（表7.3）．

3. 成形加工法

FRPはマトリクスと強化繊維で構成され，熱硬化性と熱可塑性の両方の性質を持つという特徴から，成形部品のサイズや形状，要求精度，品質，生産量などに合わせて，他の工業材料に比べて実にさまざまな成形法が開発されている．また，成形方法の分類も，繊維，樹脂などの材料別，大気圧，真空圧，加圧などの成形圧力別，常温，加熱などの成形温度別などで区分される．

航空機構造部品加工に使われる成形法を成形圧力から分けると，「接触圧成形」と「低圧成形」に分類できる．接触圧成形の代表的な成形法には，片面成形型で大型部品を比較的安価に成形できる「ハンドレイアップ」法がある．

このうち「ウェットレイアップ」（湿式積層）は最も伝統的な成形プロセスの1つで，基本的にはガラス繊維を型に馴染ませ，ポリエステルやエポキシ樹脂などの主剤と硬化剤の混合樹脂をガラス繊維に含浸させて積層する．

ハンドレイアップは，未熟練作業者でも簡単な型を使用して手早く成形できるという利点があるが，一般的には表面粗さが悪く，樹脂含有量は50％を超えてボイドが残留し，強度や積層品質が悪くなって生産性が下がる．このため，プリプレグ材（あらかじめ強化繊維に樹脂を含浸させた材料）を使用するハンドレイアップも行なわれている．

一方，接触圧成形の欠点を解決するため，真空圧や比較的低い圧力で加圧する各種の低圧成形が開発されている．たとえば「真空バッグ成形」，「オートクレーブ成形」，油圧プレスを使用する「プリフォームマッチドダイ成形」，「プリミックス成形」，「引抜き成形」などである．

真空バッグ成形は，レイアップした上からPVA（ポリビニルアルコール）やナイロンなどの薄いフィルムをかぶせ，真空引きしながらしごいて空気を追い出す成形法である．この方法は複曲面形状を持つ部品の成形に向いており，樹脂含有量が40～50％程度で積層部品を両面から等しく加圧するため高品質な積層部品が得られ，同時に60℃以下の促進加熱に使用する赤外線灯や真空ポンプなど安価な装置と，軽量な積層治具で対応できるなどの利点がある（図7.20）．

真空バッグに加え，より積極的に積層部品に圧力を負荷して，大型構造部品を安定した高品質で成形加工する方法の1つとして，設備費は非常に高価になるが，プリプレグ材を使用して硬化温度や缶体圧力，硬化時間を高精度で管理できる「オートクレーブ成形法」が広く採用されている．

この他，数百～1,000気圧にも及ぶ高圧で熱可塑性樹脂製の中小型部品を成形する射出成形法などの「高圧成形」がある．

4. 複合材成形工程

最近の航空機構造に多く使われている「複合材部品」は，主に舵面などの2次構造部品に使用する「サンドイッチ構造」と，翼や胴体などの1次構造部品に使用する「積層構造」に大別される．その構成品は，サンドイッチ構造の心材に使用するアラミド繊維やアルミニウム合金製のハニカムコア，および炭素繊維，アラミド繊維，ガラス繊維などにエポキシ樹脂などを含浸させたプリプレグが主要材料である．

サンドイッチ構造の成形加工の場合，ハニカムコア素材は素材専門メーカーから購入し，図面要求の形状に加工して清浄な状態のコア部品を準備する．一方，プリプレグと接着剤などもやはり専門メーカーから購入し，一時冷凍保管する．これらの材料はクリーンルームで所定の形状に裁断後，接着治具上でナイロンフ

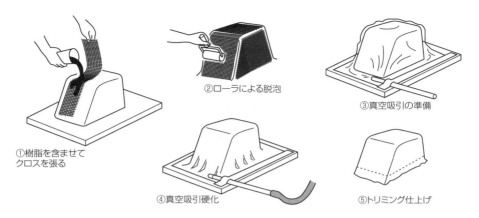

図 7.20　真空バッグを適用したハンドレイアップ法

ィルムなどの副資材を使用して真空バッグの状態に組み立てられる．

　積層構造の場合には，各種のプリプレグなどを使用して翼外板などの形状に積層する．オートクレーブ硬化後，外形仕上げなどの2次加工を行ない，検査合格後に組立工程に送る(**図 7.21**)．

　図 7.22 はオートクレーブ成形による複合材部品の成形工程の流れ，**写真 7.7** は大型ハニカムコアサンドイッチ構造による複合材部品例である[12]．

(1) **材料の出庫**

　受入れ検査合格後，−18℃以下に冷凍保管した一方向テープや織物のプリプレグ材を出庫する．ポリエチレン袋に保管したプリプレグは，クリーンルーム内でプリプレグの結露を防止するため，袋に密封したまま室温で解凍(コンディショニング)する．材料を取り扱う場合は，清浄なポリエチレン製手袋を使用する．

　熱硬化性樹脂は，加工過程での反応状態によって A，B，C ステージ(状態)の3段階に区分して表わされている．「A ステージ」は低分子量で可溶，可融状のプレポリマー状態をいい，さらに加熱して反応を進め，分子量，溶融粘度を上昇させた段階を「B ステージ」(プリプレグ状態)，最終硬化させた状態を「C ステージ」と呼んでいる．

　エポキシ樹脂を母材としたプリプレグは，素材メーカーで製造後，−18℃以下に冷凍保管しても，ある定められた有効期間内で使用しなければならない．この有効期間を「有効寿命」といい，たとえば素材メーカー出荷日から 180 日間などと決められている

　また，航空機メーカーで冷凍庫から材料を出庫後，積層作業からオートクレー

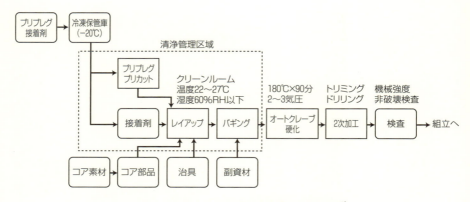

図7.21　サンドイッチ構造部品の複合材成形工程[2)]

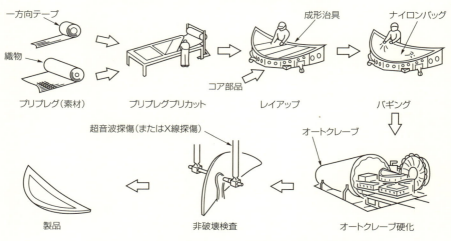

図7.22　オートクレーブ成形による複合材部品の成形工程の流れ[2)]

ブ硬化開始までの曝露時間も，積層作業温度と関連付けて寿命時間のカウントが規定され，有効期間内の寿命時間の一部として管理される．この曝露時間は「作業可使寿命」とも呼ばれ，たとえば中温タイププリプレグは18～26℃で200時間などと決められている．

(2) プリプレグのプリカット

部品形状や設計要求に従って，離型紙(裏紙，保護紙ともいう)の付いたロール状のプリプレグをテーブル上に広げて所定の形状にプリカット(裁断)する作業である．プリカットには，ハサミやナイフで裁断する方法とプリプレグNC自動裁断機で能率的に行なう方法がある．

プリカットにあたっては，ロール幅 75mm，300mm などの一方向材は繊維方向を，幅 1,000mm などの織物は縦糸方向を基準として，設計要求を満足する形状に裁断する．

プリカットが完了した材料は識別記録や曝露時間管理し，保護紙を付けたままでポリエチレン袋に再バッグし，冷凍保管する．接着剤も同様な手順と管理を行なう．

写真7.7　複合材製大型旅客機の主脚ドア[12]

プリプレグの自動裁断は，機械的または超音波振動を利用してナイフを往復運動させるなどの加工法で行なう．このとき，プリプレグは高価な材料であるため，ネスティング（板取り最適化）プログラムを適用し，材料歩留まりを最大限に上げて板取りすることが重要である．

この装置は，量産時，大量のプリプレグを低コストで迅速にプリカットするためには非常に有効な手段である．また，裁断後はファズやほつれがない品質で，1本の繊維も残さずに切断できる加工能力が要求される[8]．

(3) レイアップ

レイアップ（積層）は，プリカットしたプリプレグを設計要求に従って，成形治具上に順次積層していく作業である．このとき，成形治具はあらかじめきれいに清掃し，治具から部品を容易に離型できるように治具表面に離型剤を塗布し，硬化させる．さらに，積層部品表面の汚染を防止して表面品質を確保するため，離型処理した成形治具表面に薄い織物のピールプライを張り，この表面から積層を開始する．

一方，プリカット後に冷凍保管されていたポリエチレン袋内のプリプレグは，結露を防止するため室温で解凍した後開封する．次に，積層順序に従って成形治具上に1枚ごとにプリプレグの保護紙を剥がし，プリプレグ積層時に巻き込まれる空気を，プリカット材の中央部からしごいて排除しながら積層していく．このとき，保護紙の一部など異物が付着してないことを確認しながら作業する．

プリカットしたプリプレグどうしを接合する場合は，一方向材や織物ごとに，ロール幅方向と繊維方向についてラップスプライス（重ね合わせ接合）とバットスプライス（突き合わせ接合）の許容値が細かく規定されている．

また，翼外板などのように多数枚のプリプレグを手作業で積層する場合は，必要に応じて，積層の途中で約 10～20 分間「デバルキング」と呼ぶ真空引きを行ない，巻込み空気を脱気してボイド発生予防と余分な樹脂を除去して積層品質

Part.7　金属接着と複合材成形加工　209

を確保する.

なお、エルロンなどの「サンドイッチ構造部品」は、接着治具表面上にあらかじめ積層、硬化させた外板や桁、縁材などを位置決めして取り付ける. その後、ハニカムコアをコアのリボン方向とセル方向を確認してセットし、その上に、あらかじめ積層、硬化させた外板を載せてハニカムコアサンドイッチ組立品をつくる[10].

このとき、外板とハニカムコアの間にはフィルム接着剤、桁とハニカムコアの間には発泡接着剤、エッジ部にはフィラーなどを適用する. この製作法は、硬化回数は増えるが比較的品質の確保が容易で、「プリキュア」(pre-cure または2次接着法=あらかじめ接着硬化部品を製作し、その後組立品をつくる方法) 方式と呼ばれる.

一方、接着治具上にプリプレグ状態の外板、桁、縁材などとハニカムコアをセットし、バギングして1回の硬化で接着組立品をつくる「コキュア」(co-cure または1次接着法=1回の硬化で接着組立品をつくる方法) 方式で、サンドイッチ構造を製作することもできる(図7.23).

この方式はフィルム接着剤を必要としないので、重量軽減と硬化回数の削減によるコストダウンが期待できるが、設計要求品質の確保がむずかしく、コキュアによる構造様式の決定に際しては、事前に十分な研究、開発が必要である.

一方、翼外板など幅広で長く大きな面積を持ち、百数十層にも及ぶ多層プリプレグ外板の厚い「積層構造部品」の場合、各層ごとにプリプレグの種類や繊維方向、プリプレグどうしの接合などに注意しながら手作業でレイアップすることは、品質確保やプリプレグ曝露時間、コストなどの点から困難になってきた. そこで、翼外板のように比較的緩やかな複曲面の大型積層構造部品を能率的にレイアップするため、プリプレグNC自動積層機が開発、実用化された[9].

この装置は、作業者が保護紙の付いた一方向プリプレグのロール材を素材供給ロールに装填すると、NCプログラムによって繊維方向、斜め切断、加圧積層、保護紙の巻取り、異物検出などを連続して自動的に行なう機能を持つ. また、プリプレグを1層ごとに機械的な加圧積層ができるため、多層積層構造部品でもデバルキングが不要になり、安定した積層品質が得られるという利点がある.

(4) バギング

レイアップが完了した複合材部品上に、適切な各種副資材などをセットしてナイロンバッグで密封し、真空圧で剛性の高い成形型に馴染ませ、硬化中に缶体圧を負荷する機能を持つ真空バッグをつくる作業である(図7.24).

積層構造部品の場合、プリプレグの積層が完了したら、必要に応じて積層構造部品周囲に形状保持のためのエッジダムをセットし、積層構造部品表面の汚染を

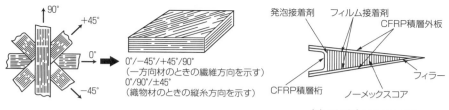

(a) プリプレグ材の積層（クリーンルーム作業）

(b) フルデプスハニカムコアサンドイッチ構造部品（エルロン断面）[10]

図7.23 プリプレグ材積層とハニカムコアサンドイッチ構造部品

(a) バギングのしくみ

(b) 複合材硬化用バギングの例[3]

図7.24 プリプレグ材積層後のバギング

防止して表面品質を確保するためピールプライを張り，さらに脱気により積層構造部品の内部品質を確保するため，通気性のある穴あき離型フィルム（FEPフィルム：フルオロエチレンプロピレンフィルム）を張る．

その上に，ブリーダクロスと呼ぶプリプレグ中の余剰樹脂を吸い取るためのガラスクロスをセットし，離型フィルムを張る．

積層構造部品を加圧してより均一に成形するため，必要に応じてプレッシャプレートを載せ，ナイロンバッグ内部の通気性を良くして空気を吸い出すようにブリーザクロスをセットする．硬化中の部品温度を直接モニターするため，起電力が大きく応答直線性の高い鉄・コンスタンタン熱電対を適正数取り付ける．

さらに，接着治具表面上の周囲に帯状の真空バッグシーラントを粘着して，その上に積層構造部品を包み込むように耐熱ナイロンフィルムで覆い，突張らないようにひだを付けながら真空バッグをつくる．同時に，真空バッグ内に真空引きや大気開放用の真空口金を2個以上取り付ける．

バギングが完了したら，真空バッグ内の許容真空漏洩値を検査するため真空漏洩チェックを行ない，漏れのないことを確認した後，オートクレーブに挿入する．

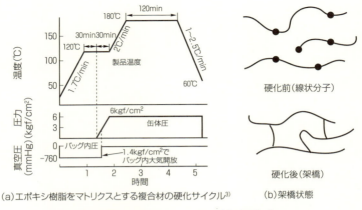

図7.25 積層構造部品のオートクレーブ成形硬化プロセス

(5) オートクレーブ硬化

オートクレーブを使い，バギングが完了した複合材部品をマトリクス樹脂の硬化反応を利用して高品質の機体構造部品をつくる工程である．

オートクレーブに挿入したドーリー上の複合材部品は，あらかじめ実機供試体による試験で確認されている最速，最遅昇温速度が規定値を満足するように，必要に応じてヒートインシュレーション(熱遮蔽)を施す．バギングした複合材部品の真空口金と熱電対を缶体に接続し，オートクレーブのドアを閉めて安全レバーをロックする．

代表的な機体構造用複合材である高温硬化タイプのエポキシ樹脂をマトリクスとする，積層構造部品の硬化サイクルは次のようである．

真空ポンプで真空引きした積層構造部品は，加熱されて毎分1.7℃程度の割合で温度上昇を開始する．120℃に到達したら30分程度保持し，エポキシ樹脂がフロー(流動化)した時点でコンプレッサで加圧を開始し，その後真空バッグ内を大気開放する．

加圧と大気開放のタイミングは，脱気などとの関係で硬化品質に影響を及ぼすためとくに重要である．6kgf/cm² 程度まで圧力を上げて再び毎分2℃で温度を上げ，180℃になったら2時間保持し，架橋反応でマトリクス樹脂の硬化を完了させる．

その後，毎分2℃前後の割合で温度を下げ，大気圧まで降圧する．ドアを開けてドーリー上の複合材積層構造部品を搬出し，室温になるまで放置した後，各種の副資材を取り除き，積層構造部品を損傷させないように成形治具から注意深く離型する作業(デバッグ)を行なう(図7.25)．

(6) 2次加工

オートクレーブ硬化後の複合材部品の仕上げは，外周加工（トリミング）や穴あけ（ドリリング）が主要な加工であり，原則として強化繊維を切断するので板厚加工は行なわない．

これらの仕上げ加工を総称して，プリプレグ積層品をオートクレーブ硬化するまでの工程である1次加工と対比させて，とくに，従来の機械加工法と区別して「2次加工」と呼んでいる．

複合材料はマトリクス樹脂と繊維で構成されるため，従来の機械加工法では一般的に工具寿命が短くなって良好な加工品質を得ることがむずかしい．そこで，ウォータジェットなどの衝撃破砕エネルギーやレーザによる熱エネルギーなどを利用した高エネルギー加工法が採用されている．また機械加工で行なう場合は，焼結ダイヤモンド工具など耐熱性の高い工具材種を使用した高速研削加工やフライス加工を採用する必要がある．

CFRPは高速研削やフライス加工でも対応可能であるが，工具寿命が短く，工具費は高価になる．一方，炭素繊維の融点は約3,500℃にも達し，きわめて耐熱性が高いので熱加工は適用困難であり，高圧アブレシブ（研磨剤混入）ウォータジェットによる衝撃破砕加工が適している．

AFRPは，マトリクス樹脂のエポキシのガラス転移温度 Tg が約240℃，アラミド繊維も約650℃で強度が0に低下するので，両者の切断温度が比較的近く，高出力 CO_2 レーザなどの熱加工に向いている．また，AFRPを機械加工する場合は，鋭利な刃物で高弾性のアラミド繊維を切削する必要があり，特別な工具形状が必要になる．

GFRPは，従来の一般的な機械加工法で比較的に対応が可能である．なお，各種加工法を複合材料に適用する場合，機械加工時の繊維とマトリクス樹脂の粉塵や熱加工時のヒュームガス，衝撃破砕加工時の騒音など，加工法に応じた作業安全対策に配慮する必要がある．

(7) 検査

成形した複合材部品は，外観や形状寸法検査，表面欠陥，内部欠陥などを非破壊検査して品質を保証する．航空機構造用複合材部品に適用される代表的な非破壊検査法には，「超音波探傷」と「X線探傷」などがある．一般に航空機構造用複合材部品の非破壊検査は，単一の検査法で品質要求すべての欠陥を検出することはむずかしく，いくつかの検査法を併用したり，目的に応じて各手法を適用する必要がある．

超音波探傷は，積層材中の微小な気泡や繊維の欠落，集中化，ハニカムコア壁の潰れなどの欠陥を検出することはむずかしい．またX線探傷は，積層材中の

Part.7 金属接着と複合材成形加工　213

表7.4　航空機用複合材部品に適用される代表的な非破壊検査法[10]

探傷法 / 欠陥の種類	X線探傷検査	超音波探傷検査		
		パルス反射法	透過法	共振法
積層材中の層間剥離	×	△	○	△
積層材中の異物混入	○	△	△	△
気泡	○	×	×	×
繊維の欠落，集中化	○	×	×	×
ハニカムの接着不良	×	○	○	○
ハニカムコア壁の割れ（剥がれ）	○	×	×	×
ハニカムコア壁のつぶれ	○	×	×	×
ハニカムコア壁の欠落	○	△	△	△
ハニカムコア中の異物混入	○	△	△	△

○：適，△：可，×：否

層間剥離，ハニカムコアの接着不良などは検出できないので，両検査法を相互に補間して行なうことが望ましい(**表7.4**)

　超音波探傷は，可聴音（約20Hz〜20kHz）よりも高い周波数の超音波（20kHz以上）を使用して，複合材部品の表面や内部欠陥を検査する手法である．通常，0.5〜15MHzの音域を使用し，「パルス反射法」，「透過法」，「共振法」などの方法がある．

　パルス反射法には，1つの超音波探傷子で送受信する1探触子法と，送信と受信を別々に行なう2探触子法があり，各方法とも超音波の入射角の違いによって垂直法と斜角法があり，被検査体箇所などに応じて使い分ける．

　透過法は，送信探触子から発信した超音波が被検査体を通過して受信される過程で，欠陥によって超音波が減衰する度合で内部欠陥を識別する方法である．

　超音波探傷検査の検出結果の表示方法には，縦軸にパルスエコーのピークで欠陥の強さを，横軸には時間（距離）をCRT上に表示するAスキャン，側面図として記録するBスキャン，平面図として記録するCスキャンの3つの方法がある．

　これらの方法は検査目的で使い分けるが，Cスキャンは，比較的標準試験片の製作が簡単で，平面の検査データを輝度の濃淡やペンのオンオフ，数字など各種の記録形態で残すことができるので多く使われている．

　なお，超音波は空気中での減衰率が大きいので，一般的に積層構造は水タンク中に部品を浸漬する水浸法で，部品内部に浸水する恐れのあるサンドイッチ構造は，水柱を介して超音波の授受を行なう水噴射法で行なう(写真7.6参照)．

　X線探傷は，1895年にW.C.レントゲンが発見した電磁波の一種であるX線を利用した検査法である．X線は波長10^{-5}cm以下できわめて高い透過力を持ち，X線管球の電圧を増すとさらに短い波長のX線が新しく発生する．X線領域内でも，相対的に波長の短いX線は「硬線」（ハード）といい，より透過力が高い．

　一方，波長の長いX線は「軟線」（ソフト）といい，一般的にはこの軟X線探

傷が複合材部品の非破壊検査に用いられている．透過像を検出する方法としては，X線フィルムを用いる方法が一般的である．

航空機構造用複合材部品は，原則的に抜取り検査でなく全数検査を行なうので，多くの検査時間が必要になる．このため，非破壊検査法のNC化や多チャンネル化などの自動化技術が大切な要素となる．

5. 接着治具のタイプと特徴

複合材部品の成形加工では，精度の高い接着構造部品形状を形成するために，接着治具を使用することが不可欠である．接着治具の機能は，製品の硬化温度と密接に関係し，耐熱性や耐久性，熱膨張に対する寸法安定性，製作コストなどを考慮して治具材料を選定する必要がある．

オートクレーブ硬化法で使用する接着治具には，主に「樹脂型」と「金属型」がある．

樹脂型接着治具の製作法はウェットレイアップとプリプレグレイアップに区分され，真空圧やオートクレーブ加圧で接着治具の表面板を成形加工する．両者の治具タイプの違いは，製品のエポキシ樹脂の硬化温度によって，中温硬化タイプ（120℃硬化）と高温硬化タイプ（180℃硬化）で使い分ける．

ウェットレイアップは主として中温硬化タイプの部品に適用し，治具表面板は真空圧下で室温硬化し，150℃でポストキュア（後硬化）する．この方法は，比較的安く短期間で製作できるのが特徴である．

一方，プリプレグレイアップは主として高温硬化タイプの部品に適用し，治具表面板はオートクレーブ圧下で100℃で加熱，硬化し，190℃でポストキュアする．この方法はコストはかかるが比較的耐久性にすぐれ，作業性も良い．

一方，金属型接着治具の製作法は「金属表面板」と「電鋳（めっき）表面板」の治具タイプに区分される．このうち金属表面板は板金成形かNC工作機械で加工し，表面板の材質は製品に使用する複合材料の熱膨張と接着治具材料の熱膨張係数を考え，製品に対してできるだけ熱膨張係数の近いアルミニウム合金か鋼を選定する．

翼外板などの緩曲面形状部品の接着治具には，板金成形加工による金属表面板がコストも安く耐久性があるが，複雑曲面形状部品にはNC加工した表面板が必要となる．

とくに大型で高精度の形状には，鉄64％，ニッケル36％を主成分とする熱膨張率の小さい「インバー」（Invar：語源はInvariable）合金を使用する．しかし，インバー合金は難削材で加工コストが大きく，適用にあたっては注意を要する．

電鋳表面板の製作は，ニッケルめっきによる方法が複雑形状に対応可能であるが，24時間で0.5mm程度のめっき厚さで製作リードタイムに長期間を必要とし，

Part.7 金属接着と複合材成形加工 215

表7.5　複合材部品接着治具のタイプと特徴

区分	治具タイプ 成形方法	成形条件	材料名/メーカー	ポストキュア	製品 材料 CFRP	GFRP/AFRP	硬化温度 180℃	120℃	形状対応 緩曲面	複雑曲面	コスト	リードタイム	耐久性	作業性	熱膨張係数(×10⁻⁶/℃)
樹脂型	ウェットレイアップ	室温硬化(22℃,48時間) オーブン/オートクレーブ(加圧)	ツーリングクロス(1) 耐熱樹脂 ゲルコート	150℃ 1時間		○		○	◎(良い)	◎(良い)	◎(安い)	◎(短い)	△(劣る)	○(中程度)	14.4〜18.0
	プリプレグレイアップ	加熱硬化(100℃,6時間)	ツールライト(2) ファイバーライト(2)	190℃ 2時間	○		○		○	○(中程度)	○(中程度)	○(中程度)	○	◎(すぐれる)	4.1
金属型	金属表面板 成形加工		アルミニウム合金(3)			○	○	○	-	◎	◎	◎	◎	◎	23.2
			スチール(4)		○		○	○							12.3
	NC切削加工		アルミニウム合金(3)		○		○	○	△(不向き)	△	△(高い)	○(長い)	◎(すぐれる)	△(劣る)	23.2
			スチール(4)		○		○	○							12.3
			インバー合金(5)		○		○	○							2.5
	電鋳(めっき法)		ニッケル(6)		○		○	○	-	○	○	△	◎	◎	13.3

注):(1)ウェットGFRP　(2)プリプレグCFRP　(3)2024-T4　(4)クロムモリブデン鋼　(5)NILO36　(6)ニッケル電鋳

寸法精度の確保もむずかしい.

　このように接着治具の材料選定には，使用目的によって相反するメリットとデメリットがあり，治具タイプ別に各種の要因が絡み合っているので，生産数量なども考慮して最も経済的な治具タイプを選定することが重要である(**表7.5**).

6. ウォータジェット加工[13]

　航空機の複合材料部品には，外板など3次元形状を持つ部品が多い. この3次元形状に対応する加工法として，1980年代からウォータジェットを用いた「ユニバーサルハンドルータ」が開発され，手動で外周加工を行なっていた. しかし，この方法は比較的小物複合材部品には有用であるが, 生産性やツーリングコスト, 加工精度の確保，作業環境などの面で課題がある.

　近年，ウォータジェット加工の自動化に向けて，加工機械の同時5軸NC化，ジェット噴流の処理技術，ツーリングの改善，オフラインプログラム手法などが開発され，実用化されている. しかし，超高圧の微粒研磨剤を混入したジェット噴流の処理技術が，自動化の大きな課題の1つであった.

　ここでは，この技術的課題を解決した航空機複合材部品2次加工分野の世界的なメーカーであるフロー・インターナショナル社(アメリカ)の「PASERシステム」を装備した，ガントリー駆動型同時6軸制御ウォータジェット加工装置を紹介する(**写真7.8**).

　この加工装置は，ボーイング777の水平尾翼CFRP外板(30×15×4ft.)などを加工するために，4200kgf/cm² の超高圧を発生する50HP程度のポンプを持

写真7.8 ガントリー駆動型同時6軸制御ウォータジェット加工装置

つ．ポンプから発生する超高圧の噴流温度は，微粒ガーネット研磨剤混入のジェット流とノズルとの摩擦熱により約65℃にも達する．

同社は，ノズル速度がマッハ3にもなるジェット噴流のエネルギーを安全に処理するため，微粒研磨剤を混入したスラリーであるジェット噴流のキャッチャとして，C型フレーム構造の鋼球入り特殊容器を考案した（**写真7.9**, フロー・インターナショナル社特許）．

これにより，加工済みのスラリーは分散した運動エネルギーとなり，このエネルギーを加工ノズルから6 in.

写真7.9 ジェット噴射ノズルとキャッチャ部

(152.4mm)下のキャッチャで受け止める．このキャッチャ内部の多数の鋼球は高圧のスラリーによって回転し，ジェット噴流は互いの回転による鋼球どうしの摩擦エネルギーに変化して消費される．容器内部のスラリーは常時吸引されて，連結した加工液処理装置で無害化される．

このC型フレームのキャッチャは，写真7.9のように門型ガントリーの主軸に固定され，3次元形状に対応した動きが可能になる．

Part.7 金属接着と複合材成形加工　217

この加工システムでは，1 in.(25.4mm)程度の板厚のCFRPの加工が可能で，アルミニウム合金だけでなく，チタン合金やステンレス鋼など板厚1/2in.(12.7mm)程度までの難削材の板材も加工できる．

7. A380の複合材適用 [14]

エアバスA380は，CFRP複合材および「GLARE」(商品名)と呼ぶ先進複合材料を含めて，構造重量比で約40％の複合材を使用している．とくに，民間航空機では世界で初めて中央翼にCFRPを適用し，アルミニウム合金に比較して約1.5tonの重量軽減をはかった．また，この他に垂直尾翼，方向舵，水平尾翼，上方フロアビーム，後方圧力隔壁などに，部分的なGFRPの使用も含め多くのCFRP複合材が使われ，これらのCFRPは樹脂含有量40％のプリプレグを使用している．

A380にCFRPを適用した最重要部位は，胴体と主翼とに結合される中央翼である．このCFRP中央翼は高さ2.5 m，容積49m^{3}で，部品板厚は最大45mm，前方，中央および後方の3つの桁，2つの上面パネルと2つの下面パネルで構成され，合計7つのCFRP主要部品から成る．これらの桁やパネルは，コキュア成形法による一体化構造複合材部品として成形加工される．

A380のCFRP中央翼パネルの成形は，あらかじめ切断装置を使用して炭素繊

写真7.10 ATLによるレイアップ

写真7.11 バギング

写真7.12 オートクレーブ硬化

写真7.13 CFRP中央翼パネル

218

維と樹脂から成るプリプレグのロール材をプリカットし，次にNC自動積層機（ATL：Automatic Tape Laying machine）で部品形状に合わせてレイアップし，その後，バギングしてからオートクレーブで加熱，加圧して硬化するオートクレーブ成形加工法が適用されている（**写真7.10～写真7.13**）．

A380では，CFRP中央翼の他にも，長さ18m，幅4mにも及ぶ水平尾翼の上面外板や垂直尾翼などの各種部品に，従来のハンドレイアップ方式ではなく，機械上でCFRPテープを加熱しながら，平面や曲面の部品定義形状を持つ複合材部品のレイアップが可能な，従来積層機の2倍の能率を持つプリプレグNC自動積層機を多用している．

この他，エルロン，エアインテーク，レドームなどにレジントランスファ成形法（RTM：Resin Transfer Moulding）も適用されている．

A380のCFRP中央翼組立には，1997年以来，長期的計画の下でエアバスの単通路機に採用されてきた「フレキシブルワークショップ」と呼ぶ組立法が適用されている．この組立法により，従来法に比較してツーリングコストを20％，組立コストを35％低減し，リードタイムは50％短縮することができた（**写真7.14～写真7.17**，10.1.4項「新しい構造組立」参照）．

また，注目すべき複合材の1つとして，A380には「GLARE」が上方胴体外

写真7.14 中央翼フレキシブル組立

写真7.15 中央翼組立作業

写真7.16 CFRP中央翼組立

写真7.17 中央翼と主脚室結合

写真7.18 「GLARE」上方胴体外板

板に使用されている．この材料は，アルミニウムと高強度ガラス繊維を交互に積層させた材料で，金属材料に比較してすぐれた疲労強度を持つ．外面のガラス繊維層が耐吸湿性を持ち，腐食に対してもアルミニウムの防食処理に比べてすぐれた耐久性がある．さらに耐火性にもすぐれ，修理法はアルミニウムと同様にできる．アルミニウムより 10％比重が小さく，重量軽減にも貢献している(**写真 7.18**)．

8. 複合材料の新しい部品加工技術
(1) 複合材料の進歩と機体構造への適用 [15), 16), 17)]

航空機構造に適用されている「複合材料」とは，大別すると「ガラス繊維強化プラスチック」(GFRP)，「アラミド繊維強化プラスチック」(AFRP)，「炭素繊維強化プラスチック」(CFRP)，およびこれらを組み合わせた材料の総称である．

日本の 1 次構造部品への CFRP 適用の経緯は，1985 年に初飛行した中等練習機「T-4」の尾翼，1995 年に初飛行した戦闘機「F-2」主翼への CFRP の適用などがある．

民間機の 1 次構造材料に使用される CFRP の開発を見てみると，1994 年に初飛行したボーイング 777 の尾翼やフロアビームでは，構造重量の約 10％の複合材料が適用され，東レ製の T800H/3900-2 が採用された．

高強度，中弾性率炭素繊維 T800H は，従来の標準弾性率タイプの T300 に比べて，炭素繊維の単繊維の品質を上げることなどにより，引張り強度で約 50％向上の 5.5GPa（560kgf/mm^2），引張り弾性率で約 30％アップの 294GPa（30,000kgf/mm^2）へと向上し，マトリクス樹脂には，高靭性エポキシ樹脂である 3900-2 を開発した．

近年では，2009 年に初飛行したボーイング 787 では，主翼や胴体，尾部に CFRP を適用する構想で，構造材料別の重量比率は，複合材料 50％，アルミニウム合金 20％，チタン合金 15％，合金鋼 10％，その他 5％といわれている．

このように，787 には構造材料の 50％が複合材料化され，1 機あたり約 30ton の炭素繊維の需要を生んでいる．これにより，ボーイング 767 対比で機体重量

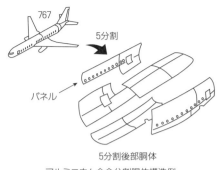

アルミニウム合金分割胴体構造例　　　　787CFRP一体化胴体構造の試作品

写真7.19　アルミニウム合金製分割胴体構造とCFRP一体化胴体構造の比較[16]

が20％軽量化され，20％の燃料消費率の軽減およびCO_2削減に貢献している．

　787の開発にあたっては，1次構造部品材料としては，さらに改良した東レ製の高強度，中弾性率炭素繊維T800S（5.88GPa（600kgf/mm²））と，高靭性樹脂3900-2Bを組み合わせたT800S/3900-2Bが全面的に選定されている．このように，炭素繊維材料の開発の進歩も著しい．

　767や777では，胴体構造はリベットで組み立てられた金属構造の補強外板構造様式であるが，787では，ボーイング社が公開したCFRP一体化胴体構造の試作品を見ると，円筒形のスキンとストリンガー類は一体成形加工した大型のCFRP構造様式と推定され，構造重量の軽減やコスト低減に大きく貢献すると考えられる（**写真7.19**）．

　一方，すでに2007年に就航したエアバスA380には，中央翼，尾翼，圧力隔壁など構造材料の22％が複合材料部品で製造され，1機あたり約35tonの炭素繊維がCFRP化されている．なお，A380の材料別の適用比率は，複合材料22％，アルミ合金61％，チタン合金／合金鋼10％，GLARE材3％，その他4％といわれている（**写真7.20**）．

　超大型機A380は，複合材料部品を低コストで成形加工するために大幅な自動化成形法が採用されている．中央翼，垂直，水平尾翼，外側フラップ，主翼リブには中弾性タイプの炭素繊維プリプレグ材を使用，自動テープ積層機による「ATL（Automatic Tape Laying）成形法」を採用している．非与圧部の胴体尾部，テールコーン，着陸装置ドア，エンジンカウルなどには，ソリッドラミネート材を使用した自動ファイバ（長繊維）積層機による「AFP（Automatic Fiber Placement）成形法」を，2階席用フロアビームには「引抜き成形法」（Pultrusion method），フラップトラックパネルには「樹脂移送成形法」（Resin Transfer Molding＝

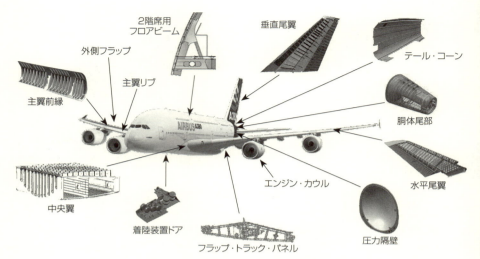

写真7.20　A380の主な複合材適用部位[14]

RTM），圧力隔壁にはノンクリンプタイプのファブリック（織物）材による「ドレープ一体成形法」（Drape method），また主翼前縁部品には熱可塑性樹脂の複合材を使用している．

このように，一体化複合材部品の製作に対する最新の成形加工法を積極的に採用している生産技術は，大いに注目すべきである．

また，エアバスA350XWBの材料別適用比率は，複合材52％，アルミ／アルミリチウム合金20％，チタン合金14％，合金鋼7％，その他7％と，複合材を最大限に適用しているといわれている．このA350XWBには，A380の複合材成形加工技術の経験を生かして，より一層の軽量化と低コスト製造を目指しているものと考えられる．

(2) 複合材一体化部品の成形加工技術 [18],[19],[20]

軽くて強い炭素繊維の発明者は，大阪工業試験所（当時）の進藤昭男で，航空機機体材料に使用される炭素繊維は主にPAN系炭素繊維である．日本の炭素繊維生産量は，炭素繊維の世界市場で70％を占めており，日本生まれ日本育ちの材料である．炭素繊維は，樹脂で複合化して炭素繊維強化プラスチック（CFRP）として使用する．航空機用CFRPとして使用する樹脂は，エポキシ樹脂が使用される．この樹脂は炭素繊維との接着性が良く，硬化収縮が小さく，耐熱性や耐薬品性にすぐれているためである[7]．

複合材部品を製造するためには，「プリプレグ」と呼ぶ中間基材を使用し，部

品を形づくる生産技術を駆使して機体部品を製作する．**写真 7.21**[19] は，炭素繊維プリプレグのテープ材である．

金属部品は素形材を切削加工することで部品形状を得るが，複合材部品は柔軟性のある厚さ約 0.2mm のシート状の材料（プリプレグ）を積層して機体部品形状を得るところにむずかし

写真7.21　炭素繊維プリプレグのテープ材

さがある．部品材料が厚くなると，多数のプリプレグを積層しなければならない．さらに，立体的な形状部品を成形するためには，形状を付与するためのツーリング（治具）の工夫が重要となる．

半硬化状態の樹脂を含有したプリプレグで形状を付与された複合材料は，加熱することで樹脂の硬化反応が進み，初めて強固な部品となる．この硬化反応を促進させる装置として大型オートクレーブ（加熱加圧炉）が使用され，この成形方法を「オートクレーブ成形」と呼び，現在，複合材構造部品の成形方法の主流になっている．

オートクレーブ成形は，半硬化状態の樹脂を含有したプリプレグで形状を付与された複合材料部品，たとえば，スパー（桁），スキン（外板），ストリンガー（縦通材），リブ（小骨），フレーム（円框）などの部品を，オートクレーブ缶体内部のあらかじめ定められた硬化条件，すなわち真空圧で部品形状を保ちながら，180℃程度まで昇温，加熱し，約 $6\mathrm{kgf/cm}^2$ 程度まで圧力を上げてゆく．

その後 2 時間程度硬化反応を行ない，大気温度まで徐冷することで複合材部品を成形硬化する．この硬化サイクルには約 6～7 時間を必要とする．このとき，ツーリング材料は，部品成形のたびに高温に繰り返し曝されるので，寸法精度の確保や耐熱性などの条件を満足させる材料が要求される（**図 7.25** 参照）．

近年，金属部品と同様に，航空機用の複合材部品形状も軽く強い部品をつくるための設計要求を満足させるために，複数の部品を 1 つの部品でつくる一体化部品の要求が高まっている．このとき，オートクレーブ硬化作業の回数が製造コストに大きな影響を及ぼす．

たとえば，n 種類のストリンガーと 1 枚のスキンから構成される一体化部品の例を見てみよう．

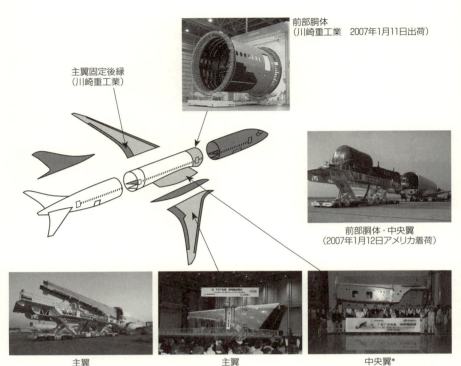

写真7.22　ボーイング787の複合材適用の日本分担部位と初号機[20]

　成形法の1つは，ストリンガー類とスキンを別々に成形硬化して，その後に接着剤で一体化部品をつくる成形法（プリキュア＝Pre-cure または 2 次接着法）がある．これには $(n + 1 + 1)$ 回のオートクレーブ硬化回数が必要となり，コストはかかるが比較的安定した工法である．しかし，接着剤適用などが必要となり，構造重量が増加する．

　次に，ストリンガー類は成形硬化部品でつくり，この部品を半硬化状態のプリプレグ積層スキンの上に載せた後に，全体を硬化して一体化部品をつくる成形法（コボンド＝co-bond または同時接着法）がある．この成形法では，スキンのオートクレーブ成形硬化作業が不要となるために，$(n + 1)$ 回のオートクレーブ硬化回数となる．設計上，プリプレグの種類で接着剤適用の要否の違いはあるが，比較的形がつくりやすい工法である．

　一方，ストリンガー類とスキンのすべてをプリプレグ状態で，部品形状を付与

しながら１回のオートクレーブ硬化で一体化部品をつくる成形法（コキュア＝co-cure または１次接着法）がある．

この工法は，構造設計の最適化が可能で接着剤の適用が不要など，軽量化効果が大きく魅力ある工法である．コキュア成形法は設計側には軽量化のメリットは大きく，オートクレーブ硬化回数も少ないので製造側も利点はあるが，成形加工技術やツーリングの開発は飛躍的にむずかしくなり，製造時の仕損じ不具合などのリスクも大きくなるので，慎重な工法決定が要求される．

このように，一体化部品の成形法のレベルでもいろいろな工法があり，どの手法を採用するかは，設計技術のみならず生産技術，品質保証技術，作業現場の経験やスキルといった要素を考えて，どの工法が一番経済的工法であるかを，航空機の軽量化と加工コストなどとのトレードオフを行ないながら，慎重に決定してゆく必要がある．

近年の複合材適用比率の高い787など民間機のCFRP一体化部品は，部品の特性に応じて，これらの成形法のうち最適な工法が選択されて適用されている（**写真 7.22**）．

<引用文献>
1)「応用機械工学」編集部編／「航空機と設計技術」第6章生産技術（大河出版）p.240〜249
2)日本機械学会編／「先端複合材料」第1章，第2章，第3章（技報堂出版）p.1〜30
3)日本航空宇宙学会編／「航空宇宙工学便覧」第2版A5.4　非金属材料（丸善）p.191〜196，　同A8.5　接着複合材成形加工法（同）p.244〜249
4)福田良平／「HU-1ヘリコプターブレードの工作法について」（昭和49年飛行機シンポジウム）
5)日本機械学会編／「機械工学便覧」基礎編応用8.3化成処理（丸善）B2-p.160
6)プラスチック大辞典編集委員会編／「プラスチック大辞典」（工業調査会）
7)D.F.Horne／半田邦夫・佐々木健次共訳／「エアクラフト・プロダクションテクノロジー」第8章材料(3)非金属材料（大河出版）p.179〜208
8)西国春義　只野浩二／「プリプレグ裁断の自動化技術」（第26回飛行機シンポジウム前刷集／日本航空宇宙学会　1988年）p.456〜459
9)井上智洋／「NCラミネータによる積層技術」（第25回飛行機シンポジウム前刷集／日本航空宇宙学会　1987年）p.520〜523
10)小竹純孝／「超音波探傷の自動化」（第26回飛行機シンポジウム前刷集／日本航空宇宙学会　1988年）p.468〜471
11)サーブ社カタログ
12)富士重工業複合材技術紹介カタログ
13)写真提供：フロー・インターナショナル社
14)写真提供：エアバス社
15)AIRBUS HP http://www.airbus.comA380 Navigator

16) 写真提供：ボーイング社, http://www.boeing.comNews Release
17) 財団法人航空機国際共同開発促進基金（IADF）http://www.iadf.or.jp
　　「航空機材料としての炭素繊維適用の動向について」平成19年度報告書
　　「新中型機民間機を中心とする設計技術について」平成18年度報告書
　　「航空機におけるアルミリチウム合金の開発動向」平成17年度報告書
　　「新中型民間機を中心とする設計技術及び生産技術」平成17年度報告書
18) 北野彰彦／東レ㈱「炭素繊維複合材料と加工技術」2010年10月20日
19) 炭素繊維協会
20) 写真提供：ボーイング社, 三菱重工業, 川崎重工業, 富士重工業（現・SUBARU）

Part.8 溶接とろう付け, 特殊加工, 精密鋳造

　航空機の製造に溶接が使われた歴史は古く, 羽布張り構造の時代から鋼管溶接が採用されていた. 溶接構造部品は, 鍛造品や鋳造品のような高価な型費は不要で, 抜き勾配などの重量増を考慮せずに軽量な構造を実現でき, 工作機械設備も使わずに複雑形状部品を比較的安く製作できるなどの利点がある (図8.1).

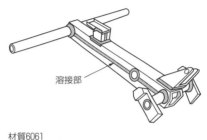

図8.1　軽飛行機操縦桿の溶接組立例

　一方, 溶接は熟練作業者の技能に頼る部分が多く, 自動化がむずかしい, 量産時のコストダウンが困難といった欠点もあり, 量産機体に溶接構造を採用する場合は慎重なトレードオフが必要である. 溶接の本質的な欠点は, 金属を溶融して接合するために熱による材質的変化や, 膨張, 収縮による歪の発生である. このため, 電子ビーム溶接, レーザビーム溶接などのように, 大量の熱をどのようにして微小スポットに短時間に集中させるかという技術開発努力が続けられてきた.

　ここでは, アルミニウム合金, チタン合金, 低合金鋼, 耐熱鋼など航空機構造部品の製作に使われる溶接法を中心に, 溶接構造の設計や製作で注意すべき溶接プロセスのポイント, 最も一般的に使われている不活性ガスシールドアーク溶接, 電子ビーム溶接, 抵抗溶接, 拡散溶接, さらにろう付けについて見ていく.

　一方, 加工学上からは特殊加工に位置付けられる電気エネルギーを利用した放電加工や電子ビーム溶接 (8.3の3項参照), 電気化学エネルギーを利用した電解加工, 光エネルギーを利用した CO_2 レーザ加工と, 水のエネルギーを利用したウォータジェット加工 (7.3の4(6)参照), 化学加工によるケミカルミリング (5.6参照) などが, ニッケル基合金や複合材料など難削材加工に適用されている.

　さらに, ジェットエンジン部品などの製作に用いられる「ロストワックス」法などの精密鋳造についても解説する.

8.1 溶接法の分類

代表的な溶接方法は，接合面の酸化皮膜を除去溶融して原子を再配列したり，清浄な接合面を加圧，加熱して原子間の距離を近づけ，接合する (7.1 参照). こ

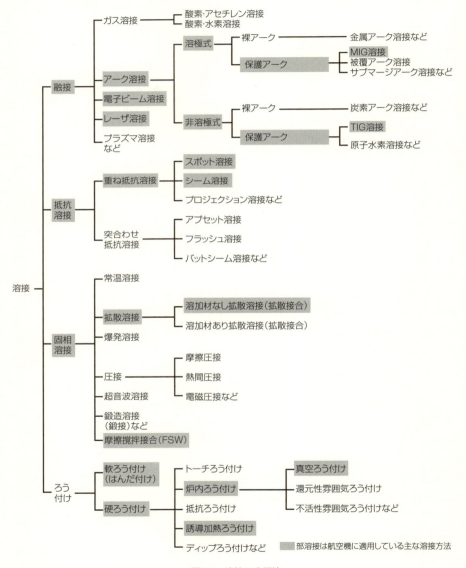

図8.2 溶接の分類法

のような溶接現象を実現するため，多くの溶接法が開発されてきた．

溶接にはいくつかの分類方法があるが，ここでは「融接」（溶融溶接），「抵抗溶接」，「固相溶接」，「ろう付け」に大きく分ける．

融接では，ガス溶接，アーク溶接，電子ビーム溶接，レーザ溶接などが適用されている．抵抗溶接は，重ね抵抗溶接方式，突合わせ抵抗溶接方式に区分され，以前からスポット溶接やシーム溶接が使われてきた．

一方，固相溶接は，拡散接合が超塑性成形と組み合わされて，軽量化設計や材料歩留まり向上などを目的に，近年研究開発が進んでいる．ろう付けは，軟ろう付け（はんだ付け），各種の金属ろうを用いた硬ろう付けが使われる．

航空機構造部品の溶接は主にアーク溶接で，低電圧，大電流の放電によるアーク（電弧）で加熱，溶融し，不活性ガス（保護ガス）で溶融池の酸化を防止しながら溶接する「MIG」(Metal Inert Gas) 溶接と「TIG」(Tungsten Inert Gas) 溶接の2つの方法がある．

また重ね抵抗溶接では，断続的なナゲットによって接合する「スポット溶接」と，ナゲットを連続的に行なうことで接合する「シーム溶接」が使われている（図8.2）．

8.2 溶接プロセス

1. 溶接組織と溶接歪

鋼溶接での溶着金属と溶融した部分（溶接金属）は鋳造に似た凝固組織となり，一般的に脆く，偏析や気泡などの欠陥を持ちやすい溶接組織となる．このような溶接棒が溶融した「溶着金属」と隣合う溶融金属部分は，凝固して「溶接金属」を形成し，その表面はスラグで覆われる．

低合金鋼の溶接組織では，変態点以上に加熱された熱影響部分は硬化（熱影響硬化部）し，さらに外側で500℃以上の熱影響部の部分は軟化（熱影響軟化部）する．これらの範囲は「熱影響部」と呼ばれている（図8.3）．

低合金鋼を溶接する場合，「アンダービードクラック」（ビード下割れ）などの低温割れを防止するために予熱（200～600F）

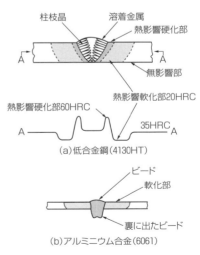

図8.3 低合金鋼とアルミニウム合金の溶接組織

表8.1　クロムモリブデン鋼の溶接後の熱処理による寸法変化

クロムモリ ブデン鋼／管, 棒	応力除去 (600℃)	焼準し (850℃)	焼入れ, 焼戻し (150〜180ksi)	ビード1本あたり (mm)
φ 25t 2〜3　4130 管	0〜− 0.03	− 0.03〜− 0.08	− 0.05〜− 0.12	− 0.1〜− 0.3
φ 13〜26　　4130 棒	0〜− 0.02	0〜　　− 0.05	− 0.1〜　+ 0.1	-

や後熱を行ない, さらに溶接後の内部残留応力除去や変形防止のために, 多くの場合, 溶接後に応力除去などの熱処理を行なう.

　一方, アルミニウム合金の溶接組織は, 加工硬化合金(非時効硬化合金), 時効硬化合金いずれも溶接後の熱影響部は軟化する. 加工硬化合金の軟化した部分は強度が回復しないが, 時効硬化合金は自然時効や人工時効によって, ほぼ母材の強度レベルまで回復できる. たとえばアルミニウム合金6061は, 高い強度が要求される場合には人工時効処理を実施する.

　一般に溶接構造物は溶接変形し, そのほとんどは溶着金属の収縮とそれに伴う母材の塑性変形が原因である. とくに, 薄板の溶接に発生する波打ち変形などの歪を予測することは困難である.

　このため, 寸法公差の厳しい部分は, 設計, 工程計画, 治具設計時に, 調整可能な構造様式とすることや, あらかじめ変形量を見込んで溶接し, 加工仕上げするなど, 溶接変形対策を考えておくことが重要である. 一般に溶接変形を0にすることはむずかしく, 経験的な手法で溶接変形を抑えなければならない.

　溶接歪を推定する手がかりは, 溶融部分は必ず収縮し, 変態点以上に加熱, 急冷すると0.1〜0.2mm程度収縮する. また, 加熱中の変形や溶接残留応力が固定されて歪の原因になることにも配慮する必要がある.

　航空機構造部品の溶接組立作業には, ほとんどの場合, 溶接治具を使用する. 一般的な溶接の手順は, 溶接治具上で単一部品どうしを正しい位置にセットし, 「タック溶接」と呼ぶ仮付けを行なう.

　仮付けはアルゴンガスシールドアーク溶接で3mm程度のビードで溶接する. 次に溶接治具から溶接組立品を取り外し, 自由な溶接姿勢で本付けを行なう. 溶接治具に再び本付けした溶接組立品をセットし, 歪矯正や応力除去を行なう. エンジンマウントのような複雑な溶接組立は, このような手順を繰り返し行ない, 溶接部分ごとに応力除去しながら組み立てる.

　表8.1は, クロムモリブデン鋼の管, 棒の溶接後の熱処理などによる寸法変化である.

2. 溶接残留応力

　溶接組立構造部品を設計製造する場合は, 事前に溶接残留応力(内部応力)を考慮する必要がある. 溶接部近くは温度上昇で膨張し, さらに冷却によって収縮す

る．その変化は溶接部付近だけに生じ，膨張，収縮が拘束されるため，内部応力や変形の原因になる（図8.4）．

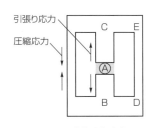

図8.4　溶接残留応力

たとえば，鋼の一体構造物のA部を溶接した場合，当然，1mm程度収縮するはずであるが，各部の拘束によって収縮できない．この状態は，CB間を約1mm伸ばす引張り応力，DE間にはその約1/2の圧縮応力が残留することになり，この残留応力は0～40kgf/mm² にも達する．

つまり，溶着金属が凝固するときに内部応力が発生し，この溶着金属が500～700℃で脆化している場合で，溶着金属強度よりも内部応力が高くなった時点でビード割れが発生することになる．

このため，溶接治具を使用してエンジンマウントのトラス組立のように拘束力の大きな溶接組立を行なう場合には，単品どうしの溶接順序などを十分に配慮した工程計画を行なう必要がある．

溶接後の応力除去は，残留応力を減少させ，溶接継手部に均質な構造を形成させて溶接部近くに焼入鋼の持つ本来の強度を回復させ，溶着金属と母材に望ましい微細組織を生成させる効果がある．

低合金鋼の場合，簡易的には溶接部をトーチで500～650℃に加熱して溶接残留応力を少なくすることはできるが，トーチでは溶接組立品全体を均一加熱できないため，完全に残留応力を除去することはむずかしい．

そこで，重要な溶接組立品は炉内で応力を除去することが望ましい．

3. 溶接欠陥と継手効率

日本では，航空機の溶接はMIL-STD-1595に準拠した技量認定に合格した溶接作業者が行ない，溶接プロセスを十分検討して品質を確保している．また，溶接

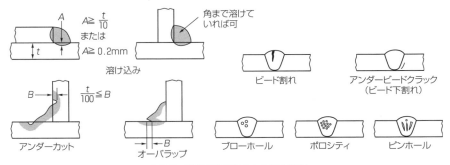

図8.5　溶接の溶け込みと欠陥の種類

表8.2 鋼の溶接部強さ

(MIL-HANDBOOK-5より)

母材	溶接棒	溶接法	熱処理 (ksi)	剪断強さ Fsu (ksi)	引張り強さ Ftu (ksi)
1020, 4130など	MIL-R-5632 クラス1	ガス, アーク溶接	なし	32	51
4130	MIL-R-5632 クラス2	ガス, アーク溶接	なし	43	72
4130	MIL-E-8697 HT.4130	アーク溶接	125	63	102
4140	MIL-E-8697 HT.4140	アーク溶接	150	75	125
4340	MIL-E-8697 HT.4340	アーク溶接	180	90	150

1) MIL-HANDBOOK-5：航空機設計に使用する材料強さなどを規定したアメリカ軍規格 (MIL-HNDBK-5)
2) Ftu：試験における平均破断引張り強さ
3) 設計する場合は Ftu の85％を使用する
4) MIL-E-8697 以外の MIL-R-5632 クラス2で溶接した場合の鋼の溶接部強さもほぼ同程度である

後は目視と磁気探傷検査を全数実施するので，表面欠陥の発見が容易である．しかし，これらの検査では欠陥検出が困難なアンダービードクラックなどの小さな内部欠陥の発生を予防するには，とくに注意深いプロセス管理が重要である (図8.5)．

溶接継手の設計に際して，溶接による見落としがちな欠陥や，形状の不連続性からの切欠き効果のため，設計時に適用する強さは低めに抑えている (表8.2)．

4. 溶接検査

通常，量産部品の溶融溶接の検査としては，アンダーカットなどの表面および表面付近の欠陥検出に対しては，アルミニウム合金は目視だけで検査し，鋼は目視と磁気探傷検査が用いられている．アンダービードクラックや気孔などの内部欠陥検査には，X線探傷や超音波探傷を行なうが，重要部品はあらかじめ初回製品検査で金属学的試験や実体強度試験を行ない，溶接プロセスの妥当性を確認する必要がある．

スポット溶接やシーム溶接は，施工前に溶接プロセス，溶接機などが技術要求を満たしていることを検定試験する．たとえば，スポット溶接の検定試験は，生産前に100点のスポットについてX線探傷と引張り剪断試験を行ない，合格後，生産中は引張り剪断試験と断面マクロ試験だけを行なう．

このように，作業者の資格認定，溶接環境の管理，溶接機と治具など溶接設備の検定，溶材の管理，開先形状や溶接条件など溶接方法のプロセス認定，作業工程記録などの作業管理，そして非破壊検査など検査法の選定など，総合的な溶接工程管理を行なって溶接品質を保証している．

8.3 代表的な溶接法

1. ガス溶接とアーク溶接

ガス溶接は，ガス炎温度が 3,300 〜 3,500℃の酸素・アセチレン溶接，または 2,200 〜 2,500℃の酸素・水素溶接がある．いずれもトーチでガスを燃焼させ，

この熱で溶接を行なう。この方法は加熱範囲が広く，加熱時間が長いので結晶粒が粗大化し，酸素に対するシールドが完全ではなく，かつ溶着金属が酸化，脱炭するため，最近は航空機構造の溶接にはほとんど使われていない。

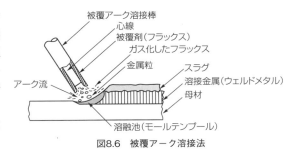

図8.6　被覆アーク溶接法

アーク溶接の1つである被覆アーク溶接は，約5,000～6,000℃のアーク流によりガス化したフラックスやスラグが，溶接金属を大気から保護し品質は向上したが，その後開発された不活性ガスシールドアーク溶接に押され，クロムモリブデン鋼厚板の溶接に使用されている程度で，アルミニウム合金やステンレス鋼の溶接にはまったく使われていない。

被覆アーク溶接の母材と溶接棒間の電流には直流が適している。アーク溶接機の電気特性として，ショートしても過大電流が流れず，アーク長さが変わっても電流があまり変化せず，アークの自己安定性があり，電流が自由に変えられるなどの性質が必要である。鋼溶接用被覆アーク溶接棒の心線は低Mn鋼であるが，フラックスからCr, Mo, Niが添加されるために溶着金属が母材とは異なってきて，磁気探傷検査で誤指示を示すことがあるので注意が必要である（図8.6）。

2. 不活性ガスシールドアーク溶接

1943年頃から日本に紹介された溶接法で，急速にガス溶接と被覆アーク溶接などに取って代わった。保護アークである不活性ガスシールドアーク溶接は，主として電極棒の違いによってTIG溶接とMIG溶接に大別される。

2つの溶接法の共通点は，アークの安定性の良い電源を使用し，アルゴンまたはヘリウムなどの不活性ガスで溶融池をシールドし，酸化皮膜の形成を防止する点にあり，溶接ビードがきれいで，溶接欠陥もきわめて少ない。

一方，両者の違いは電極と電源にあり，TIGはガスシールド非消耗電極式アーク溶接法で，非消耗性のタングステン電極を使用し，手動または自動的に溶接棒をアーク内に送入する。このため，入熱と溶着量とを独立して制御できる利点があり，電源は母材の種類によって交流または直流を使用する。TIGは，低合金鋼，ステンレス鋼，耐熱合金，銅合金，アルミニウム合金などの溶接が可能で，3～6mm以下の薄板の溶接に向いている（**写真8.1**）。

一方，MIGはガスシールド消耗電極（溶極）式アーク溶接法で，消耗性の自動

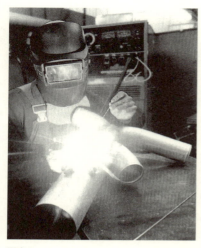

写真8.1　TIGによるエアマニホールドの溶接[5]

送給ワイヤリール方式フィラーメタルの電極を，連続的に不活性ガスでシールドした溶融池中に送り込む溶接方法である．

電源には電極側を＋，溶接部品を－とする直流電流を使用すると，溶滴の小さいスプレー移行となり，アークの安定性が良い．MIGによるアルミニウム合金の溶接では，純アルゴンガスでシールドし，アークによるクリーニング作用によって母材表面の酸化皮膜を除去しながら溶接するので高品質な溶接部が得られる．

MIGは，低合金鋼，ステンレス鋼，耐熱合金，銅合金，アルミニウム合金などを溶接でき，一般に 3 〜 6mm 程度以上の比較的厚板の溶接に向いている．

3. 電子ビーム溶接

電子ビーム溶接が 1960 年代から航空機分野に取り入れられた理由は，低歪で狭幅なビードと低熱影響部を実現できる「低入熱性」，エネルギー量と密度を連続的に安定調節が可能な「制御性」，溶接品質を確保できる真空雰囲気を持つ「溶接環境」などの特徴を生かし，高い信頼性と自動化によるコスト低減を達成できる点にある．

電子ビーム溶接の溶融状態（**図 8.7** (a)）は，電子ビーム照射箇所の直下で「ビーム孔」と呼ぶ小径の深い穴が形成され，電子ビームはこの穴を通して前方の固体材料を溶融する．このとき，溶融部から激しい蒸気が噴出し，その反作用で溶融金属は後方に移動して，狭く深い溶融凝固部が形成される．

図 8.7 (b) は電子ビーム溶接の原理，**写真 8.2** は CNC 大型電子ビーム溶接機である．

電子ビーム溶接は，真空容器中で接合面にきわめて微小な電子ビームを 1 点に絞って集中させ，加熱溶接するものである．フィラメントエミッタのフィラメント（陰極）② から発生する熱電子は，放出電子をビーム状に制御し，同時に電極中央に集中させるバイアス電極カップ⑫ と，＋電気を帯びた陽極③ で構成される電子ビーム銃内部で，陽極に向かう速度と方向性を持ち，加速，放射される．

陽極を通過した電子ビーム① は再び発散するが，電磁焦点コイル④ やビーム偏向コイル⑧ からなる電磁レンズシステムで再度ビームを 1 点に集中させ，大

234

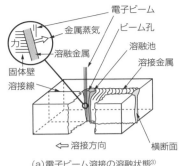

(a) 電子ビーム溶接の溶融状態[3]

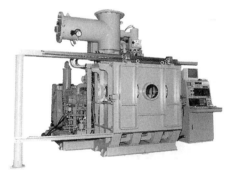

(b) 電子ビーム溶接機の構成[1]
図8.7 電子ビーム溶接の原理と構成

きな深度の焦点を部品接合面⑤に結ばせる．接合面を心出しする場合は，低出力の電子ビームをプリズム⑦を介して観察用テレスコープ⑥で確認できる．

なお，電子ビームの出力制御は，フィラメントとバイアス電極カップ間の電圧，電流を変えることで調節する．

電子ビーム溶接時の作業室内部の真空度は，電子ビームの空気分子との衝突散乱による出力低下，溶接欠陥の原因となる陰極と陽極間の高電圧放電，溶接接合面の酸化物汚染などと関連があり，$10^{-3} \sim 10^{-6}$ Torr (1Torr = 1mmHg) 程度の高真空形，$10^{-3} \sim 25$ Torr 程度の中真空形，大気圧の非真空形の3タイプに区分できる．しかし，すべての場合，電子ビーム銃内部は 10^{-4} Torr 程度以下の真空圧とする必要がある．

写真8.2 CNC大型電子ビーム溶接機[6]

高真空形は溶込み深さが最大で，溶接幅が最小，溶融金属の純度が最適などの高い溶接品質が得られるが，設備費用は高価になり，繰返し生産時に毎回作業室を高真空度にしなければならないという問題がある．とくにチタン合金の溶接では，溶融金属が溶接温度で瞬間的に酸素や窒素を吸収するので，高真空形溶接装置を適用する必要がある．

中真空形は，高真空形に比べて溶接径が大きくなって出力が低くなるという問

題点はあるが，真空度から見れば繰返し生産向きである．

非真空形は，比較的設備費用が安価で大型部品を溶接できるという利点があるが，溶込みは減少し，アルゴンガスなど不活性ガスシールドで溶融金属の酸化防止をはかる必要がある．しかし非真空形装置でも，低合金鋼やステンレス鋼，アルミニウム合金，ニッケル合金などは，許容する溶接幅や溶込み深さ範囲で，熱影響による欠陥の少ない溶接品質が得られる利点がある．チタン合金や低合金鋼の電子ビーム溶接後の非破壊検査は，一般に超音波探傷や X 線探傷で品質を保証する．

4. スポット溶接とシーム溶接

航空機の板金構造部品のドアやダクト類には，従来からスポット溶接とシーム溶接が使用されてきた．数枚の板を重ね合わせ継手として上下2つの電極で加圧し，数万 A の電流を流し，板どうしの接触抵抗と固有の電気抵抗によって発熱，溶融させて溶接する方法を「スポット溶接」という．

一方，電極を円板にして回転させながら，同時に溶接中は停止して，順次スポット溶接を連続させる方法が「シーム溶接」で，ダクトや燃料タンクなど気密性が要求される部品などに適用されている．

胴体外板やドアなどに適用されるアルミニウム合金のスポット溶接は，溶接する部品どうしの表面接触抵抗で発熱量が変化し，溶接強度がばらつくことがあるので，品質を確保するうえで溶接前処理としての表面処理によって表面の接触抵抗を均一にすることが，品質を確保するうえで重要である(9.1 の 5 項参照)．

これらの抵抗溶接は，ほとんどのアルミニウム合金に適用可能であるが，軟質の材料には向かない．また，チタン合金やステンレス鋼も溶接可能であるが，4130，4340 などの低合金鋼は，抵抗溶接による局部的焼入部分が後では熱処理しにくいのであまり適用されない．

スポット溶接は，リベッティングに比べてスムースな表面が得られるので，ジェット練習機の空気取入口ダクトには 25,000 点ものスポット溶接が適用された．

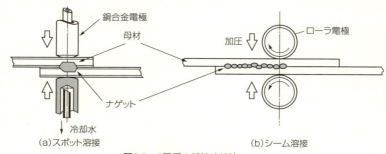

図8.8　2種類の抵抗溶接法

また，戦闘機の胴体外板などにも適用されている(図8.8).

5. 拡散溶接

「固相溶接」は接合部を溶融させずに固相のまま接合する溶接法の総称で，熱源の種類や加圧方法などによってその名称が付けられる．固相溶接は，接合面を固相のまま接合させる必要があるので，接合面の酸化皮膜を何らかの方法で破壊除去し，清浄な表面どうしを密着させ，原子間に結合力を発生させなければならない．

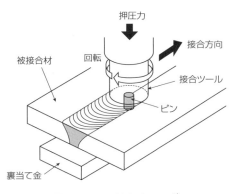

図8.9　FSWの接合プロセス[8]

それには，接合面を塑性変形させて酸化皮膜を破壊して接合する方法，高温にして接合面間に相互拡散を起こさせて接合する方法の2つがある．塑性変形させる方法はいわゆる「変形接合」で，接合部にバリなどが発生し，後加工が必要になる．常温で接合する「常温溶接」，高温で行なう「熱間溶接」などがある．

一方，相互拡散を起こす「拡散溶接」(拡散接合)は，溶接部はほとんど変形しないという利点があるが，長時間高温保持する必要がある(5.5の12項参照)．

6. 摩擦攪拌接合[8]

「摩擦攪拌接合」(FSW：Friction Stir Welding)は，1990年代初めに，「イギリス溶接研究所」(TWI：The Welding Institute)で開発された比較的新しい溶接技術である．図8.9はFSWの接合プロセスで，先端にピン突起を持つ円柱状の「接合ツール」と呼ぶ特殊な工具を用い，接合面どうしを密着させた状態で固定し，裏側に裏当て金をセットする．そして，ツールを所定の回転数で回転させながら接合線上の材料表面に押し付け，ツールと被接合材の間に摩擦熱を発生させ，この熱で材料を軟化させる．

次にツールを所定の押圧力で被接合材に押し付けると，ピンは材料中に圧入されて最終的には埋没する．このとき，ピン周辺の材料はツールの回転によって攪拌され，引き擦られることで塑性流動を起こす．その後，ツールの回転と加圧を維持しながら接合線に沿ってツールを移動させると，接合面は塑性流動によって一体化されたFSW継手になる．

FSWの場合，接合過程で材料が融点まで加熱されることがないため材料は溶融せず，アルミニウム合金の場合の到達温度は約500℃以下である．また，FSWでは材料を"攪拌"(stir)して接合するが，これは固体状態での塑性流動現象を利用したもので，FSWは「固相溶接」に分類できる(図8.2参照)．

FSWの接合パラメータとしては，ツールの「回転数」，「接合速度」，「押圧力」，および「前進角」がある（図8.10）．これらのうち前進角は，接合時の欠陥を防止するために与えるもので，角度は一般的に数°以下に固定して設定される．その他の3つのパラメータは，接合する材料の材質と板厚に応じて設定する．

ツールの回転数と押圧力は，いずれも被接合材の材質や板厚によって変化するが，アルミニウム合金の場合，ツールの回転数は500〜3,000rpm，押圧力は数百〜数千kgf程度の範囲で設定される．押圧力と前進角の2つのパラメータは，被接合材の材質や板厚によってほぼ一定に保たれるが，回転数と接合速度は，回転工具による機械切削での「送り」のように，適切な相関関係を持たせて設定することが良好な接合継手を得るためには重要になる．

図8.11は，アルミニウム合金6N01-T5と5083-O材（板厚5mm）について，ツール回転数と接合速度の適正範囲を比較した例である．5083-Oは6N01-T5に比べて高温での流動性が乏しいため，適正条件域がはるかに小さい．また，2000系や7000系合金は，時効硬化性を有するが強度が高いため，FSWでは適正接合領域が狭い材料である．

図8.12に，アルミニウム合金のFSW継手断面マクロ組織の例を示す．表面は接合ツールのショルダによってわずかな凹みが生じるが，ほぼ平面状になる．裏面は裏当て金によって完全な平面が保たれ，継手中央部には材料融点の70〜80%近くの高温加熱と，大きな塑性変形によって形成されたFSW特有の領域が存在する．この領域は「撹拌域」（stir zone）と呼ばれ，方向性を持たず母材に比べても非常に微細な再結晶組織を呈している．再結晶現象は接合方向に沿って連続的ではなく，溶融溶接におけるリップル形成のように，ある程度断続的に起こると考えられ，これによって撹拌域の断面には同心円状の"濃淡模様"

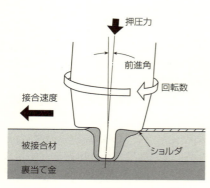

図8.10　FSWの接合パラメータ[8]

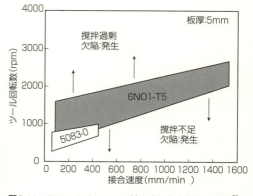

図8.11　6N01-T5と5083-O材の適正接合条件比較例[8]

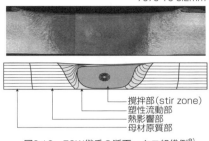

7075-T6 3.2mm^t
撹拌部(stir zone)
塑性流動部
熱影響部
母材原質部

図8.12 FSW継手の断面マクロ組織例[8]

(onion ring)が見られる．

撹拌域の外側には，再結晶を起こさない程度の加熱と塑性加工を受けた「塑性流動部」(TMAZ：Thermo-Mechanically Affected Zone)が存在し，この領域では塑性変形による組織の流れの痕跡が明瞭に認められる．さらに，その外側には通常の溶接と同様に熱影響部(HAZ：Heat Affected Zone)が形成され，最終的に熱影響を受けない母材原質部に至る．

FSWは，アルミニウム合金の場合で1～数十mm程度の板厚範囲に適用できる．接合ツールは，所定の熱処理を施した工具鋼が一般的に用いられる．鉄鋼材料への適用は，鋼の融点が高く，塑性流動を起こす接合温度も1,000℃を超える高温となるため，耐久性のある高温に耐える接合ツールの開発が課題となる．

FSWは一般的に突合わせ継手に多く使われるが，重ね継手への適用も可能である．製品分野の実用化例としては，航空宇宙，鉄道車両，船舶，鉄構など多岐にわたり，航空宇宙分野ではロケットの燃料タンクや航空機の胴体部位などに適用されている．

7. ろう付け

ろう付けは，母材より低い融点の金属または合金(ろう)を溶融させて，母材間の隙間を埋めて接合する方法である．ろうの融点が450℃以上のものを「硬ろう」，450℃以下のものを「はんだ」と呼び，これらのろうを使用したろう付けを，それぞれ「硬ろう付け」，「はんだ付け」という．航空機部品に使用されている代表的な硬ろう付け(ろう付け)には，「銅ろう付け」，「銀ろう付け」，「アルミニウムろう付け」などがある(**表8.3**)．

(1) 銅ろう付け

銅ろう付けは，低合金鋼やステンレス鋼などの鉄鋼材料とは非常に馴染み，ろう付け温度は1,120℃と高く，毛細管現象によって狭い隙間にも浸透する．還元性雰囲気炉や真空炉の特別な炉が必要となるが，17-7PH析出硬化型ステンレス鋼などは，ろう付け後に熱処理と組み合わせて焼入れ，焼戻し，時効硬化することができる．なお，ろう付け剪断強さは20kgf/mm^{2}程度が期待できる(3.6の3項参照)．

(2) 銀ろう付け

流動性が良く，高周波加熱装置などを使用して一般部品のろう付けに向いているが，ろう付け温度が790℃と低いため，ろう付け後は母材を熱処理硬化するこ

表8.3 代表的なろう付け

母材	ろうの種類	ろうの成分	ろう付け温度 (℃)	加熱法	フラックス
鋼	銅ろう	純銅	1120	還元性雰囲気炉	なし
	銀ろう	銀-銅-カドミウム	790	トーチまたは高周波	あり
アルミニウム合金	アルミニウムろう	Al-10～13% Si	580	トーチまたは炉	あり
耐熱鋼	ニッケル，銀，銅ろうなど		500～1000	トーチまたは炉	不定

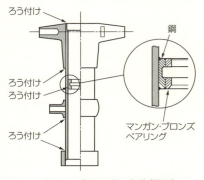

図8.13 銀ろう付け部品(脚柱)

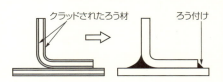

図8.14 アルミニウムろう付け部品(熱交換器)

とができない．

銀ろう付けの加熱温度は790℃であるが，短時間のため180ksiに熱処理した脚のオレオチューブなどは，125ksi(70％)程度までの強度低下で内部に摺動性のあるベアリング部品をろう付けできる．また，歪が比較的少ないので，精密組立品の製作が可能である(**図8.13**)．

(3) アルミニウムろう付け

アルミニウム合金部品のろう付けに使用され，ろう付け温度は580℃であり，他のろうに比べてアルミニウム合金母材の溶融点(650℃程度)との温度差が小さく正確な温度制御が必要となるが，溶接歪が少ないのでよく使われる．

適用例としては，耐食アルミニウム合金3003に，アルクラッドのように11～13％のろう材を付けたブレージングシートを，フラックスを溶融した590℃の塩浴漕に浸漬して熱交換器などのろう付け組立品をつくる(**図8.14**)．

8.4 特殊加工

1. 放電加工

放電加工(EDM：Electro-Discharge Machining)は，ニッケル基合金製タービンブレードの空力断面形状の輪郭仕上げ加工や小径深穴加工などに使用する「型彫り放電加工」と，精密打抜き型やアルミニウム合金用押出し型，板金部品成形用心金などの加工に使う「ワイヤ放電加工」に分けられ，航空機生産では重要な加工法の1つである．

放電加工の原理は，絶縁性加工液中に加工物と加工電極をきわめて小さい間隙

で対向させ，短時間のパルス性アーク放電を繰り返して除去加工する．**図8.15**(a)は型彫り放電加工の原理，**図8.15**(b)はワイヤ放電加工の原理である．また**写真8.3**はCNC型彫り放電加工機，**写真8.4**はCNCワイヤ放電加工機である．

型彫り放電加工の場合，ごく限られた面積にパルスエネルギーが集中するため，加工物表面が溶融あるいは蒸発して小さな凹みを生じる．そこで，常に加工間隙を一定保持するサーボ機構によって加工電極と加工物との間に繰り返し放電を起こさせ，電極形状に応じた加工物を製作する．

このとき電極も消耗するが，加工条件を選択することでその量を十分小さく抑えることができる．電極材料は，銅，グラファイト（黒鉛）など，加工液は一般的には，絶縁や消イオン，冷却，加工くず除去などの目的から，純水かケロシン（白灯油）を使う．一般的に加工速度は0.2mg/s～0.8g/s，加工精度は±10～20μm程度である．

一方，ワイヤ放電加工は，ϕ0.1～0.2mm前後の黄銅などの金属線（ワイヤ）

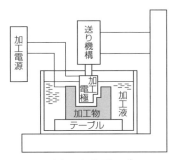

(a)型彫り放電加工[4]

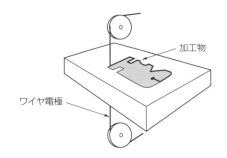

(b)ワイヤ放電加工[1]

図8.15　2つの放電加工方式の原理

写真8.3　CNC型彫り放電加工機[6]

写真8.4　CNCワイヤ放電加工機[6]

を工具電極として，電極や加工物を目的の形状に移動させながら加工するもので，複雑形状の電極を必要としないことや，加工液に純水を使用することで火災の恐れもなく，ワイヤ電極を自動供給しながら長時間の無人加工が可能であることなどが特徴である．加工速度は，たとえばアルミニウム合金の場合，板厚 25mm で約 5mm/min，SKD11 鋼の場合，板厚 25mm で約 1mm/min 程度である．

2. 電解加工

「電解加工」（EM：Electrolytic Machining）は，電気めっきの陽極金属の溶解現象を応用したもので，放電加工と同様，ニッケル基合金製タービンブレードの空力断面形状の輪郭仕上げ加工や，小径止まり深穴も加工できる．

図 8.16 は電解加工の原理と加工例で，所定の形状に成形した工具電極を陰極，加工物を陽極として微小間隙で対向させ，この間隙に電解液を高速で注ぎながら直流電流を通すと，加工物の電解が始まる．

工具電極を一定速度で送り込み，あらかじめ設定した加工深さに達すると目的の加工形状が得られる．電解加工は，電気分解の陽極である加工物を除去加工して部品加工するもので，電気めっきの逆作用と考えることができる．

電解加工の場合は電気めっきの 1,000 倍もの電流密度が必要で，工具電極と加工物の間隙は DC10 〜 20V，20,000A/dm^2 以上の電流密度で約 0.1 〜 0.8mm 程度まで変化させる．

電解加工の利点は加工物の硬度や機械的性質に関係なく加工できることで，複雑な 3 次元形状の型彫り加工が可能で，電極の消耗もなく，熱変形や加工変質層を生じない．

一方，加工能率を上げるには高電流密度が必要で，加工精度は放電加工の場合よりも劣る．電解液は基本的には 25％塩化ナトリウムを使用し，鋼やニッケル基合金の電解加工には硫酸や塩酸を加える．工具電極の材料は，固有抵抗が少な

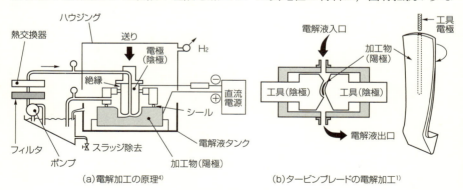

(a) 電解加工の原理[4]　　　(b) タービンブレードの電解加工[1]

図8.16　電解加工の原理と加工例

く電解液で腐食されにくい黄銅などを使う.

電解加工中は大量の水素ガスが発生するので,換気を十分に行なう必要がある.また,電解液は酸やアルカリを含み,金属塩が析出しているので中和処理し,沈澱させて固体スラッジにするための廃液処理装置が必要になる.

8.5 精密鋳造

鋳造法は,大きく「砂型鋳造」,「金型鋳造」,「ダイキャスト」に分けられる.砂型鋳造は,重力を利用して溶融金属を型に流し込み,鋳造品を取り出すときに鋳型を壊す.この方法には,耐火砂型を使う「ロストワックス」や「ショープロセス」などの精密鋳造が含まれる.

金型鋳造は,溶融金属を金属型の湯口から内部の隅々まで注入するため,重力あるいは低圧ガスを適用する.この鋳型は繰り返し使用でき,鋳造品は機械特性にすぐれる.

ダイキャストは,油圧式ラムを動かして溶融したアルミニウム合金を高圧で金型に注入する.この方法は大量生産向きで製品の寸法精度が高く,複雑形状の薄肉鋳造品をつくることができ,機械的特性にもすぐれている.

1. ロストワックス

ロストワックス(インベストメント)鋳造法は,ニッケルやコバルト基合金を鋳造するジェットエンジンのダービンブレードや,アルミニウム合金製複雑形状機体部品などの精密鋳造に適用する(**写真8.5**).

まず,機械加工や主模型(マスターパターン)を基に錫合金など低融点金属を鋳込みなどの方法で金型を製作し,これに溶融ワックスを注入して精密なワックス模型を製作する.その後,湯口を持つ多数のツリー状ワックス模型組立品を製作する.

これらの作業は,多数個生産では自動ワックスインジェクション装置を使う.次に,5〜10日かけて4〜8mm程度の厚さになるまで,セラミックス耐火材スラリーを5〜10回繰り返し浸漬したりコーティングする,「造型」と呼ぶ作業を行なう.

この鋳型を十分に乾燥させた後,蒸気式オートクレーブなどで約150℃で10分程度加熱し,ワックスを取り除く「脱ろう」(ロストワックス)作業をする.

さらに,高精度と同時に強度を最大にするため,真空誘導加熱炉を使用して鋳型を約1,000℃で1時間程度焼成する.鋳型を加熱炉から取り出したらすぐに真空溶解,真空鋳造機能を持つ精密鋳造装置を使用して,1,000℃程度の鋳型中にニッケル基合金などの溶融金属を流し込む(鋳込み).

鋳造後,冷却してから高水圧でセラミックス鋳型を取り除き,ゲートを切断して仕上げ加工する.必要に応じて熱処理し,検査工程を経て完成品となる.

2. ショープロセス

セラミックモールド鋳造法の1つであるショープロセスは，イギリスのショーが発明した精密鋳造鋳型の製作法である．この方法は，複雑な形状の製品を高い寸法精度とすぐれた表面仕上げで，比較的短期間のリードタイムで少量生産が可能であるなどの特徴を持つ．

最初にアルミニウム合金やエポキシ樹脂製模型の表面に離型剤を塗布し，この模型を取り巻く鋳枠中に，エチルケイ酸を結合剤として融点が1,723℃の酸化ケイ素（SiO_2）や，同2,800℃の酸化マグネシウム（MgO_2）などの特殊耐火フィラーを混合して，ゲル化（固化）促進剤を加えたスラリーを注ぐ．

このスラリーは短時間に固化し，弾力性のある硬質ゴム状に固まったときに模型を抜き取る．このため，抜け勾配の必要がない3次元の複雑な形状や模様を正確に写し取ることができる．

次に，ゲル化反応で生じたアルコールを除去するために，バーナの強力な火炎で鋳型表面だけを加熱すると，鋳型全体に非常に緻密な「マイクロクレージング」が網目状にできる．これがショープロセスの最も重要な原理で，鋳型に必要な通気性を与える．その後，輻射式加熱炉の中で約1,100℃で焼成して乾燥硬化させると，加熱による変形量が少なく，熱衝撃にも強い鋳型となる．この鋳型に溶解した金属を流し込み，鋳造品をつくる．

これら2つの精密鋳造法の他に，「プラスタモールド鋳造法」（Part.4.3の5項参照）を加えた3つの方法が，精密鋳造法の代表的なものである．

写真8.5 ロストワックスによる精密鋳造品[7]

＜引用文献＞
1) D.F.Horne／半田邦夫・佐々木健次共訳／「エアクラフト・プロダクションテクノロジー」第3章「材料（2）銅，ニッケル合金，チタン合金」，第4章「金属加工」，第5章「溶接とろう付け」（大河出版）p.103～118
2) ASTME（SME）編／半田邦夫・佐々木健次共訳／「航空機＆ロケットの生産技術」第5章　金属接着，溶接とろう付け（大河出版）p.130～159
3) 入江宏定／「最近の電子ビーム加工技術の現状」1989年4月号（ジョイテック）p.40
4) 日本機械学会編／「機械工学便覧」基礎編，応用編　7.2「特殊加工法各論」，8.3「化成処理」（丸善）B2-p.152～155，B2-p.160
5) サーブ社カタログ
6) 三菱電機製品カタログ
7) 三菱マテリアル製品カタログJG-9KCL・CL・A, p.13
8) 古賀信次／㈳日本溶接協会「溶接技術」／入門教室FSW（摩擦撹拌溶接）第1～3回（2004年9～11月号）

Part.9 表面処理と塗装

　表面処理は，板金加工部品や機械加工部品，溶接部品などの航空機構造部品の表面に，耐食性や耐摩耗性，耐熱性や潤滑性といった機能を付加するもので，各種めっきや溶射などの「金属皮膜処理」，化学薬品に浸漬する「化成皮膜処理」，電気化学反応による「陽極酸化皮膜処理」（アノダイズ）などがある．さらに，部品の製造工程で付着するグリースや油，酸化層の除去など部品表面の清浄化，活性化のための前処理を含めて一連の表面処理として取り扱う必要がある．

　表面処理の品質は，部品の材質や形状，表面の汚染状態，後工程での要求清浄度や美観向上の程度などで決まり，多種多様な種類を必要とする．

　一方，塗装は，塗膜による耐食性の向上，機体の美観やカムフラージュ（迷彩塗装），識別のための標識などがその目的である．航空機の主要材料であるアルミニウム合金は腐食するため，長期の運用に耐えるように表面処理，塗装はとくに重要な工程であり，各航空機メーカーとも独自の試験や研究を行ない，関連設備や装置には大きな投資をしている．

9.1 表面処理と前処理

　表面処理に共通する前処理は，アルカリ洗浄や溶剤洗浄などで部品表面のごみやグリース，油，酸化皮膜などを完全に除去することである．前処理を完了した部品表面は，表面を水で濡らした場合，少しでも水はじきがあってはならない．

　表面処理を目的別に分類すると，「塗装前処理」，「接着前処理」，「防食処理」，「耐摩耗性処理」がある．航空機メーカーは，各種材料や目的別に数十種類に及ぶ多種多様な表面処理を行なっている．**表 9.1** は，代表的な表面処理と材料別の名称を目的によって分類したものである．

1. アルミニウム合金の洗浄プロセス

　部品表面の清浄度は後工程処理の品質を左右するため，部品製作工程で発生した汚れや錆は，各種の処理を行なう前に完全に除去しておく必要がある．アルミニウム合金の洗浄プロセスは，最初の蒸気脱脂工程としてこれまでは主にトリク

表9.1　表面処理の種類と名称

目 的	材 料	名 称
塗装前処理	鋼	サンドブラスト，カドミウムめっき
	アルミニウム合金	クロマダイズ，アロジン，アノダイズ，リン酸洗い
	マグネシウム合金	ダイクロメート
接着前処理	鋼	硫酸エッチ
	アルミニウム合金	硫酸・重クロム酸エッチ，アノダイズ
防食処理	鋼	カドミウムめっき，クロムめっき，黒色酸化皮膜処理
	アルミニウム合金	アロジン，硫酸／クロム酸アノダイズ，イリダイト
	マグネシウム合金	クロムピックル，ダイクロメート
	耐食鋼	ピックルパッシベート
耐摩耗性処理	鋼	ハードクロム
	アルミニウム合金	ハードアノダイズ（硫酸法）
	マグネシウム合金	ハードアノダイズ（HAE 処理）

HAE：発明者の名を取った処理法

ロロエタン，トリクロロエチレンなどの塩素系溶剤を使用してきたが，最近のオゾン層破壊の危険性や人体への影響から非塩素系洗浄剤に代わり，現在はさらに水系アルカリ洗浄への代替が進んでいる．

なお，トリクレン蒸気脱脂はトリクロロエチレン C_2HCl_3（沸点 87℃）を蒸気加熱で部品を曝し，冷たい部品表面で冷却されて凝縮したトリクレン液で脱脂するため，常に油を含まない溶剤で脱脂できるという利点がある（図9.1）．

次に，汚染の程度に応じて硝酸洗いで鉱物の付着物や軽い酸化物などを溶解処理し，アルカリ溶液オーカイト＃61，＃90などで洗浄して，動物油やこげ付き油などを脱脂する．また，クロム酸溶液オーカイト＃34などで酸化皮膜を溶解除去し，処理後は表面性状を中性に戻すため，必ず冷水または温水で洗浄する．

その後，本処理である接着前処理，アロジンやアノダイズなどに入る．これら一連の処理工程は，プロセス中の汚染を防止するため，手が触れないように工夫した自動化槽ラインで行なう（図9.2，Part.7.2 の 4 項参照）．

2. 接着前処理

接着前処理は，被着材の材質や特性によって使い分ける必要がある．一般的には，金属や複合材の表面を機械加工する研摩やサンドブラストなどの方法，化学薬品を使って金属表面を溶解する「エッチング法」，電気化学的に金属表面を電解酸化させて酸化皮膜を形成する「アノダイズ法」に大別できる．

アルミニウム合金部品の接着前処理は，洗浄工程後に硫酸・重クロム酸ソーダエッチ処理，クロム酸アノダイズやリン酸アノダイズなどの処理を行ない，ステンレス鋼には硫酸エッチ処理，チタン合金には硝フッ酸洗い後にリン酸ナトリウム，フッ化カリウム，フッ化水素酸の溶液に浸漬し，化成皮膜処理法でフッ化物処理を行なう．

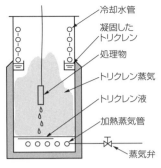

図9.1 トリクレン蒸気脱脂の原理

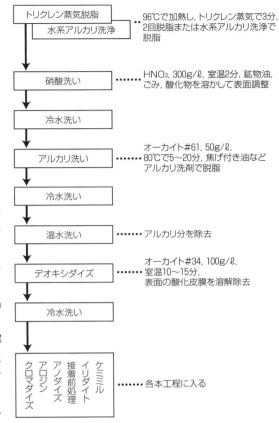

図9.2 アルミニウム合金の洗浄工程

アルミニウム合金部品の代表的な接着前処理の1つであるエッチング法による硫酸・重クロム酸ソーダエッチ処理は，硫酸・重クロム酸ナトリウム溶液に部品を浸漬してエッチングし，部品表面の酸化皮膜を溶解除去し，金属表面を完全に露出させて親和力を高めて活性化させる．

酸洗い後は，普通の水を使うと塩化物やイオン，有機物などが付着し，表面の活性が失われるので，イオン交換樹脂で精製した純水で洗浄する．

一般洗浄用の水質はpH5.5～8.0，蒸発残渣500ppm以下，塩化物約25ppm以下である．これに対して精製水である純水は，30℃で比抵抗50,000 Ω cm以下，遊離アルカリはCaCO_3換算で1ppm以下，完全アルカリがCaCO_3換算で10ppm以下，塩化物25ppm以下，蒸発残渣12ppm以下，pH5.5～8.0程度の成分である．

また，アルミニウム合金2024裸材で0.5mm程度の外板を使用する金属接着用ハニカムコアは，特殊プロセスのクロム酸アノダイズを行なう．処理後は，活性を失わせないために21±2℃，RH50％以下で4日以内に接着しなければならない．

3. アルミニウム合金の防食処理

化学的または電気化学的反応によって，金属表面に化合物皮膜(化成皮膜)を形

成させるプロセスを総称して「化成処理」という．航空機分野ではアルミニウム合金の防食処理のため，この化成処理のうち浸漬法で化学反応で金属表面に化合物皮膜をつくるプロセスを「化成皮膜処理」といい，電解液中で電気化学的反応で金属部品を陽極として電解し，部品表面に酸化皮膜を形成させるプロセスを「陽極酸化皮膜処理」（硫酸またはクロム酸アノダイズ）と呼んで区別している．

(1) 化成皮膜処理 MIL-C-5541

アルミニウム合金部品をアロジン，イリダイトなどの化学薬品溶液に浸漬し，部品表面に薄いクロム酸塩の化成皮膜をつくる処理である．この化合物皮膜は，防食効果や塗料の密着性を向上させ，一般に塗装前処理として知られ，塗装と併用されることが多い．

色調的には，処理溶液の違いによってアロジン＃1200などクラス1Aの黄金色と，アロジン＃1000などクラス3の無色(玉虫色)に区分され，クラス1Aは外板などの機体構造部品に多く適用されている．また，クラス3の無色化成皮膜処理は，電気抵抗が低いことから電気的ボンディング面に用いられる．

アロジンなどの化成皮膜処理プロセスは，脱脂，酸洗い，水洗，化成皮膜処理，水洗，乾燥の順に槽内に部品を浸漬し，20分程度の処理時間で比較的簡単な方法でできるという利点がある．

一方，この化成皮膜処理は，アロジンまたはアノダイズ処理した部品表面に付いたスクラッチなどの手直しにも使用される．この手順は，マスキング後スクラッチ部分を修理して，リン酸溶液であるWO＃1溶液で洗った後に水洗し，アロジン＃1200の22.5g/ℓ溶液を脱脂綿に漬けて部品に塗布し，室温で1～3分間放置する．その後，水洗，乾燥のプロセスで行なう(**表9.2**)．

(2) 陽極酸化皮膜処理 MIL-A-8625

アノダイズは，クロム酸や硫酸のような酸液中に部品を浸漬し，処理部品を陽極として直流電流を流し，アルミニウム合金部品表面に強制的に酸化皮膜を生成する処理である．この皮膜は Al_2O_3（サファイヤと同質）で，300HV以上のきわめて硬い酸化皮膜であるが，ポーラスなので後工程で封孔処理をしてシーリングする．このとき，染料を使用した溶液で封孔処理すると自由に着色できる．

アノダイズは，アルミニウム合金の防食処理としては最も強力な方法で，鍛造品，押出し型材，厚板からの機械加工部品などには必ず適用される．航空機で使うアノダイズは，使用する電解液の種類によってアルミニウム合金用としてはタイプⅠの「クロム酸アノダイズ」，タイプⅡの「硫酸アノダイズ」，とくに耐摩耗性が要求される部分に硬質皮膜を適用するタイプⅢの「ハードアノダイズ」がある．さらにマグネシウム合金のハードアノダイズとして「HAE処理」がある(**表9.3**)．

248

クロム酸アノダイズは，処理する部品の素材が鍛造品，押出し型材，厚板などで機械加工後の部品表面に割れ，偏析，ラップなどの微細な隙間がある場合，濃い褐色のアノダイズ溶液が部品表面に滲み込み，水洗後にアノダイズのポーラスな面に滲み出して明瞭な斑点が生じる．

この性質を生かして，防食処理プロセス中に表面欠陥を検出できる．この欠陥検査法はMIL規格にも規定され，第2次世界大戦中の航空機製造の検査では最も重要な欠陥検出法であった．しかし，現在ではより進んだ蛍光探傷や超音波探傷などの非破壊検査法が発達し，特別な場合以外はあまり使われない．

表9.2 化成皮膜処理

処理名	着色	用途	アメリカ軍規格
アロジン#1200	黄金色	機体内外構造，チューブ類	MIL-C-5541(クラス1A)
アロジン#1000	無色(玉虫色)	主に外板類，電気接触面	MIL-C-5541(クラス3)
イリダイト	無色(玉虫色)	主に外板類，電気接触面	-
WO#1	無色(玉虫色)	主に外板類，電気接触面 洗浄効果もあり塗装下地用	-

表9.3 アノダイズの種類

処理名	着色	用途	アメリカ軍規格
クロム酸アノダイズ	薄緑色	航空機用一般部品	MIL-A-8625(タイプI)
硫酸アノダイズ	ほとんど無色	7050，7079用部品など	MIL-A-8625(タイプII)
ハードアノダイズ	黒色	耐摩耗用航空機パイプ，継手など	MIL-A-8625(タイプIII)
HAE処理	黒色	マグネシウム合金用ハードアノダイズ	MIL-M-45202

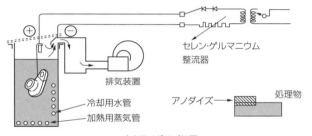

(a) アノダイズ装置

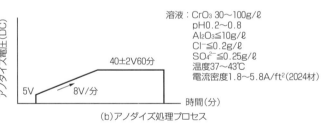

溶液：CrO_3 30〜100g/ℓ
pH 0.2〜0.8
Al_2O_3≦10g/ℓ
Cl^-≦0.2g/ℓ
SO_4^{2-}≦0.25g/ℓ
温度 37〜43℃
電流密度 1.8〜5.8A/ft² (2024材)

(b) アノダイズ処理プロセス

図9.3 アノダイズ装置と処理プロセス

アノダイズの酸化皮膜は処理開始後，最初は金属表面に食い込むが，処理の完了時には外表面に向かって生成する．アノダイズの色調と膜厚は，クロム酸アノダイズは灰白色から薄緑色で3〜15μm，硫酸アノダイズはほとんど無色で5〜30μm，ハードアノダイズは灰色から黒色で，一般に25〜150μm程度を適用するが，最大膜厚は500μm程度まで可能で，精密穴や軸外径は処理後，研削加工する必要がある (図9.3)．

4. 鋼の防食, 耐摩耗処理

(1) カドミウムめっき QQ-P-416

鋼は錆びやすいので, 航空機に使用する鋼製部品は機械加工後に塗装する部品でも, ほとんどカドミウムめっきする. 航空機用カドミウムめっきは, アメリカ軍規格 QQ-P-416 に準拠したプロセスで実施されている (図 9.4).

この規格のうちタイプ I は, 主としてめっき後に塗装する部品に適用され, 着色シーリングせずに銀白色のまま使用する. 航空機鋼部品に最も多く適用されるタイプ II は, 塗装せずめっきのままで使えるが, 防食上塗装する部品にも適用され, めっき後クロム酸でシーリング (クロメート処理) して黄金色になる. このため, 耐食性はタイプ I より良い.

めっきの膜厚はクラスで分類され, クラス 1 は膜厚 12 ～ 25 μm, クラス 2 は膜厚 8 ～ 15 μm, クラス 3 は膜厚 5 ～ 10 μm 程度に分かれ, タイプとクラスで指示される.

一方, 「青化浴」 (シアン化浴) と呼ぶ青化カドミウム, 苛性ソーダ, 青化ソーダ (NaCN) から成る溶液に部品を浸漬する青化カドミウムめっき法 (青化浴法, 図 9.5) では, 熱処理硬化した鋼部品は, 酸洗いやめっき工程で水素ガスに触れると水素を大量に吸収して脆化する水素脆性の問題がある. また, 内部応力のある部品は水素を吸収するとめっき中や航空機を運用中に割れて破壊するという問題がある (図 9.4 参照).

そこで, 150 ～ 160ksi 程度に熱処理硬化させた部品は, 熱処理後の機械加工などによる内部応力を除去するために, 160ksi 以上に熱処理した部品はめっきする前と, さらにめっきした後に水素脆性除去のため, それぞれ炉中で 190℃ 加熱の条件で処理を行なう必要があり, このプロセスを「ベーキング」と呼ぶ.

通常, 軟鋼では 30ppm の水素を吸蔵しても脆化しないが, Cr-Mo 鋼で引張り強さ 150 ～ 180ksi の部品は 10ppm, 260ksi の部品では, 0.05ppm の水素を吸蔵しただけでも激しい脆化を生じる.

たとえば, 210ksi の鋼部品に 10kgf/mm^2 の内部応力があると確実にめっき中に割れが発生する. また, 210ksi の部品の $K_{T=3}$ 切欠きラプチャー試験では, 5kgf/mm^2 の応力で破断する.

そこで, 鋼の代表的な熱処理レベルである 150 ～ 220ksi 範囲に熱処理硬化した鋼部品は, 熱処理後機械加工などの応力除去のためには, めっき前に 190℃ で 3 時間, 水素脆性除去のためには, めっき後 1 時間以内に 190℃ で 24 時間のベーキングを行なう必要がある.

このように, 高張力鋼に青化カドミウムめっきをすると水素脆性の問題があるので, めっき法自体の改善が研究され, チタンカドミウムめっき (MIL-STD-1500)

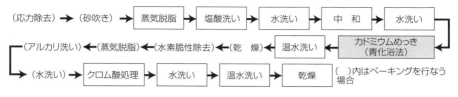

図9.4 鋼カドミウムめっきの処理工程

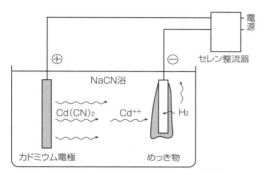

図9.5 カドミウムめっきの原理（青化浴法）

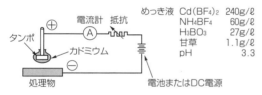

図9.6 ホウフッ化法による筆めっきの原理

法が開発された．このめっき法は，日本の高田幸路の発明をボーイング社が導入して実用化し，現在は日本の航空機メーカーでも使用されている．

この方法は，酸化カドミウム，苛性ソーダ，青化ソーダ，チタンから成るカドミウムめっき溶液を使用し，溶液中で水素ガスときわめて親和力の大きいチタンをめっき溶液中にペースト状で浮遊させ，有害な水素ガスをチタンに吸収させて，鋼部品には水素を吸収させないようにする方法で，現在では水素脆性の面からは最良の方法である．

一方，カドミウムめっきが剥がれた場合の補修には，めっき中の水素ガス発生量の少ない「ホウフッ化法」QQ-P-416 グレードBの筆めっきを行なう．その手順は，処理するものを溶剤洗浄後，#320研磨紙で研磨して脱脂する．次にパーコアルカリクリーナ（MIL-C-25769A）で洗浄後水洗いし，$10 \sim 30℃$，$6.7 \sim 12.5 A/dm^2$ の条件で，クラス2なら3分間でホウフッ化カドミウムめっき液を使用して筆めっきできる．その後，水洗いして乾燥させる（図9.6）．

(2) ハードクロムめっき QQ-C-320

クロムめっきは皮膜が非常に硬いという性質があり，装飾用を始め耐摩耗性や耐熱性が要求される部分に適用される．一般的なクラス1のクロムめっきは装飾用がほとんどであるが，航空機用のクラス2のハード（硬質）クロムめっきは，アクチュエータのピストンロッドや脚のオレオ内筒のように耐摩耗性が要求される

ところに使われる.

ハードクロムめっきは耐食性にすぐれ,一般的には膜厚 76μm 程度でめっきした後,研削加工で約 8μm ずつ 3,4 回研削して精密な寸法に仕上げて使用する.

一般にめっきは,電極との距離やめっきする部品の形状によって,電流密度が高くなる部分に厚くめっきされる.このため,ピストンのように精密な寸法公差が必要な部品の場合はこうした研削加工が必要になる.

5. 表面処理の検査

表面処理された部品は,膜厚の測定は簡単ではないので完成品の膜厚測定は行なわず,プロセス中の液組成や温度,時間,電流密度などを厳密に管理することで品質を保証している.

(1) 塩水噴霧試験 ASTMB117

恒温,100％湿度環境で,5％塩水の霧中にアルミニウム合金製試験片を置いて錆の発生までの時間を測る(図 9.7,表 9.4).

(2) カドミウムめっき膜厚試験

カドミウムめっきの膜厚を試験するため,$CrO_3 + H_2SO_4$ の液をビュレットから 0.05cc ずつ 100±5 滴/分の速度で,45°傾斜したカドミウム試験片に滴下する.たとえばクラス 2 めっきの場合,23 秒以上鋼の地肌が露出しなければ合格とする(図 9.8).

表9.4　塩水噴霧要求値

処　理　名	耐久時間(h)
2024 クラッド	1～30
クロマダイズ	10～45
アロジン#1200	168 以上
クロム酸アノダイズ	336 以上

(3) スポット溶接前処理検査

アルミニウム合金部品のスポット溶接で最も重要な点は,電気的接触抵抗値ができるだけ一定であることである.この値を試験するため,被着物を一定加圧して電流を流し,その電圧降下から抵抗を測定して,たとえば 2024C-T 材は 120μΩ 以下に管理する.

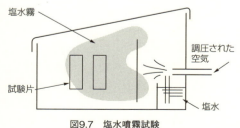

図9.7　塩水噴霧試験

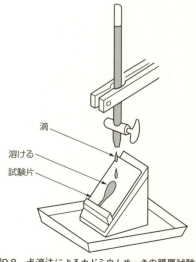

図9.8　点滴法によるカドミウムめっきの膜厚試験

9.2 塗装

1. 塗装の種類と塗料の構成

航空機のメンテナンス上最も重要な点は腐食させないことで，最良の方法は塗装することである．構造体の表面が塗膜で安定して保護されている限り，錆びることはない．塗装の最大の目的は防食性にあるが，機体表面の標識などの識別，カムフラージュ，美観向上などの他，機体内部のエンジンルームの耐油性，バッテリ室の耐薬品性など，航空機の塗装の目的と種類は多岐にわたる（**表 9.5**）．

表9.5 塗装の目的と塗料の種類

目的，特性	使 用 場 所	塗 料
耐 油	エンジンルーム，油圧機器	エポキシ系
耐 薬 品	バッテリ室	ビニル系
潤 滑	シャフト，スリーブのかじり付き防止	エポキシ MoS₂
防 音	客室（サウンドデトナー）	ゴム系
断 熱	客室	ゴム系
耐 火	エンジンルーム，排気音，ジェットブラスト	エポキシ，シリコン
耐 摩 耗	翼上ウォークウェイ，床，ノンスキッド	エポキシ，ゴム
良 誘 電 率	レーダドーム	ネオプレン
羽 布 用	グライダ補助翼（ドープ）	ニトロセルロース
ストリップペイント	製造中の外板のスクラッチ防止	ビニル
スプレーラット	製造中のアクリルガラス保護	水溶性ビニル
ペイントリムーバ	塗料剥離用	アンモニア系

塗料には種々の材料が混合され，分類法もさまざまであるが，大別すると顔料を含む着色塗料（エナメル）と，顔料を含まない透明塗料（クリア）に分けられる．また，要素ごとに塗料の構成を分類すれば，「塗膜形成主要素」，「副要素」，「助要素」の3要素になる．

塗膜形成要素を目的ごとに分類すると，塗膜形成主要素は，連続した皮膜を形成する主成分で塗料の性能を決定し，一般に有機高分子物質からなる．塗膜形成副要素は，塗膜の性能を向上させるために加える成分で，硬化材や可塑材などである．

塗膜形成助要素は，塗料を液状に保持して流動性の調整を行なう揮発性成分で，乾燥すると蒸発して塗膜中には残らず，エステル系やアルコール系などの各種有機溶剤や水などが使用される．また，顔料は塗膜に色彩や陰蔽性などを与える成分や物性，耐久性を補強したり，防錆効果を付与する目的で使用される．**表9.6**は，下塗り塗料であるジンクロメートプライマを各要素に区分したものである．

塗膜形成主要素ごとに助要素である溶剤で分類すると，塗膜形成主要素にボイル油や桐油などの空気乾性油を加えて固める油性塗料（ペイント），ニトロセルロースなどの繊維素誘導体の主成分に合成樹脂などを配合した「繊維素誘導体塗料」，各種の合成樹脂を塗膜形成主要素とし，有機溶剤系や水系溶剤を使用する「合成樹脂塗料」，松脂などをアルコールで溶かしたワニス（透明塗料）などがある．

このうち，ニトロセルロースなどを主成分とする繊維素誘導体塗料（ニトロセルロースラッカー）は，アクリル樹脂やエポキシ樹脂などの合成樹脂を入れてエステルやアルコール系のラッカーシンナーで溶かし，顔料を含まない「クリアラ

表9.6 ジンクロメートプライマ塗料の構成

要素	塗膜構成主要素	副要素	助要素（溶剤）	顔料
目的	膜を構成する主要素	膜の固化や保存性の付与	粘度調整	着色・防錆
ジンクロメートプライマ例	フェノール／アルキド樹脂	硬化剤，安定剤，可塑剤	エステル系，アルコール系	酸化亜鉛，酸化クロム

表9.7 塗料の種類と用途[2]

	名　称	規　格	用　途
プライマ	ウォッシュプライマ	MIL-C-8514	プライマ処理前の金属前処理
	ジンクロメートプライマ	TT-P-1757	防食，機体部品，機体内面
	ニトロセルロース変性アルキドプライマ	MIL-P-7962	防食，機体部品，機体内面，速乾性，MIL-C-8514の上にのみ使用
	エポキシ／ポリアミド，エポキシ／ポリアミン型プライマ	MIL-P-23377	機体外装用および内面，部品エポキシ，ポリウレタン系トップコートに使用可能
トップコート	アルキド樹脂	TT-E-489	内外装，艶あり
		TT-E-527	内外装，艶なし
	アクリルニトロセルロース	MIL-L-19538	外装
	エポキシ樹脂	MIL-C-22750	主に内装用
	ポリウレタン樹脂	MIL-C-83286	外装用，エッジシール
		MIL-P-83445,	外装用，FRPプラスチック用
		MIL-C-83231	レインエロージョン，軟質
	フルオロカーボン	AMS3138	FRP用，レインエロージョン

　ッカー」（透明塗料）と，フタル酸樹脂やアルキド樹脂などの合成樹脂を入れてナフサやケトンなどの石油系シンナーで溶かし，顔料を含む「ラッカーエナメル」（着色塗料）の2つに区分される．

　これらの塗料を航空機構造に塗布する場合，表面処理後の被着面の耐食性向上，上塗りとの密着性向上，表面平滑性向上などが目的で，「プライマ」（下塗り）と，その上に塗布して外表面を形成する「トップコート」（上塗り）に分けられる（**表9.7**）．**図9.9**は，航空機全体を塗装する場合の機体表面の塗装例を工程順に示したもの，**表9.8**はこの塗装例で使用する各塗料の成分と目的を示している．

2. 塗装手順

　構造組立を完了した組立品は，最終的に塗装をして完成機体となる．ここでは，構造組立品の塗装を行なう場合に必要になる塗装前

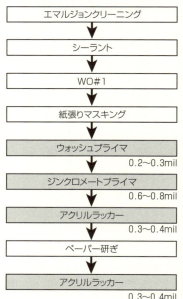

図9.9 航空機の機体表面塗装のプロセス

表9.8 塗料の成分と目的

名　称	成　分	目　的	規　格
ウォッシュプライマ	ビニル／ブチラール樹脂＋リン酸＋ 酸化亜鉛＋酸化クロム	密着性向上	MIL-P-15328 MIL-C-8514
ジンクロメートプライマ	フェノール／フタル酸アルキド樹脂＋ $K_2O + 5CrO_3 + 10Zn(OH)_2$	防錆	MIL-P-8585A TT-P-1757
アクリルラッカー	ニトロセルロース＋アクリル樹脂＋顔料	防錆，美観	MIL-L-19538

処理と準備作業，有機溶剤を含む塗料を使用する塗装作業の安全性や労働安全衛生，塗装品質を確保するうえで必要な塗装設備や器具，塗装作業の実際について見ていく．

(1) 塗装前処理と準備作業

　新製機のアルミニウム合金構造組立品は，部品段階の塗装前処理としてクロマダイズ，アロジンやアノダイズなどの皮膜処理を実施し，通常，単一部品ごとにジンクロメートプライマやエポキシプライマなどを下塗り塗装する．

　これらの構成部品は，外面塗装を行なう最終組立段階では油やごみがかなり付着している．このため，下塗り塗装されていない表面は，クロマダイズの場合はWO＃1（リン酸溶液）洗い処理で洗浄して密着性を向上させ，またアロジンやアノダイズの場合はナフサなどの溶剤で布拭きして塗装する．また，下塗り塗装されている表面はサンドペーパーで磨き，溶剤で布拭きして上塗り塗装を行なう．

　オーバホール機体は，整備前の塗装を剥離後，WO＃1などで洗浄処理して塗装する．重ね塗り塗装の場合は，エマルジョンクリーナで洗浄後，サンドペーパーで磨き，溶剤で布拭きして塗装する．

　塗装前に行なう作業として，外板類の合わせ面部分の隙間はシール作用がないため，その継合わせ目にシーラントを塗布する．また，キャノピー（風防）のアクリルガラスは，塗装時に溶剤の蒸気でクレージングを起こすため，スプレーラットなどでマスキングする必要がある．さらに，機器や作動部分，色違い部分などはマスキングテープと紙でマスクをして，最後にナフサなどできれいに布拭きする（図9.10）．

(2) 塗装設備と器具

　塗装工場は，原則として 24 ± 5℃，湿度60％以下，換気量30 〜 50回／時程度で，ごみが浮遊しない環境が必要である．あまり低温では樹脂の塗料が硬化せず，湿度が高いと塗料の溶剤が蒸発するときに水滴を生じて白かぶりやザラ肌になる．

　一方，塗装工場全体の換気が困難な場合は，塗装ブースを設置して塗料の吹付けエリアだけを強制換気する．この塗装ブースは，スプレーした塗料の50 〜 80％にも及ぶオーバースプレー（霧化塗料）を強制的に空気とともに吸引し，塗料粉末を水で洗浄してクリーンな空気にして屋外に放出する機能を持つ．

Part.9 表面処理と塗装　255

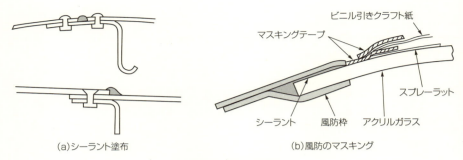

図9.10 塗装前作業

　航空機部品の多くは多品種少量生産で多種類の塗料が使われるため，ほとんどがエアスプレーによる手動スプレーガン方式，いわゆる「手吹き」である．スプレーガンは，一般的に 4〜5kgf/cm² 程度の工場エアを使用する重力式の小容量タイプと，吸引式の中容量タイプがある．

　しかし最近は，大型航空機の外面塗装に大量のポリウレタン塗料などが使われ，作業環境の向上や塗料の歩留まり改善のために霧化塗料を少なくできるエアレススプレー法が採用され始めている．ただし，このエアレススプレーは最大 24kgf/cm² 程度の作動圧を使用するため，作業準備に大量の塗料が必要となるので，主として大型航空機の外表面塗装などに適用され，短時間で多種類の作業には向いていない．塗装後の乾燥は，赤外線ランプ加熱ブースで 60℃程度で塗料を加熱硬化させて行なう[3]．

(3) 塗装

　機体全体を塗装する場合，小型機でも 3〜6 名程度の作業者が適切な足場を整え，作業前に調合した塗料で 2 度塗り以上吹付け塗装を行なう．色調はきわめてデリケートで，わずかな色違いでも見苦しいものになるので慎重な作業が要求される．また，一般に塗料は 2 液性でポットライフ（有効可使寿命）も 3〜4 時間程度しかなく，手際良く作業しなければならない．

　塗装終了後は，塗料の乾燥時間も必要になるため，小型機でもそれから 2.5〜4 日必要である．たとえば日本機の場合，日の丸や所属表示，機体番号，国籍番号（日本の場合は JA ナンバー），反射防止，エアライン・ストライプなどは，マスキングテープや紙などでマスキングしてから吹き付ける．

　一方，各種の注意書きなどは，シルクスクリーンやステンシル，デカールを張って塗装する（図 9.11）．

3. 塗装検査

　塗装品質を確保するため，塗装作業者は毎月 1 回程度，試験片に塗料を吹き付

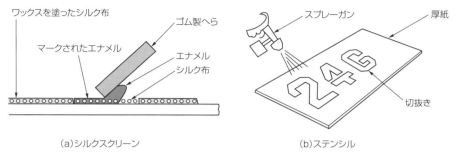

図9.11 塗装用シルクスクリーンとステンシル

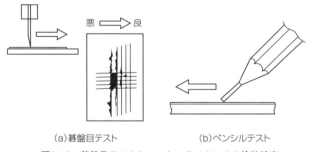

図9.12 碁盤目テストとペンシルテストによる塗装検査

けて塗膜厚さが規定範囲にあるかどうかなどの検査を受ける.
　一方，すべての製品は，色違い，色むら，流れ，塗り落とし，傷などの項目について，検査員の目視による検査を受ける．なお，塗装プロセス検査では，必要に応じて90°折曲げや碁盤目テストによる塗料の密着性試験，ペンシルテストによる塗料の密着性と硬度試験，マイクロメータによる塗膜厚さ測定，天日曝露またはウェザーメータによる退色性試験などを行なう（図9.12）．

9.3 低公害化表面処理と廃液処理

1. 低公害化表面処理 [1]

　航空機産業でも，地球の環境保全や公害防止を考慮したクリーンな製造プロセスの実現が望まれている．表9.9は，航空機の表面処理，塗装での前処理洗浄，表面処理，塗装工程のなかで現在取り組んでいる低公害化や代替処理プロセスである．

(1) 前処理

　前処理としての脱脂洗浄工程には，脱脂洗浄能力にすぐれたトリクロロエタン

表9.9 航空機製造での低公害化表面処理プロセスと使用材料[1]

製造工程	従来プロセス		代替プロセス	
	処理法	使用材料	処理法	使用材料
1. 洗浄	蒸気脱脂	トリクロロエチレン	浸漬洗浄	水系アルカリ洗浄剤
			蒸気脱脂	非塩素系炭化水素
2. 表面処理	クロム酸アノダイズ	クロム酸	ホウ酸・硫酸アノダイズ	ホウ酸・硫酸
	カドミウムめっき	カドミウム	アルミニウム IVD	アルミニウム
			Zn-Ni 合金めっき	亜鉛, ニッケル
3. 塗装	塗料	クロム, 鉛など重金属顔料, 高VOC	塗料	非クロム顔料, 水性塗料, 低VOC
	化学剥離剤	ジクロロメタン	化学剥離剤	非塩素系アルコール

（沸点 74℃）やトリクロロエチレン（沸点 87℃）などが，長い間溶剤洗浄や蒸気脱脂用に使われてきた．しかし，最近は地球のオゾン層破壊や人体への有害性などに対する配慮から，これら塩素系洗浄剤に代わって非塩素系洗浄剤が使われるようになり，水系アルカリ洗浄剤を使用した浸漬洗浄法や，非塩素系炭化水素を使用する蒸気脱脂法などが開発，実用化され始めている．

(2) 防食処理

航空機部品の表面処理には，従来から耐食性や塗装密着性向上のためにクロミウムやカドミウムなど重金属を含む処理液を使用するアルミニウム合金部品へのクロム酸アノダイズなどや，鋼部品へのカドミウムめっきが応用されている．

アルミニウム合金部品の防食処理として，一般的に陽極酸化皮膜や化成皮膜処理があるが，いずれの処理法もクロム酸が使用されているため，最近はこれらの重金属を使用しない処理法が研究され，この対策として，ホウ酸・硫酸アノダイズ法が注目を集めている．

この方法は，クロム酸アノダイズに比べて皮膜重量，耐食性，塗装密着性，疲労強度などの性能や処理作業性は同等で，クロム酸アノダイズ設備で処理可能である点などの利点がある．

また，鋼部品の表面処理には各種めっき法などが適用されているが，処理作業の容易さや高い耐食性，塗装密着性などから，航空機分野では長くカドミウムめっきが主流だった．しかし，めっき液に含まれるカドミウム自体が有害物質であり，公害防止からも代替プロセスの開発が望まれているが，現在，あらゆる航空機鋼部品のカドミウムめっきと代替できる有効な処理法は見当たらない．

一方，代替処理法の１つとして中小物鋼部品へのアルミニウムイオン蒸着法（IVD）などが開発されているが，この方法は処理条件によってめっきの付きまわりや耐食性，皮膜の密着性など品質にばらつきが生じやすく，高真空蒸着装置が

必要になるなど課題もある．しかし，鋼に対する水素脆性がないなどの利点もあり，ボルトやナットなどの部品には使用されつつあるが，金具類などへの適用は今後のテーマである．

(3) 塗料

航空機構造部品の塗装に使用される塗料は，一般的に下地との密着性や耐液性，耐食性，耐候性などにすぐれたエポキシ系のプライマ，ポリウレタン系のトップコートが多く使われている．

プライマには，防錆顔料として酸化クロム，亜鉛，鉛などの重金属を含む塗料が多く，また，プライマ，トップコートともに揮発性溶剤を含んでいるものが多い．最近は，これらの公害物質を使用しないノンクロム，低揮発性有機化合物(VOC)塗料が実用化され始めている．

(4) 塗装剥離

航空機の定期修理を行なう場合，機体構造の損傷を検査したり耐食性を維持するため，機体の塗装を剥離して再塗装する必要がある．この塗装剥離には，主として比較的作業しやすい化学薬品の剥離剤を塗布する方法(化学剥離法)が用いられている．

化学剥離剤には，塗膜への浸透力の強い性能を持つ塩素系溶剤であるジクロロメタンを主成分とするものが使われてきたが，最近は人体への安全性などの点から，ジクロロメタンを用いない各種の非塩素系剥離剤の開発が行なわれている．これらを使用する場合は，塗装の剥離性や機体材料への腐食性，水素脆性などを総合的に評価して判断する必要がある．

この他，脱化学剥離法として，プラスチック粒子(メディア)などを使用するブラスト剥離や，光エネルギーを用いた剥離法などが研究されている．

2. 廃液処理 [3]

航空機工業ではケミカルミリングや多種類の表面処理が必要になるため，多くの化学薬品を使用する．これらの化学薬品は，正しい管理下で決められた手順で安全に運用され，その廃液は水質汚濁防止法など関連法規の排水基準をクリアする処理を行なって，公的な排水システムに排出させている．

処理液を安全に排出するために必要な工場排出物処理手順は，クロムめっきなどで発生するクロム酸塩の還元処理，カドミウムめっきなどで発生するシアン化物の酸化処理，各種処理液から発生する酸とアルカリを規定のpHに中和し，重金属を沈殿する処理の3系統がある．この他，中和した工場廃液から沈殿固形物を分離し，さらにこのスラッジを水と分離する処理システムなどが必要となる．

一般に，クロム酸塩は後工程でアルカリ沈殿が可能な3価クロムに還元して処

理し，シアン化物は酸化処理によってガス状の産出物とシアン酸塩のスラッジに変換して処理する．酸性の処理液は消石灰，苛性ソーダなどのアルカリで中和して処理する．これらの処理液や産業廃棄物は，それぞれ公的な基準に従って処理されている．

＜引用文献＞
1) 神山隆之・関谷俊之・柴崎修・五百部宗／「防食処理における低公害化技術の動向と取組みの現状」／第37回飛行機シンポジウム（日本航空宇宙学会　1999年）p.545～548
2) 航空宇宙学会編／「航空宇宙工学便覧」A8.8表面処理および塗装（丸善）p.253～255
3) D.F.ホーン／半田邦夫・佐々木健次共訳／「エアクラフト・プロダクションテクノロジー」第7章「保護処理」（大河出版）p.135～158

Part.10 構造組立と艤装，整備と試験飛行，定期修理，品質保証

　板金部品，機械部品，金属接着組立品や複合材部品，溶接，ろう付け組立品など，航空機部品として最終仕上げされたものはすべて組立工程に送られ，集成されて「構造組立」が始まる．

　構造組立は，一般的には作業分割構成（WBS）のレベル5である機首，前部胴体，中部胴体や主翼桁間，前縁組立などの製造分割に従って，サブ組立からメジャー組立へと組立品を集成していき，その後レベル4，レベル3へと最終組立と艤装を進め，試験飛行を経て最終的にはレベル1の航空機システムとして完成する（図2.3参照）．

10.1　構造組立

　新型航空機を開発する場合，分担生産，組立工程，日程管理などを最適化するため，設計初期段階から機体はいくつかの部分に分割，区分されている．それら各部分は，組立工程のフロー図の形式に従ってさらに細分化され，サブ組立を経て最終的には部品単位まで製造計画が決まる（Part.2.4参照）．

　構造組立は，この製造計画に従って部品工場で製作した板金部品や機械部品，金属接着組立品や複合材部品，溶接・ろう付け組立品，精密組立品などを，組立治具を使用してリベットやボルトなど各種ファスナで組み立てる作業である．

　組立工場は，小型飛行機の比較的小規模レベルから，大型旅客機の大規模組立工場まで，機体サイズに応じた梁下寸法の高い，柱間の広い組立エリアが必要となる．

　構造組立を要素作業に分解すると，部品どうしの位置を決め，正しい位置に精密な穴をあけ，設計図面指示に応じて皿押し（ディンプリング）や皿取り（カウンタサンク）加工を行ない，ファスナを挿入して締結し，必要に応じてシーリングする作業である．

　この作業は，機体構造の狭い部分に常に曲面に対して垂直（面直）で，厳しい穴径精度が要求される．手作業でリベット締結する場合は振動や騒音もあり，たとえば大型旅客機の場合は，1機あたり約100万本ものファスナを締結しなければならない．

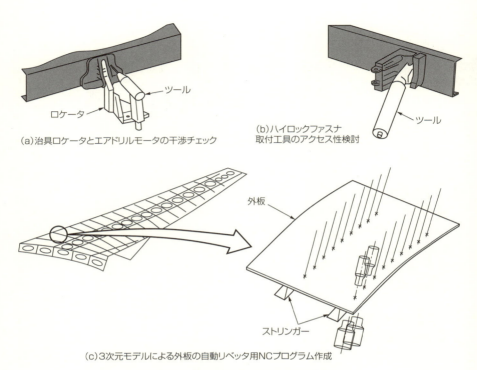

図10.1　CAD/CAMを利用した航空機構造組立

　機体材料としては，アルミニウム合金の他に鋼やチタン合金，複合材料などの難加工材料，いわゆる難削材が使われ，締結作業をさらにむずかしくしている．アルミニウム合金は軽く加工性が良いが，構造組立の場合は剛性が低く熱膨張係数が大きいので，温度変化による伸びが大きい．また，ハンドリング時に傷が付きやすく，細心の注意が必要になる．
　このように構造組立作業の自動化を阻害する要因は多く，部品の位置決めや穴あけ，ファスナの締結，シーリングなど，作業工程の多くを手作業に頼っている．
　新しく開発する航空機の場合，生産機数に応じて組立自動化に対する費用／効果を見ながら，あらかじめ初期設計段階からCAD/CAMを最大限に活用して，自動リベッタやパワー工具などが使えるような構造様式に配慮しているが，依然として人手に頼る労働集約型の産業である(**図10.1**)．

1. 中型旅客機の胴体構造組立

　中型旅客機の手動リベット締結を主体とした胴体構造組立例として，スウェーデン・サーブ社の「サーブ340」の場合を見てみよう(**写真10.1**)．

(a)胴体側板組立

(b)胴体下面外板組立

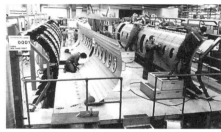
(c)胴体側板とリベッティング作業

(d)サーブ・スカニア工場の胴体組立

写真10.1　中型旅客機の胴体構造組立(サーブ340)[1]

　この機体の胴体外板は，アルミニウム合金外板とストリンガーを金属接着した接着構造外板の組合わせである．胴体外板構造組立は，ピクチャーフレーム(額縁)タイプの組立治具に，フォーマを正しい位置に取り付ける．

　次に金属接着外板を組み付け，1断面あたり数か所ずつフォーマのフランジに穴あけし，リベッティングクランプを挿入し，外板とフォーマを正しく位置決めする(写真10.1 (a)，写真10.1 (b))．

　さらに，リベッティングクランプ間を図面指示による等分割して穴をあけてリベット締結し，逐次リベッティングクランプを取り外しながら，胴体外板全体をリベット組立する．次に外板組立を組立治具から降ろす．こうして組み立てた胴体側板組立，下面外板組立などを，メジャー組立治具上で外板とフォーマをリベット締結し，胴体全体をバレル状に結合組立する(写真10.1 (c)，写真10.1 (d))．

2. 大型旅客機の後部胴体構造組立

　図10.2は，自動化を採用したボーイング767旅客機の5分割後部胴体外板の構造組立である．最初に縦通材(1機あたり450本)とクリップを穴あけ，リベット締結して縦通材サブ組立体をつくる．また，外板(同28個)に窓枠(同46個)などを位置決めして穴あけし，皿取り，ボルト結合して外板サブ組立体を組み立てる(組立ステップ1)．

Part.10　構造組立と艤装，整備と試験飛行，定期修理，品質保証　　263

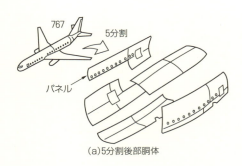

次に，外板サブ組立体に縦通材サブ組立体とシャータイ（同2,300個）などを位置決めし，穴あけ，リベット締結してパネル組立体(1)をつくる（組立ステップ2）．

このとき，客室床下などには腐食防止のため，外板と縦通材などの間に合わせ面（接着面）シールとフィレット

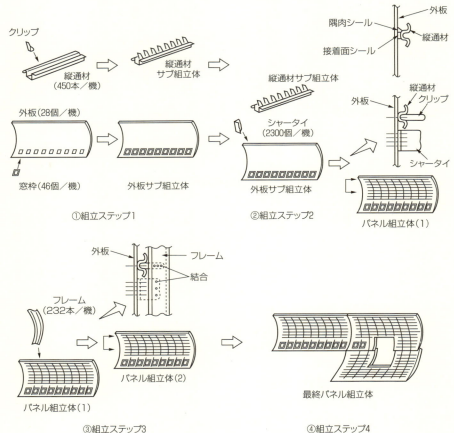

図10.2　767後部胴体パネル組立のフロー[2)]

(隅肉)シールを行なう．その後，パネル組立体(1)にフレーム(同232本)を位置決めし，シャータイとクリップを穴あけ，リベット打ち，結合してパネル組立体(2)をつくる(組立ステップ3)．

次にパネル組立体(2)と別のパネル組立体(2)どうしを組み立てて，穴あけ，リベット締結，結合して最終パネル組立体をつくる(組立ステップ4)．最終パネル組立体は，5分割の状態で最終組立ラインに搬入されてバレル胴体となる．

胴体パネルの構造組立作業は，多数の穴あけ，皿取り，リベット締結，ファスニングを行なわなければならないので，低コスト組立にはこれらの作業の自動化

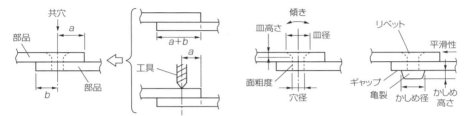

図10.3　パネル組立の自動化で考慮すべきポイント[2]

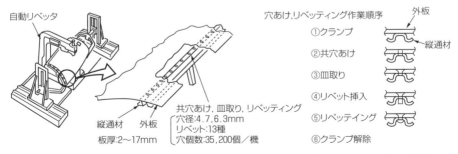

図10.4　767後部胴体パネルの構造組立自動化 [2]

Part.10　構造組立と艤装，整備と試験飛行，定期修理，品質保証

が不可欠である.

構造組立の自動化に際して, 品質保証上で考慮しなければならない事項は, リベット位置の寸法や締結後のリベット形状など, 基本的に手動リベット締結の技術要求事項と同じである (図 10.3).

図 10.4 は, 自動リベッタによる 767 後部胴体パネル構造組立の自動化例である. 窓枠と外板の穴あけ, 皿取り作業の自動加工装置を使い, 縦通材サブ組立体と外板サブ組立体から成るパネル組立体 (1) の 1 機あたり 35,200 本にも及ぶ穴あけ, 皿取り, リベット作業を行なう.

3. 中型旅客機の翼構造組立

中型旅客機の翼構造組立に自動リベッタを最大限に適用した構造組立例が図 10.5 である (図 2.12 参照).

まず, 厚板から削り出し, 空力要求に基づいた 3 次元形状に成形加工した外板と押出し型材から加工した各種ストリンガーを, 治具ロケータ (位置決め用ブロック, プレート) やコンタバー (機体構造の外板表面位置決め用型板) などを使って組立治具上に正しく位置決めし, 下穴用リベットで仮止めする.

その後, この翼外板組立を組立治具から降ろして自動リベッタにセットする. このリベッタは, 複曲面を持つ翼外板をすべての位置で, 常にドリル軸に対して面垂直に制御して, スラグリベット (頭なしセルフシーリングリベット) などを全自動でリベット締結できる (図 10.5 (a)).

シール作業などを終えた翼外板組立は, あらかじめサブ組立した前縁組立や後縁組立とともに桁間構造組立治具に移動させ, 正しく位置決めして手作業で桁間構造組立作業を行なう (図 10.5 (b)).

この大型組立治具は, 大型外板組立の物流, 組立作業段取りの容易化, 最適な作業姿勢で疲労の軽減化, 翼組立品の治具降ろしの容易化, 治具製作費の削減など綿密な事前検討を行ない, 適用されている. 桁間構造組立治具から降ろした翼組立品は, 艤装品や動翼を取り付け, 最終的な機能試験を行なう.

4. 新しい構造組立 [5],[6]

航空機の構造組立は部品加工精度の限界があり, 多数の組立治具を使用して部品どうしを強固にクランプしながらリベット締結しなければならないのが現状で, そのため大型の据置型構造組立治具が必要で, 必然的に広い組立作業スペースが必要となる.

最近は一体化構造部品が増え, 一定断面部位の胴体外板組立などに CAD/CAM システムを活用することで部品精度が向上し, 相互の部品の基準穴どうしを合わせるだけで位置決めが可能な構造組立法 (ホール to ホール組立法) が実用化されている. このため, 組立治具点数が減り, 組立ロケータやコンタバーなど

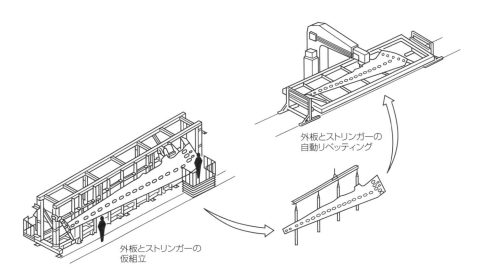

(a) 自動リベッタによる翼外板組立

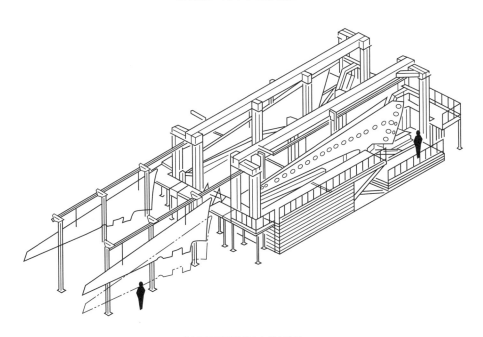

(b) 翼桁間構造組立と組立治具

図10.5　中型旅客機の翼構造組立

(a) 据置型構造組立治具による組立

(b) ホールtoホール組立法による組立

写真10.2　大型旅客機胴体パネルの治具レス構造組立 [6)]

も最少で済み，比較的簡素な組立治具や移動式の簡素で軽い固定治具で組立でき，コストダウンを実現している(**写真10.2**)．

一方，構造組立作業の自動化もさらに研究が進み，従来の空圧や油圧によるリベット締結に代わって自動リベッタの技術がさらに進歩している，主翼パネルや桁組立のリベット締結時間を短縮させる電磁リベット締結などが研究，実用化されつつある．この方法は，

写真10.3　電磁リベッタによる主翼桁自動組立装置

磁力による反発力を利用したかしめ法で，1回の衝撃で瞬時にかしめができるという利点を持つ(**図10.6**)．

その半面，電磁リベット締結は対向する2基のガンを使用するので，複曲面に対して垂直で常に同軸度を保持する機構を持つ強固なC形フレームガントリータイプ(**写真10.3**)の構造とするか，各種センサによってそのつどアライメントを検出する方法などが必要で，設備規模が大型化するという問題もある．

また，従来は自動化が困難だった胴体パネル結合作業に，サブ組立した胴体パネルを結合する自動リベッタが開発されている．これは大型航空機の半殻胴体を組み立てるための自動リベッタで，ワークヘッドがリングフレーム上を円周方向に走行して，自動的に穴あけ，締結できる機能がある

写真10.4は，ボーイングC-17輸送機胴体パネル結合部用リベッタである．この大型胴体組立セルは4つのステーション(STA)で構成され，高さ10m，幅20m，長さ約90mある．

最初のSTAは真空カップによる胴体パネル位置決め用ローディング，第2は大

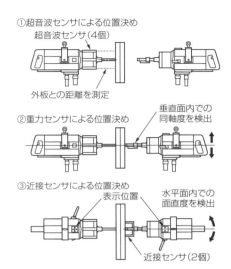

図10.6 電磁リベッティングのセンサによるアライメント検出手順[5]

写真10.4 胴体パネル結合用リベッタ[6]

型リングフレーム形状の内外方ロボット装置による穴あけ,皿取り,締結用STA,他の2つのSTAはフレームのローディング装置とその締結STAで構成される.さらに,この組立セルにリンクした自動シャトルカーが装備されている.

5. 複合材構造組立の穴あけ加工技術とファスニング[12]

航空機構造への複合材の適用が増えるにつれて,近年とくに複合材と金属の合わせ面継手構造部分が多くなり,CFRPとアルミニウム合金やチタン合金との共(とも)穴あけ加工の要求が高まっている.

航空機の構造組立作業は,大きく分けると「位置決め」,「穴あけ」,「ファスニング」(締結),「シーリング」の4つに分類できる.

最初に位置決め用金具などを使用して,完成した多数の部品を組立治具に「位置決め」する.次に,できるだけ構造組立作業の自動化をはかるが,狭い部分など機械化がむずかしく人手作業に頼らざるを得ない箇所は,ハンドツールなどで「穴あけ」加工しなければならない.その後,多数のリベットなどで「ファスニング」する.最後に,与圧胴体構造の気密性や,主翼の燃料タンク構造漏洩防止のために必要となる「シーリング」作業を実施する.

これらのうちCFRP構造組立における穴あけ加工の場合,構造組立作業の穴あけには,主に精密な送り制御機構付きパワーフィードツールなどを使用する.穴あけ加工時にはドリルブシュ付きの穿孔板治具などを使用し,曲面形状の機体表面に常に直角方向に穴あけ加工することが要求される.このとき,とくに穴の内径と穴内面の表面粗さの品質が重要になる.

一般に,複合材料部品の表面の加工面品質は,複合材部品の最外層の影響を受

ける．CFRP構造部品でも，たとえば耐雷用の保護メッシュ層やガラス繊維の適用の可否でも大きく影響を受ける．

代表的な穴あけ加工品質の評価項目は，デラミネーション（層間剥離）やファズ（ケバ立ち），繊維の切れ残り発生の有無，穴径精度や穴の内面の粗さなどである（**写真10.5**）．

CFRP構造組立のCFRP部品と金属部品との重ね板の共穴あけ加工の組合わせ例としては，CFRP/Al，CFRP/Ti，Al/CFRP/Al，Ti/CFRP/Tiなどがある．一般的には，機体の気流外表面のCFRP部品表面側からドリル加工をすることが多いが，継手構造の様式によってはアルミニウムやチタン合金部品表面側から加工する．

具体的な構造組立における穴あけ加工の一般的な品質要求の一例を見ると，穴径公差は±20～40μm，CFRPの穴加工面粗さ3.2Ra（12.5S）以下，アルミニウムやチタン合金1.6Ra（6.3S）以下で，工程能力指数Cpk1.33以上が要求される．さらに，穴出口のデラミネーションや欠けがないこと，アルミニウムやチタン合金の切りくずによる穴内面の損傷がないことがとくに重要となる．

サンドビック社の加工例では，CFRP/チタン合金の重ね共穴あけ加工で，使用工具はサンドビック製ϕ9.5mm多結晶焼結ダイヤモンド（PCD：Poly Crystalline Diamond）ドリル，空圧式パワーフィードツールを使用して，切削速度12m/min，1回転あたりの送り0.05mm/rev，回転数400min^{-1}，送り速度20mm/minで，工具寿命90穴数を実現している．

一方，CFRP/アルミ合金の重ね共穴あけ加工では，ϕ9.5mm超硬ダイヤモンドコーティングドリル，空圧式パワーフィードツールを使用して，切削速度60m/min，1回転あたりの送り0.03mm/rev，回転数2,000min^{-1}，送り速度60mm/minで，工具寿命200穴数にも達する．

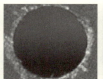

写真10.5　CFRP構造部品の穴あけ加工と加工精度[12]

また，CFRP パネルのみの加工では，マシニングセンタを使用して ϕ 6.35 mm 超硬ダイヤモンドコーティングドリル，切削速度 150m/min，1回転あたりの送り 0.06mm/rev，回転数 7,500min^{-1}，送り速度 450 mm/min で，工具寿命 800 穴数を達成している．

このように，CFRP と金属の共穴あけ加工の代表的な切削条件は，切削速度 20 ～ 150m/min，1回転あたりの送り 0.02 ～ 0.10mm/rev 程度で，とくに CFRP の出口側は，低送り加工がデラミネーションの発生防止に効果的である．切削速度が高すぎると樹脂に悪影響を及ぼし，穴内面の粗さにも影響する．繊維の切れ残しが発生するときの対策には，ポジティブ設計刃型に変更することや，切削速度または送り速度を上げると効果的である．

一般的には，複合材の穴あけ加工に使用する工具材料は，ハイス，超硬，ダイヤモンドコーティング工具，多結晶焼結ダイヤモンドなどの材種で，基本的には加工が可能であるが，構造組立の要求精度に応じて加工品質や工具寿命の程度で，どの材種が経済的かを判断して選定する必要がある．

ファスニングは，アルミニウム合金構造ではたとえばスキンとストリンガーなどのサブ組立品の締結は，大型の自動リベッティング装置を使用してリベットなどのファスナーを締結する組立技術が開発され，実用化されている．

一方，CFRP 構造では，このようなサブ組立品は一体化成形部品となり，基本的にはリベットなどによるファスニングは不要で，リベット個数などの削減ができ，機体の軽量化や組立コストの低減に貢献している．

次組立工程となる完成機体に近い立体的な CFRP 構造組立体としての組立品のファスニング作業では，CFRP 一体化部品とアルミニウム合金やチタン合金製金属部品などとの継手構造に，共穴あけ加工した穴にファスナーを締結する必要がある．

CFRP 構造組立体の締結方式の場合，アルミニウム合金構造のようなボルト，ナットなどのファスナーでは，精密に穴あけ加工した穴の座面や内面などの品質を損傷させる懸念がある．このため，CFRP 構造様式のファスニングでは，チタン合金製の特殊なテーパスリーブ付きファスナーなどを適用するが，この複雑な構造のファスナーは自動化による締結方法がむずかしく，専用工具を使った人手による締結作業となる．

10.2 組立治具

航空機の構造組立は，設計要求に基づいた空力性能を満足させる機体外形形状や組立寸法精度などを確保しなければならない．そこで，航空機組立の方法の1つとして組立治具を使用する．

構造組立治具には，主な治具機能として「内接組立治具」と「外接組立治具」があり，いずれにするかは機体ごとの設計要求基準と一致させる必要がある．内接組立治具は，最初に外板内面など機体内部の構造部品の位置を決め，これらの部品を基準として外板を組み立てる方法である．外接組立治具は，まず外板外面の位置を組立治具コンタバーなどで決め，その後内部構造部品を順次位置決めする方式である．

　実際に翼や胴体構造組立を行なう場合は，外板，フレーム，リブなど組立基準部品の組立治具ポリシーは，設計要求と一致させていずれかに決定するが，各部品の位置決めは内接と外接方式が明瞭に分離されているわけではなく，両者の長所を組み合わせた2つの方式を併用する例が多い．

　一般的には，軽飛行機や胴体組立など機体外形形状の公差要求が比較的緩やかな構造組立には内接組立治具を適用し，戦闘機などの超音速機や翼組立など機体外形形状精度の厳しい構造組立には外接組立治具を適用する場合が多い．　近年，CAD/CAM の利用で個々の部品加工精度の向上や外板成形加工精度の向上などが進み，いずれの方法でも厳しい機体外形形状を満足させることが可能となったため，どちらの方式を選定するかは，組立工数，組立作業性，組立治具製作費など総合的な製作コストを検討し，決定することが望ましい．

　構造組立治具は，組立の集成作業が進むに従って，「テーブルタイプ」，「ピクチャーフレームタイプ」，「ボックスタイプ」，「ネストタイプ」などのサブ組立治具を使用する．

　テーブルタイプはバルクヘッド組立などに，ピクチャーフレームタイプは各種外板組立や翼類の組立などに多く使用する．ボックスタイプは胴体組立などに，ネストタイプはボックスタイプで組み立てた胴体組立どうしの結合作業などに用いる．

　サブ組立治具で組み立てたサブ組立品は最終組立ラインに搬送し，翼胴結合や艤装作業を行なう．そして組立ラインの最終段階で脚を取り付け，作動試験を行なった後，航空機は自立して牽引され，ラインオフとなる．

　最終組立ラインでは機体構造は強固な剛体に仕上がっているので，この段階の組立治具は機体構造の各部位の高性能アライメント機能を持つ比較的簡単な組立治具様式となる．

　サブ組立治具はフレーム様式が一般的で，円管や角チューブあるいは溶接組立で製作し，フレーム材質は機体材料の熱膨張係数を考慮して，鋼やアルミニウム合金などを選定する．このフレームは，各種のロケータを取り付ける機械加工した基準面を持ち，フレーム自身の重量，組立品の重量や組立歪などに十分耐え得る強度と剛性が必要である．溶接組立フレームは，機械加工前に溶接残留応力を

除去するために炉中などで応力除去を行なう必要がある．

　フレーム組立が完成すると，ロケータやヒンジポイントなどの位置決め用金具，コンタバーなどをフレームの基準面に取り付ける．ロケータやコンタバーは組立治具の最も重要な部分で，これらの取付け精度が機体構造の寸法精度を決定するため，正確な取付け位置になるようにセットする必要がある．ロケータは，フレーム構造の正しい位置にセットするとき，穴や面が調整可能なタイプの金具とする（図10.7）．

　組立治具の最も重要な機能は，ロケータやコンタバー位置の精度である．大型の組立治具の長さは10～20mにも及び，ロケータやコンタバーを精度良くフレームに取り付けるには基準座標系を設定する必要があった．

　初期の航空機製作では主として木製の組立治具を使用し，組立治具は垂直の鉛錘吊下げ線や水平のピアノ線などを使用して基準線を設定していた．その後，航空機の性能向上に伴い，より精度の高い鋼鉄製組立治具が使用されるようになり，鉛錘吊下げ線やピアノ線を使用してロケータなどをフレームに±0.1mm以下の精度で取り付けることはコスト的にも困難になってきた．

　第2次世界大戦中，イギリスは外航船の推進軸の軸受中心アライメント調整に光学的手法を応用する方法を開発した．この方法は，一方の軸受中心にテレスコープを置き，もう一方の端の軸受中心にセットしたターゲットを照準することで，中間の軸受のアライメントを設定するものである．

　航空機の組立治具設計者は，鉛錘吊下げ線やピアノ線に代わってあらゆる測定に使用できる仮想基準線として，測量用トランシット（転鏡儀）とレベル（水準器）を使用し，垂直，水平基準面を設定する方法に注目した．

　その後，航空機メーカーは高精度で使いやすい機器を数多く研究，開発し，組立治具フレームの一方にアライメントテレスコープ（心出し望遠鏡）を，反対端にターゲット（視準標）を取り付けて光学的な視準線（LOS：Line of Sight）を設定

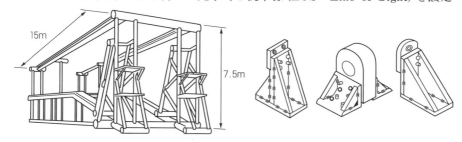

(a)ピクチャーフレームタイプの主翼左右組立治具フレーム　　(b)角度台付き平板タイプロケータ
　　　　　　　　　　　　　　　　　　　　　　　　　　　　　　（水平／垂直調整式）[8]

図10.7　組立治具のフレームとロケータ

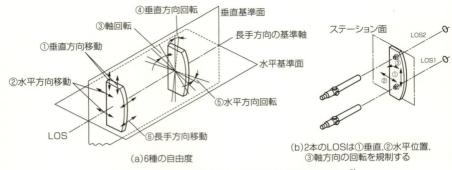

図10.8 6種類の自由度と2本のLOSによる自由度の設定 [8]

する「オプチカルツーリング」手法を考案した．

日本では1954年，ビーチクラフトT-34Aの技術導入時にオプチカルツーリング手法が組立治具の製作に使われ，次第に広く普及していった．

ロケータやコンタバーの位置決めには，①垂直，②水平，③軸回転，④垂直回転，⑤水平回転，⑥長手方向移動距離の6自由度を規制する必要がある．1本のLOSは垂直，水平の2自由度を規制し，2本のLOSは垂直，水平，軸回転の3自由度を規制できる(図10.8)．

さらに，長手方向の定められた位置で，LOSに対して光学的な直角面を設定できるステーションプラナイザ(直角儀)を使用することで，ステーション(STA)

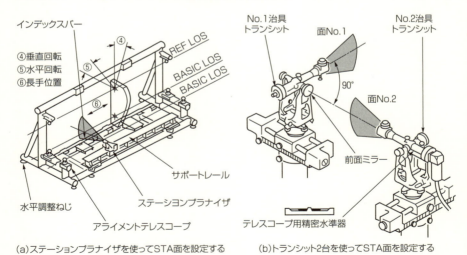

図10.9 ステーションプラナイザ法とトランシット法による自由度の設定

面を設定することが可能となり，垂直回転，水平回転，長手方向移動を含む6自由度を規制できる．

他方，水平基準面設定用レベルやLOSなどと，精密水準器を備えた光学的な直角面を設定することができる治具トランシット2台を使用して，より柔軟性のある基準面を設定する手法があり，ロケータやコンタバーの特徴からこれらの方法を組み合わせて組立治具を製作する(**図10.9**).

航空機の大型，高性能化に伴って，コンピュータによるソフトウェアの演算機能を活用して光学測定を発展させたり，レーザなどを利用する高精度で効率の良い測定機の開発が進んでいる．CAT (Computer Aided Theodolite ＝コンピュータ利用経緯儀)は，2台以上のセオドライトで光学的に測定点位置を水平(Hz)，垂直(V)角度で検出し，コンピュータで基準座標系に対するX, Y, Z座標値を自動算出するシステムである．

尺度の定義は，定尺棒の両端を測定し，その2点間の距離が定義長となるように座標系の尺度を計算して決定する．測定精度は，最長視準距離12mで±0.05mm以下の測定精度を持つ．組立治具フレームの基準座標系は，3つの測定点を設定してX, Y, Z座標軸を決定する(**図10.10**).

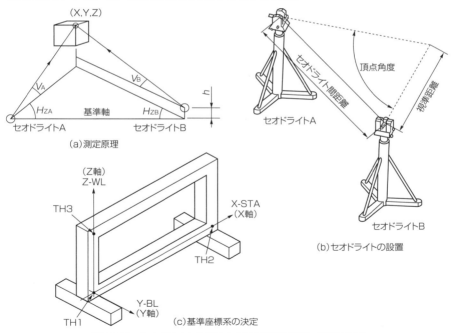

図10.10 セオドライトシステムの測定原理と設置，基準座標系

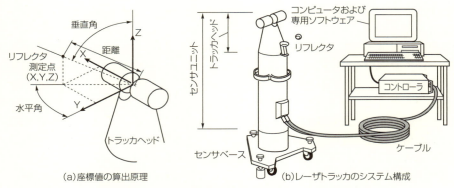

図10.11 レーザトラッカ座標値算出原理とのシステム構成 [7]

レーザトラッカ（Laser Tracker＝レーザ追尾測定器）は，「リフレクタ」（反射子）と呼ぶターゲットをセンサユニットから放出したレーザ光で自動追尾し，センサ原点に対するリフレクタの位置を，垂直，水平角度および距離によって検出し，コンピュータの座標置換算機能で算出するシステムである（図10.11）．

最長視準距離25mという性能を持ち，±10ppm（0.01mm/m）の絶対測定精度を持つ．このシステムは，ポータブルで小さなリフレクタを自由に移動できるため，固定式3次元測定法に比べて測定対象物の場所を選ばないなど高い柔軟性を持つ．

たとえば，大型旅客機の長さ13mの中央翼組立治具の寸法精度を保証する場合，約130個の設定点を測定し，レーザトラッカは絶対距離を基準とするので，測定精度を確保するためにアルミニウム合金製組立治具フレームの熱膨張係数とフレーム測定温度をコンピュータに入力し，温度変化に対応する尺度変換を行ない，同じ材質の専用尺度原器と比較して尺度を確認している．

10.3 締結（ファスニング）

締結部品は，リベット，ブラインドファスナと特殊ファスナ，ボルトとスクリュ（ねじ）などに分類され，一般にこれらを総称して「ファスナ」と呼んでいる．このうち，特殊ファスナには「チェリーロックリベット」，「ジョーボルト」，「ハイロックファスナ」などがあり，特殊ナットとしては，「プレートナット」，「キャッスルナット」，「バレルナット」などがある．1機あたりに使用されるファスナの種類と数量は膨大になるので，選定する場合は機能や強度，重量，資材管理，検査，装着性などを総合的に考えることが重要である．

図10.12は，代表的な各種ファスナの締結プロセスである．

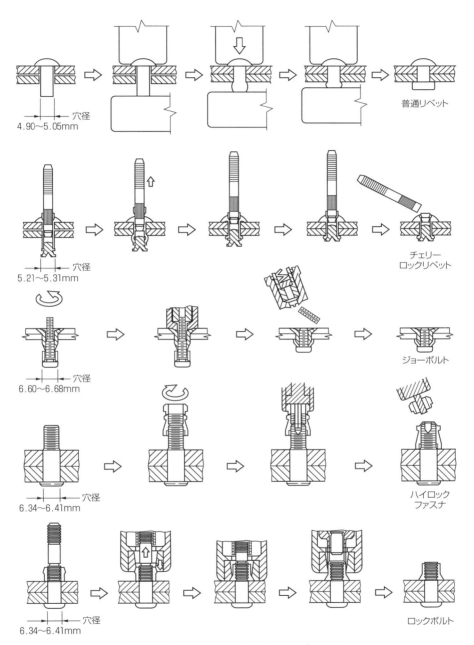

図10.12 代表的な各種ファスナと締結プロセス[4)]

Part.10 構造組立と艤装，整備と試験飛行，定期修理，品質保証 277

表10.1　代表的なリベットの種類と用途

材料名	頭部記号		AN材質記号	熱処理	剪断強さ Fsu(psi)＊	用　途
2117-T3	◎	凹み	AD	不要	30,000	構造，非構造に最も広く使用
2024-T31	⬚	浮出し 二重ダッシュ	DD	必要	41,000	ユーザーが焼入れし，魔法瓶などで冷蔵して使用．高強度が必要な部分に使用
5056-H321	⊕	浮出し 十字	B	不要	28,000	マグネシウム合金板を使用する場合，接触腐食を防止するために使用
モネル	◯	無記号（皿頭）	M	不要	52,000	耐熱，耐食鋼，チタン合金板などの結合に使用

＊リベッティング後の値で MIL-HANDBOOK-5 準拠値

1. リベットとリベット締結

　規格で定められているリベットの種類は非常に多いが，航空機工場では管理の煩雑さや間違いを防止するため，使用するリベットの種類をできるだけ少なくするように設計することが重要である．

　リベット頭も各種あるが，一般に使用されているリベットは，「ユニバーサルヘッド」（丸頭）と「カウンタサンクヘッド」（沈頭）の2種類である．また，リベット先端も先細と角切りのものがあるが，先細のほうが価格は高いが数枚重ねた外板に円滑に挿入でき，リベッティング性もすぐれている．なお，ADリベットは，専門メーカーでアノダイズして茶色または黄色に着色してある（表10.1）．

　構造組立を行なう基本的な工程は，部品どうしを位置決めし，穴をあけてリベットなどの各種ファスナを使用して締結する作業である．航空機は，空力性能を確保するため，翼や胴体などの複雑な曲面を高い精度で組み立てなければならない．

　部品やサブ組立品の位置決め法には，組み立てる製品の要求精度や生産機数に応じて，組立治具を使用して組み立てる方法と，あらかじめ部品やサブ組立品にあけた穴どうしを基準にして組み立てる方法などがある．

　これらのうち，組立治具による位置決め方法は高価な組立治具を必要とするが，組立品の精度を確保でき，各号機の組立品質を均一化して互換性を確保できるのが特徴である．

　この方法は，組立治具上に強固に固定したロケータに金具や外板などの面を当てて位置を決めたり，あらかじめ部品製作段階で部品にあけた位置決め用の穴を使い，組立治具上にピンで固定して位置を決める方法などがある．

　一方，複雑な組立治具を使用しない穴どうしを基準にして組み立てる方法は，締結後にも比較的曲面の自由度がある単曲面の胴体外板などに適用する．

　このようにして位置決めした組立品は，設計図面で指示した多数の穴を正しい

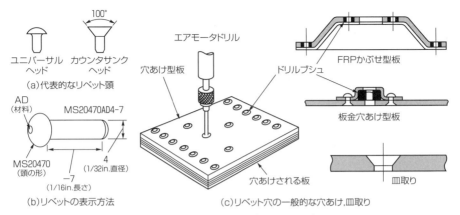

図10.13　リベットの表示方法とリベット穴あけ

ピッチで部品の定められた縁距離を確保し，穴あけ作業を行なう．一般に穴あけは，穴あけ型板を使用したり，あらかじめ単体部品にあけた下穴を案内穴として正規サイズの穴あけを行なう．通常，リベット穴はドリル加工でよいが，シアボルトなどの精密公差の穴にはリーマ加工が必要になる(**図10.13**)．

外板などの空力性能が要求される外表面には，皿取りや皿押しが必要となる．皿取り加工は，沈頭リベットをリベット締結するため，皿取り深さ調整用ストッパ付き特殊ドリルで皿取りする．

一方，皿押し加工は，薄い板に皿リベットをリベット締結するときに使い，スキーザまたはディンプリングマシンを使用する．皿取りと皿押し適用の分岐点は，たとえば3/32リベットのときで0.032in.(0.81mm)程度の板厚で分けられる．皿押しはシビアな成形加工が要求され，穴周辺から割れが発生しやすいので，下穴をあけてから面取りして皿押しする．7075材などは200℃程度の熱間皿押し(ホットディンプリング)をする．

次に，リベット穴をあけた2枚の板をリベッティングクランプで仮止めし，リベットを挿入してマスキングテープでリベット列を押さえてリベット締結する．

リベット締結作業は，ショップエア駆動によるリベッティングガンをでき頭(既成頭)に当て，当て金をつくり頭(加工頭)に当てて締める．リベットは比較的軟らかく，油断すると打ちすぎて平らになったり斜めになる．

つくり頭はリベット径の1.5倍にすることが基準である．リベット締結するとリベットの軸部も多少膨らむので，とくに多数のリベットを締結する薄い板では，この応力が外板の歪の原因になり，リベッティング箇所の順序を工夫する必要がある．

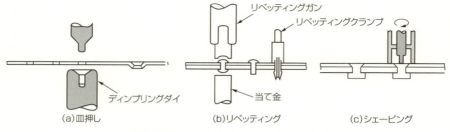

図10.14 皿押し,リベッティングとシェービング

 皿リベットを締結後,皿頭が外板と面一でないときには,シェービング加工で平滑にする(**図 10.14**).部品どうしを位置決め,穴あけして,各種リベットを使用してリベット締結する一連の作業は,航空機1機あたりにすると膨大な数量のリベット作業となり,2人1組の手動リベッティング作業を含むこれら一連の工程を自動化することが望ましい.

 皿押し型の自動リベッタは,送り,ピッチ割り出し,穴あけ,皿押し,リベット打込み,リベット締結,シェービングという一連の加工工程のうち,穴あけからリベット締結までの工程を連続的に行なうことができるエルコ社(アメリカ)の機械が多く使われている(**図 10.15**).

 皿取り型の自動リベッタはジェムコア社(アメリカ)製の機械が有名で,とくに大型旅客機や輸送機の主翼インテグラルタンクに使われているセルフシーリングリベットのCNC自動リベッタは,世界最高レベルの機能を備えている(**写真 10.6**).

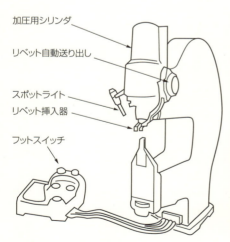

図10.15 皿押し用自動リベッタ(エルコ社)

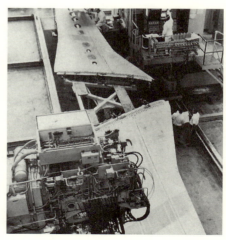

写真10.6 747外翼用自動リベッティング装置[1]

最大クラスの G666 型高剛性シェービング機能付き「ドライブマチックリベッタ」は，アプセット力 22,680kg の締付能力を持ち，主軸回転数 500 〜 6,000min^{-1}，プレッシャフートのクランプ力 181 〜 1,134kg まで調整可能で，リベット軸径は 6 〜 12mm までのリベット締結が可能である．この機械は，普通リベット，スラグリベット，スクリュまたはかしめタイプカラー用ツーピースファスナなどを，1 本あたり 10 秒程度でリベット締結できる．

図 10.16 は，スラグリベットの自動リベッティングサイクルである．

まず，CNC 機能と補助センサ機能でストリンガーの縁距離を確保しながら，複曲面に対しても常に面垂直になるようにリベット穴の中心位置に部品を移動して，プレッシャフートで部品をクランプする（ステップ 1）．

ドリルヘッドが前進して加工送りとなり，前進端でドウェルして戻る（ステップ 2）．

次に，穴あけしたリベッティング位置にリベッティングヘッドが移動し，下部ラムが下降すると同時に，自動リベット供給装置からエア搬送でスラグリベットが挿入される（ステップ 3）．

下部ラムがリベットをかしめるために上昇する．このとき，上部アンビルは静止状態で，下部ラムはリベット頭の成形が完了するまで上方に加圧し続ける（ステップ 4）．

次に，シェービングヘッドが素早くアプローチし，リベット

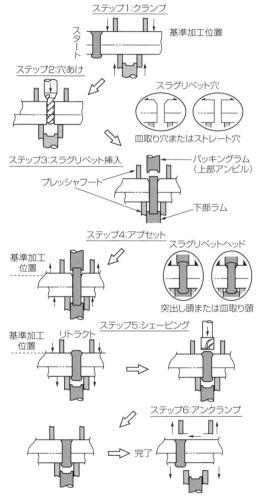

図10.16 スラグリベッティングサイクル[8]（ジェムコア社）

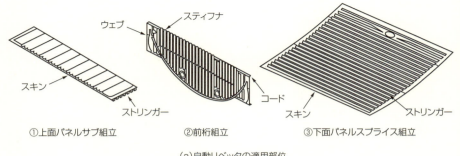

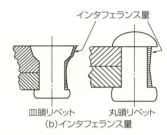

図10.17 大型旅客機・中央翼のリベッタ適用部位とインタフェランスリベッティング[9]

頭をシェービング加工する（ステップ5）．そして，次のリベット位置に移動するため，プレッシャフートのクランプを解放する（ステップ6）．

大型旅客機などは，燃料搭載量を大きくするため，主翼構造をそのまま燃料タンクにしている．その場合，従来には燃料の漏洩を防止するため，すべての合わせ面，リベット頭などに大量の合成ゴム系シーラントを塗布していた．しかし，ダグラスDC-8やボーイング707の時代から，航空機メーカーとジェムコア社の共同開発によってスラグリベットを使用するようになった．

このリベットは，棒状の標準タイプとインデックスヘッドという段付き棒状タイプの2種類があり，十分な締付力とシール効果が期待できるので，リベット頭部，外板，ストリンガー間のシーラントが不要になり，重量軽減に大きく寄与することができた．

最新の大型旅客機の中央翼組立などに対しては，「インタフェランスリベッティング」によるセルフシーリングリベットが適用されている（**図10.17**）．ここで使われる段付きスラグリベットは，ϕ 3/16 〜 3/8in.（ϕ 4.8 〜 9.5mm），リベット材質は7050-T731（$Fsu = 30.2kgf/mm^2$ レベル）KEリベットをインタフェランスリベッティングしている．

282

インタフェランスリベッティングは,「リベットをかしめて潰し,軸径を膨らませてリベットがリベット穴を押し広げ,液密性と疲労強度を増す」という締結方法である.この膨らみ量は厳格に規定され,「インタフェランス量」と呼んでいる.

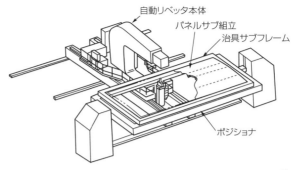

図10.18 大型旅客機・中央翼用CNC自動リベッティング装置 [9)]

インタフェランスリベッティングを手動で行なうことは,作業者の技量による品質のばらつきが発生し,ϕ 3/8in.(9.5mm) KE リベット程度になるとかしめ力が大きくなって手動リベット締結はほとんど不可能になり,自動リベッタを適用しなければならない(図10.18).

インタフェランス量は,リベット締結したリベット径から最初の穴径を引いた量である.この量は機体構造の品質を確保するうえできわめて重要で,あらかじめ実機加工前に試験片を使用した切出し試験法で,液密性要求リベットは2断面,液密性と疲労強度要求リベットは5断面が,規定されたインタフェランス要求値を満足していることを確認する.

このインタフェランス量を決定するパラメータとしては,リベッティング圧力,リベット材質,機体材料と板厚,リベットの径や長さなどがあり,切出し試験で決定した加工条件で実機加工を行なうことで品質を保証する.

この他,実機加工前に試験片によるリベッティングの歪試験,リベット品質の安定性を試験する連続リベッティング試験,疲労試験などを行ない,最適なリベッティング条件を決定する.

2. ブラインドファスナと特殊ファスナ

航空機構造の複雑化に伴って結合法の多様化が進み,とくに高速化による薄翼化設計の採用で外板の片面から部材を締め付ける方法が進歩した.箱型構造などで反対側に手を入れられない場合,表側だけで組立作業ができるブラインドファスナやプレートナットを使用する結合法が実用化されたが,これらの取付けには特殊工具が必要になる.

(1)チェリーリベット

片面から締付けできるブラインドリベットの一種である.剪断強さは普通リベットより大きいが,締付力は十分ではない.リベッティングガンは特殊な専

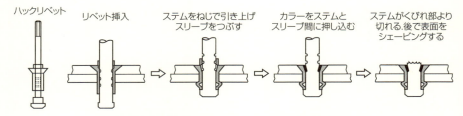

図10.19 ハックリベットとリベッティングプロセス

用ガンを使用し，ステムのねじを使用して引き上げ，ステムの太い軸部をカラーに引き込んで締め付ける．十分な締付力がかかると，ステムにあるくびれた部分からステムが切断する．切断後に残った部分はニッパで切り取って仕上げる．また，ステムをカラーでロックして締付力を改良したチェリーロックリベットや，カラーのロックをさらに確実にしたチェリーマックスリベットなどが開発されている．

(2) ハックリベット

チェリーリベットと同じブラインドリベットの一種であるが，スリーブに付いているカラーを押し込むことでかしめができる．リベットガンは，チェリーリベットと同様な工具にカラー押込み用のスピンドルが付く．工作上は，穴径，皿取り加工を精度良く行ない，板厚に対するリベット長さの選択を注意深く行なう必要がある (図10.19)．

(3) ハイシアリベット

ブラインドリベットではないが，金具と桁，厚板の外板とストリンガー組立のように高い剪断力のかかるところに使用された．

このリベットは剪断力は十分であるが，締付力は弱く緩む可能性がある．しかし，普通ボルトの1/4程度の重量なので，軽量化できるメリットがある．リベッティングツールは，強力な普通リベッティングガンに特殊セットを装着すればよい (図10.20)．

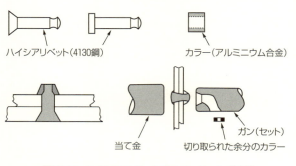

図10.20 ハイシアリベットのリベッティング方法

(4) ハイロックファスナ

「ハイロックピン」は，ステムがTi6Al4V合金や低合金鋼のため強力で軽量であり，ナット部分にテフロンのOリングを入

284

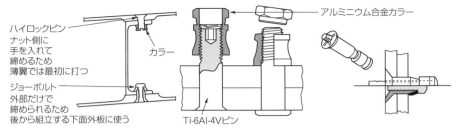

(a)マッハ1.5クラスの小型超音速機の主翼組立とハイロックファスナ　　(b)ジョーボルトの装着方法

図10.21　ハイロックファスナとジョーボルトの装着方法

れたものは，インテグラルタンク用として大型旅客機の主翼などに多く使われている．

(5) ジョーボルト

穴あけ，皿取りした穴にボルトを押し込み，皿頭部のプラスねじの溝のような部分を押さえてステムのねじを回し，ステムを引き上げてカラーを押し込む．このようにして，まったく外板の片面だけから締結できる(図10.21)．

3. ボルトとスクリュ

ボルトとスクリュの違いは明確に定義されていないが，ボルトは大きな引張りや剪断荷重を受ける結合部分に用いられ，スクリュは比較的強度の低い箇所に適用され，頭部にはドライバをかける凹みがある．

航空機用ボルトの種類は，アメリカのAN (Air Force & Navy Aeronautical Standard)，NAS (National Aircraft Standard) などの規格別，アルミニウム合金や合金鋼などの材料別，テンションボルトやシアボルトなどの用途別，六角ボルト，インターナルあるいはエクスターナルレンチングボルトなどの形状別などで分類される(図10.22)．

一般にボルトは専門メーカーで製作したものが多く使われ，「規格ボルト」と呼んでいる．一方，翼胴結合ボルトのように特別に設計し，機体メーカーで

ボルトの形状		ナットの形状	
◎▭	皿頭クロストレランスボルト (外板と桁の結合など)		ブーツ エアクラフトナット
⬡▭	内頭部レンチボルト (桁と金具の結合など)		キャッスルナット
▭	頭部穴付きボルト (機能部品のからげ線用)		
▭	クレビスボルト (剪断力だけを受ける操縦系ピン用)		インサート 非金属製ロックナット
▭	アイボルト (用途はクレビスボルトと同じ)		
▭	ハイテンションボルト (翼胴結合など)		フレックスロックナット

図10.22　各種ボルト，ナットと用途

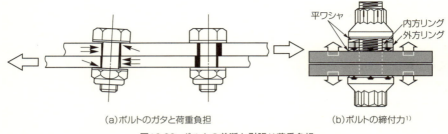

(a) ボルトのガタと荷重負担　　　　　　　(b) ボルトの締付力[1]

図10.23　ボルトの剪断と引張り荷重負担

製作するものは「特殊ボルト」と呼ぶ．また，ANやNASなどの規格ボルトには，公差別に普通ボルトと精密仕上げボルトがあり，後者は使用上特別の配慮が必要となる．

　シアボルトやテンションボルトは，一般に材質は4130で125〜160ksi程度，高強度，高張力ボルトでは160〜180あるいは180〜200ksi程度に熱処理され，カドミウムめっき仕上げしてある．シアボルトは剪断荷重を受ける部分に使用し，1本または数本を1か所に使用する場合，ボルトと穴径に隙間（ガタ）があると，首下を突き上げるような力がかかる．また，荷重を負担しているのは1本だけとなり，疲労強度上非常に好ましくない．

　一方，テンションボルトは引張り荷重を受ける特別の場合に使用し，強固な形のボルト頭を持ち，シアボルトの約4倍の首下Rがある．穴径は比較的ルーズでよいが，締付けトルクは重要である．テンションボルトは，制限荷重がかかった場合，ボルトが変形して金具どうしに隙間が発生しないように金具やワシャ，ボルトの弾性変形を計算し，締付けトルクを決めることが大切である．

　正しい穴径に挿入したボルト結合では，ボルト締付力が引き離す力よりも大きい限りずれは発生せず，ボルト結合の不具合は起こらない．このため，ボルトの締付力は非常に重要である（図10.23）．

　ボルトの取付けは，原則として機体構造の上から下に挿入するように設計し，万一，ナットが外れてもボルトが残るように配慮する．締付けトルクは一般にはナットを回すが，ボルトを回す場合もある．テンションボルトや重要なボルトは，トルクレンチを使用して締め付けるが，普通ボルトは定期的に作業者の検定指導をし，作業時のトルクは測定しない（図10.24）．

　最近の小型超音速機の主翼は翼厚が薄く外板は厚板なので，上下面のどちらか一方の外板と桁，小骨，スティフナなどの締結は，通常の締付けができるが，もう一方の外板を組み立てる場合は，点検穴（アクセスホール）近辺以外はまったく手が入らない．そこで，これら結合用ボルトなどのファスナ類は，多種かつ複雑

になって来ている．またこれらのファスナは，ねじを使って締め付けるために工具は複雑となる．

ボルトやスクリュは，普通リベットのように軸径が膨らむことがないので，穴径や皿の形状は正確な加工が必要となり，防食上も十分注意を払わなければならない．

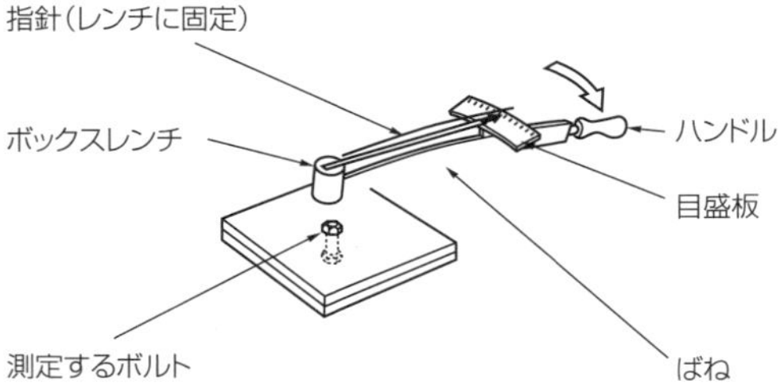

図10.24 トルクレンチによるボルトの締付け

一方，外板や桁など大型部品の複合材化が進み，複合材部品をファスナ接合する場合，積層硬化部品の穴から剥がれや潰れが発生する恐れがあるので，特別の配慮が必要である．炭素繊維複合材料の接合には，電位差による腐食を避けるためにチタンや耐食鋼のファスナを使用し，低炭素鋼やカドミウムめっきなどの適用は避ける．

4. ナットとワシャ

ナットは，ボルトと同様，AN，NASなどで規定されている．その分類は，形状別，ロック機構の有無などである．ロック機構は，ノンセルフロッキングナットとセルフロッキングナットに分けられ，セルフロッキングナットは金属製とインサート非金属製があり，インサート非金属製はナットの頭部にナイロンまたはファイバ片などを挿入し，ねじ込むとナイロン片などの弾性変形でロックする機能を持っている．

ワシャもAN，NASなどで規定され，鋼やアルミニウム合金製などがあるが，一般にはアルミニウム合金製が使われ，鋼部品やテンションボルト用には鋼製のワシャを使用する．なお，航空機構造部品の締付けには原則としてスプリングワシャは使用しない．

特殊ナットであるプレートナットは，機体完成後，ボルトやスクリュを使用して着脱したい箇所で裏側に手が入らない部分のナットを固定する方法である．取付け場所のスペースの関係で，耳の付きかたにいろいろな種類がある．

フローティングプレートナットは，ナットが2mm程度動くようになっているので，穴位置とナットの位置を正確に一致させることが困難な場合に使用する．とくに1次構造部材で正確に締め付ける必要がある場合は，フローティングプレートナットを使用するのが有利である（**図10.25**）．

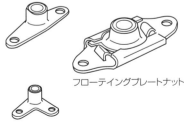

図10.25 各種プレートナット

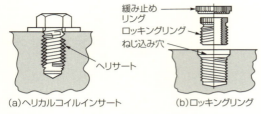

(a)ヘリカルコイルインサート　　(b)ロッキングリング
図10.26　ヘリカルコイルインサートとロックキングリング

特殊ワシャの1つに，特殊工具を使用せず，独自に締付けトルクが測定できる与圧表示ワシャがある．これは，2つの平ワシャ間に内外方2つの与圧表示リングを挿入して締め付けると，最初は内方リングが荷重を受けて弾性変形し，次にやや隙間のある外方リングが上下の平ワシャ間で拘束されるまで，内方リングを弾性変形させる(図10.23(b)参照)．

この与圧表示リングは，ボルト降伏強さの70～90%の予圧を与えることができ，積極的にボルトに与圧を付加することで寿命を長くできる．

5. ヘリカルコイルインサートとロッキングリング

部品の締付けにはボルトとナットを使用するのが一般的であるが，ナットを締め付けるスペースがない場合や重量軽減のため，部品に直接ねじを切ってボルトを締め付けることがある．この方法は，鋼の場合にはあまり問題なく適用できるが，アルミニウム合金やマグネシウム合金など軽合金の場合は，めねじ部が軟らかいので，ねじ部の摩耗やむしれ，かじり，オーバトルクによる抜けなどの不具合が生じやすい．

このような箇所には，「ヘリカルコイルインサート」(商品名ヘリサート)を使う．使用方法は，部品に大きめの雌ねじを切り，ステンレス鋼またはリン青銅製コイルを挿入固定してボルトをねじ込む．ボルトは直接には軽合金に接触しないので，強固に結合できる．

一方，ロッキングリングの取付けは，穴あけ後タップを立てて特殊レンチでロッキングリングのねじを締め込み，緩み止めリングを油圧で圧入する．ロッキングリングは緩み止めリングを圧入しているので，ヘリカルコイルインサートより確実に締め付けることができ，ヘリコプタの駆動部分など重要部品に使用されている(図10.26)．

10.4　ケーブル端子，チューブ，ホース継手組立とスウェージング

1. ケーブル端子

「ケーブル」は航空機システムを操作するワイヤロープで，動力伝達という重要な役割を担っている．操縦系統や作動系に使用するケーブルは，ステンレス鋼製端子をスウェージ端末処理して機体に取り付ける．ケーブル端子にはストレートタイプとボールタイプがあり，ケーブルに強固に組み付けて使用する．

表10.2 小径炭素鋼ケーブル端子の強度

呼び径	外径 (in.)	内径 (in.)	内径深さ (in.)	最小破断荷重 (lb.)	スウェージ後の外径(in.)
1/16	0.160	0.078	1.042	480	0.138
1/8	0.250	0.141	1.511	2000	0.219

　比較的小径の端子の加工は，各サイズ別に用意した押し型を，手動工具でかみ合わせてスウェージングする．1回のスウェージングではフラッシュが出るので，通常5〜6回通して円形にし，ゲージで度合を測定する．加工後は全数の保証荷重試験を行ない，完成品とする．試験の保証荷重は，最小破断荷重の60〜65％の荷重をかけ，ある規定時間放置してスリップがないことを確認する（**表10.2, 図10.27**）．

2. チューブ継手

　チューブはその用途によって材料や肉厚，径などが異なり，通常，1/16単位のチューブ外径基準で呼ぶ．チューブ継手に使う代表的なチューブ端末形状には，「シングルフレア」，「ダブルフレア」，「フレアレス」，「ビード」などがある．AN規格の継手はチューブの端末がフレア形状で，この面がユニオンなどと接触することでシールしている．

　一方，MS規格はフレアレスで，スリーブの爪がチューブにかみ込むことでスリーブを固定し，スリーブ外部の湾曲部分と内面端部で漏れを防止している．ビード継手は，主としてチューブとゴムホースをクランプ止めする低圧の燃料ベントや真空系統に使用する．

　ビード加工は，偏心ローラを雌のダイスに押し付けてビードを出す．加工装置は，レオナード社製「チューブマスター」などが一般的である（**図10.28**）．

　シングルフレアとダブルフレア継手は，3,000psi程度の高圧油圧系統にも使われ，多少増し締めすることで漏れを防止でき，頻繁に取付け取外しを行なう部分に有効である．たとえば，ステンレス鋼の高圧チューブにはシングルフレアを使用し，アルミニウム合金5052の3/8以下のチ

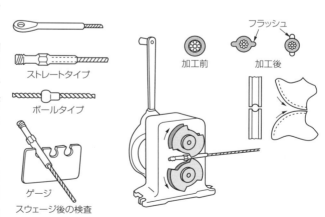

図10.27　ケーブル端子のスウェージング

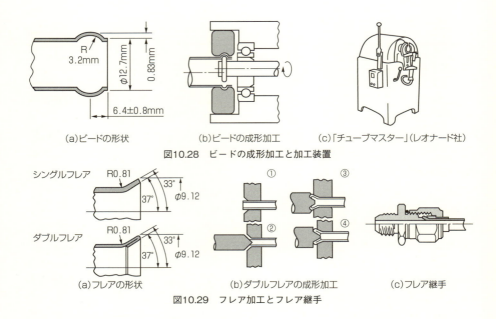

図10.28 ビードの成形加工と加工装置

図10.29 フレア加工とフレア継手

ューブにはダブルフレアを使用する．

フレア加工は相当シビアな伸び成形加工が要求されるので，十分な面取りを行ない，空気圧でサイズ別のダイを押し付けて成形する．やはりレオナード社製加工装置などが一般的である（図 10.29）．

完成したチューブ継手は，必ず耐圧試験を行なう．試験圧力値は，チューブの材料，肉厚，外径で規定され，最大常用圧力の 1.5～2.0 倍程度の圧力を負荷して試験する．

一方，シングルフレアおよびダブルフレア継手は，寸法決めが困難なことや比較的漏れが多かったことから，最近では主にフレアレス継手が使われるようになった．この継手法は振動に強く，ステンレス鋼に代わって 6061-T6 チューブを 3,000psi 程度の高圧油圧系統にも使用でき，継手も軽量化できるという利点があるが，スリーブが変形するために増締めで漏れを止めることはできない．

フレアレス加工は，空気圧で高精度のスリーブをダイに押し付けて成形する．加工装置は，ウェザーヘッド社製の機械などが使われる（図 10.30）．

3. ホース継手とエルボ

ホースには，ニトリルゴムやブチルゴム製のゴムホースとテフロンホースがある．ゴムホースは耐振動性や狭い空間でも曲がり，テフロンホースは耐油性，耐熱性や耐薬品性に富み，耐久性が高い．ホースの寸法は，ホース内径を 1/16 単

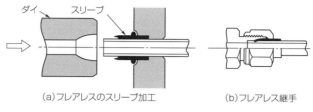

図10.30 フレアレス加工とフレアレス継手

位で表わす.

ホースは,油圧,燃料,酸素など各系統別に材質と用途などが決められ,混用は許されない.「ホース継手」は,使用目的によって鋼,耐食鋼,アルミニウム合金製の継手が使い分けられ,ANやMSなどの規格番号で取り扱われる.ホース継手の加工はホースの長さを決めて切断し,ソケットをねじ込み,カップリングナットの付いたニップルを締め込む.

加工装置はエアロクイップ社製の機械が一般的である.完成したホース継手は,ホースサイズごとに規定された耐圧試験を行ない,最大運用圧力の最小2〜3倍程度の耐久圧力を負荷し,漏れや局部的膨らみなどがないことを確認する.

ホース継手は,機体に配管するときはたとえば24in.ごとに各系統を表示するテープを巻いて機体整備をしやすくしている.高圧系統にはフレアやフレアレスタイプ継手を使用するが,低圧の燃料や真空系統にはビード付きチューブにホースを差し込み,バンド状のクランプで固定する(図10.31).

一方,航空機の配管チューブやホース類は,オーバホール時にそのほとんどを交換する.機体構造の狭い空間を通しているチューブやホースの取付け,取外しを可能にするために多くの継手が必要になり,この多種の端継手どうしを結合するものが「エルボ」である.

エルボは,アルミニウム合金または鋼の鍛造品を機械加工した部品で,サイズ,形などはAN規格などで定められている規格部品である.たとえばアルミニウム

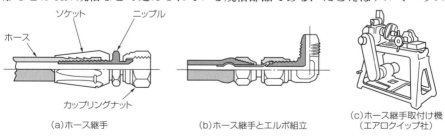

図10.31 ホース継手と加工装置

Part.10 構造組立と艤装,整備と試験飛行,定期修理,品質保証

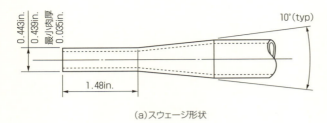

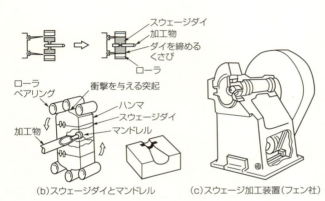

図10.32 チューブスウェージングと加工方法

合金製エルボは，アノダイズで青色に着色してある．

高圧系統のステンレス鋼の配管には，カドミウムめっきした鋼製エルボを使用する．エルボは，角度，分岐数など非常に多くの種類が規格で定められている．

4. スウェージング

航空機の操縦，操作系統の動きを伝達する方法は，油圧や電気などを用いる場合を除き，大部分は単純で確実なケーブルまたは操作ロッドを使用する．このロッドは2024チューブや4130鋼管を使い，チューブ端末をスウェージングしてロッドエンドを取り付ける．

スウェージングは，ダイを回転させて加工物に打ち付け，ハンマで叩きながら成形するもので，加工装置はフェン社（アメリカ）などの機械が使われ，部品サイズごとの専用ダイを使用する．

アルミニウム合金チューブは，通常1回で成形が完了するが，4130などの鋼管は加工硬化が激しいので，数回の中間焼鈍を行なう必要がある．スウェージした部品は，操縦系統など重要部分に使われるため，成形部分には少しの傷も許されない（図10.32）．

10.5　主な艤装品[3]

艤装品は，動力装備，降着装置を始め，油圧・空気圧系統，操縦装置，空気調和・与圧系統，防，除氷・防曇・除雨系統，計器，電気・電子系統，写真装置，室内装備，火災報知・消火系統，生命安全などの機器類と関連機器の総称で，軍用機の場合はこの他に武装などが加わる．

1. 動力装備

航空機用エンジンは,「ターボジェット」,「ターボファン」,「ターボプロップ」,「ターボシャフト」などのジェットエンジンと,プロペラ用の「ピストン」エンジンに大きく分けることができる.

ジェットエンジンは,圧縮機（コンプレッサ）,燃焼器,タービンで構成され,空気取入口（エアインテーク）から吸い込んだ空気を連続的に圧縮機で圧縮し,続く燃焼器に噴射した燃料と連続燃焼,加熱させて,燃焼器で発生させた高温高圧ガスでタービンを回転させ,そのときのタービン出力の一部で圧縮機を駆動するしくみである.

ターボジェットエンジンの排気ガスは非常に高速で,遷音速などの高速飛行には適しているが低速時は推進効率が悪い.そこで,亜音速域での推進効率を向上させるために高速排気ガスが持つエネルギーの一部で別のファンを駆動し,大量の空気を比較的低速に加速してエンジン出口でのジェット速度を下げて低速向きとし,燃料消費率を向上させたものがターボファンエンジンである.

ターボプロップエンジンはタービン軸出力でプロペラを回転させて推力を得るもので,ターボファンのバイパス比（空気流とジェットガスの比）を非常に大きくすると同時に,外周のダクトを取り去ったものに相当する.また,ファンを取り付けずに軸出力のままにした形式がターボシャフトエンジンで,ヘリコプタに使われている.

ジェットエンジンの空気取入口は,機体外表面からエンジン本体の空気取入口断面までダクトで構成される.空気取入口の機能は,あらゆる飛行状態でエネルギー損失を最小限に留め,適正な空気量をエンジンに供給して,同時にエンジン前面の空気の圧力分布をできるだけ均一化させる必要がある.このため,空気取入口や空気取入れダクトの組立は,寸法精度や表面粗さ,ステップギャップなどの品質確保が重要となる.

プロペラは低速での馬力あたり推力が大きく,数枚のブレード（羽根）とブレードを保持するハブ機構,ブレードのピッチ角コントロール機構などを主要構成部分とする.「可変ピッチプロペラ」の場合,エンジン停止時のフェザリングや空中での再始動時のウィンドミルを行なうためのピッチ角制御用補助機器が加わり,プロペラシステムを構成している.

プロペラ制御装置としては,回転数を一定に制御するための「ガバナ」,多発機のプロペラ回転数を同調させる「シンクロナイザ」がある.また,飛行に直接必要な推進力を得るための主動力装置（主エンジン）とは別に,各種系統や装備品の動力源になる電力や油圧,高圧空気などを供給する補助動力装置が必要になる.

一方，航空燃料を収納し，必要に応じてエンジンに供給する燃料装置が必要で，燃料タンク，燃料補給系統，燃料供給系統，移送系統，空中放出系統，指示系統などで構成される．

燃料タンクは，機体構造の主翼や胴体などの特定区画にシーリングを行なう「インテグラルタンク」，耐燃料ゴムなどでつくる「ブラダタンク」，脱着式の「金属タンク」がある．

タンク内の燃料は燃料パイプを通り，「ブースタポンプ」，「燃料開止弁」を経由してエンジンに送られる．高高度を飛行すると大気圧が低下し，燃料中に気泡が発生して燃料供給が困難になる「ベーパロック」現象が起こりやすくなる．ブースタポンプは，これを防止して燃料を確実にエンジンに送るために燃料を加圧する．また燃料開止弁は，エンジンに火災が発生した場合などに燃料の供給を停止するものである．

2. 降着装置

「降着装置」は，緩衝器（オレオ），引込み機構，操向装置（ステアリング），ブレーキ系統，車輪およびタイヤなどで構成され，これらを総称して「脚」ともいう．

降着装置は，機体の地上移動や機体支持機能，着陸時の垂直エネルギーを吸収して衝撃力を軽減する機能，地上走行時の速度制御や方向制御などの機能を持つ．高速飛行時の空気抵抗を軽減させるために，離陸後は油圧シリンダで脚室内に格納する方法が一般的である．

「操向装置」は，地上走行時に前輪の向きを変えて航空機の方向を制御する装置である．ブレーキ系統は，着陸接地した機体を安全確実に減速停止させると同時に，左右の車輪に別々にブレーキをかけて地上操向や方向転換に使用する．ブレーキにはドラムブレーキとディスクブレーキがあり，濡れた滑走路でのスリップを防止する「アンチスキッドシステム」が装備されている．

3. 操縦装置

「操縦装置」は，一般に「ピッチ」（機首の上下運動），「ロール」（機体の回転運動），「ヨー」（機首の左右運動）の3軸周りを制御する3舵操縦装置と，失速速度を下げて離着陸時の操縦を容易にする高揚力装置，空気抵抗を増加させて減速時に使用する抵抗増大装置で構成される．操縦桿（操縦輪），フットペダル，舵面あるいは舵面サーボ間は，一般的にはケーブルやロッドなどの機械的リンクで結合する．

最近は操縦性の改善や重量軽減，容積減少などの目的で，パイロットの入力を電気信号に変換して電気配線で信号を伝える「FBW」（Fly By Wire），あるいは光信号に変換して光ファイバで信号を伝える「FBL」（Fly By Light）が実用化さ

れている.

4. 油圧・空気圧系統

「油圧系統」は，操縦装置や降着装置などを確実に作動させるため，油圧ポンプで各装置のアクチュエータやシリンダなどに作動油を送り，適切な圧力と流量を制御する油圧源装置，作動油の流路用配管，流れ方向と圧力などを制御する制御作動機器で構成される．系統圧力は，1,500, 3,000psi の基準圧が使用されるが，最近はシール技術やポンプ，機器類の開発とともに，4,000, 5,000psi の高圧化も実現している.

「空気圧系統」は空気流体を作動媒体として用いるので，油圧系統と同様に圧力や流量を制御して任意の出力が得られる．降着装置の非常作動用などの蓄圧式と，燃料タンクの加圧など蓄圧せずに利用する方式があり，系統圧力としては1,500, 3,000, 5,000psi の基準圧が使用される.

5. 空気調和・与圧系統

「空気調和・与圧系統」は，機体内の乗員や乗客の居住性を確保して搭載機器の環境条件を適正に保つために，外気や気圧など機外環境の変化に対応して機内の温度や湿度，換気，気圧などの調整を行なう.

一般の航空機で主に用いられる空気調和システムは，ジェットエンジンの圧縮機などから取り出したガス（抽気）の断熱膨張を利用して空気を調和する「エアサイクル方式」と，フレオン系の冷媒の蒸気熱を利用する「ベーパサイクル方式」がある.

エアサイクル方式は，音速以下の航空機では冷却と与圧の両方の要求を満たせ，装備が簡単で軽量であるという利点を生かして広く利用されているが，高速になって負荷が増すと必要空気量も増え，抽気によるエンジン性能の低下を招くので，高速機ではより冷却効率の高いベーパサイクル方式との組合わせを考慮している.

与圧系統は，機内の空気圧を機外よりも高くして，高空飛行や上昇，下降時も機内の気圧をできるだけ地上の状態に近くしたり，機内圧力変化率をある範囲内に抑える．与圧の空気源としては，機構的に簡単で信頼性が高いという理由からエアサイクル方式が利用されている．一般的に与圧の制御は，与圧室から機外に出る空気流量を制御して行なう.

6. 防水，除氷・防曇・除雨系統

航空機が高空を飛行すると，機体表面各部の突起物やよどみ点付近などに氷が付着して，安全飛行にいろいろな影響を与える．着氷を防止する方法としては，一般的には氷が付着しないように各装置を加熱しておく「防氷」（anti-icing）と，付着した氷を除去する「除氷」（de-icing）がある.

防，除氷方式には，タービンエンジン抽気，燃焼加熱器および排気利用の熱交換器を用いる空気加熱式，ヒータマットおよび電熱ガラスを用いる電熱式，ラバーブーツ，機械的振動を用いる方式がある．

操縦室の風防ガラスは，与圧強度や鳥衝突強度上厚くなっているので，低空でも内側表面が露点以下に保たれるため，ガラスの内側に水滴や霜が付着して視界を妨げることがある．とくに高空から降下するときにこの現象が強くなる．

電熱式の風防ガラスは，着氷を防ぐために室内側表面も加熱されるので防曇装置は不要であるが，その他のものは電熱によって内側表面温度を保つようにする．電熱が利用できない場合は，加熱空気を吹き付けたり，2重ガラスの中間に乾燥剤を通して室内空気を流す方法を取る．また，雨中飛行の場合は，パイロットの視界を守るためにワイパや加圧空気のブラストを用いる．

7. 計器

航空機の高性能化，大型化によって，操縦，運航用計器および関連機器の信頼性，安全性が要求され，計器の数も増えて十分な監視が困難になり，集合計器方式が開発されてきた．一方，計器にも電子技術が多く取り入れられ，従来の機械式や機械電子式計器に代わって，CRTディスプレイを使った電子計器が使われるようになっている．

航空機に搭載する計器類は，高度計や昇降計，姿勢指示器，対気速度計，旋回傾斜計，加速度計，電波高度計などの「飛行計器」，水平位置指示器や方向指示器，磁気コンパス，時計，対地速度計，ラジオコンパス，無線計器などの「航法計器」，回転計や潤滑油圧力計，潤滑油温度計，燃料圧力計，燃料流量計，排気温度計などの「エンジン計器」に分けられる．

8. 電気・電子系統

(1) 電気系統

航空機用主電源はエンジンの回転力で発電機を駆動させて電力を得るが，発電には直流系と交流系の2方式がある．電源装置は1次電源と緊急電源に分離され，直流電源系統は主に小型機に用いられ，電圧は通常28Vである．その系統は主に，直流発電機および電圧調整機能と保護機能を持つ発電機制御装置で構成される．

交流電源系統は中型機以上に多く使われ，400Hzの一定周波数系と200〜800Hz程度の可変周波数系が一般的である．系統電圧は，単相の場合は115V，3相の場合は4線式で線間電圧200V，線・中性点間電圧115V，中性点接地である．

また，緊急電源系統は主電源を補ったり緊急時に使用する電源で，バッテリを搭載しているのが一般的であるが，ラムエアタービンを利用した発電装置などを装備する例もある．

航空機の照明には機内照明と機外照明があり，機内照明はコクピット内の計器照明やパネル照明が代表的なもので，指示計器や制御系計器を容易に読み取れ，灯器の直接光や反射光がパイロットの目を妨げないような配慮や，疲労軽減のために均一な照度で輝度を調整できる装置を装備する．この他，室内灯，通路灯，非常出口灯，荷物室灯などがある．

機外照明はその目的別に，翼端灯などの「航空灯」，高輝度で閃光する照明灯である「衝突防止灯」，「着陸走行灯」などがあり，特殊なものとして「検氷灯」，「編隊灯」などがある．機外照明の配光と光度は詳細に規定され，その要求仕様に対する適合性を証明しなければならない．

「警報装置」は，航空機の搭載機器や系統に異常が発生したことを乗員に知らせるための装置で，警報指示灯などの視覚，ブザーなどの聴覚，スティックシェーカなどの触覚装置がある．

(2) 航空電子システム

航空機の電子システムは，大きく次のように分類できる．

- ・地上局と連絡を取りながら確実かつ適切に飛行，航法するのに必要な通信・航法・識別装置
- ・搭載したミサイルや爆弾，ロケット弾，機関砲などの武器を効果的に使用するために必要な武器管制・誘導装置
- ・敵の攻撃から自己防御などを行なうための電子戦装置
- ・パイロットの負担を軽減して効果的に武器管制・誘導・航法などのミッションを可能にする統合表示装置・情報処理装置
- ・飛行中のデータの記録を行なうモニタ装置
- ・通信・航法・識別装置

「通信装置」は，音声によってパイロットが地上局または味方機と交信するために必要な無線通信装置，地上局または自機が捕捉したターゲット情報や敵地情報，コマンド情報を戦術情報として送受信するデータリンク装置，機内や地上整備員と交信するための機内通話装置などがある．

「航法装置」は，地上局との交信によって地上局の方位と距離を知り，自機の位置を把握できる TACAN 装置，複数の人工衛星からの電波を利用して自機の位置を知る GPS 受信装置，地上局や味方機からの電波によって，その方位を自動的に検出する自動方向探知機（ADF），地上局の支援を必要としない自立航法装置，滑走路付近の電波を受信し，設定された進入・着陸コースからの自機の上下左右方向のずれを検知して表示する ILS 装置などがある．

「識別装置」は，自機から味方の質問信号を発信して敵味方を識別する IFF 質問装置，地上局や航空機からの敵味方識別のための質問信号に対して，味方であ

Part.10 構造組立と艤装，整備と試験飛行，定期修理，品質保証 **297**

ることを自動的に応答する IFF 応答装置などがある.

・武器管制・誘導装置

軍用機に搭載されているミサイル，爆弾，ロケット弾，機関砲などの武器を適切に制御し，目標に命中させるための「武器管制・誘導装置」は，レーダ装置，光学照準装置，アーマメントコントロールセットなどがあり，この他に情報処理装置としてのミッションコンピュータ，HUD やレーダディスプレイなどの統合表示装置，飛行状態を検出する航法装置などを組み合わせたシステムにより，効果的な武器の管制・誘導を行なう.

・電子戦装置

「電子戦装置」は，自機を捜索・追尾しているレーダの電波を受信し，その電波を検知分析して敵機の方位と距離，種類を識別表示可能なレーダ警戒装置，敵レーダに偽反射電波を送信して探知補足能力を低下させる電波妨害装置，敵に捕捉追尾された場合にミサイル攻撃から回避するため，自機の存在位置をカムフラージュするためのチャフフレア装置，後方から接近するミサイルや敵機に電波を発射して探知する後方警戒装置などがある.

・情報処理装置

「情報処理装置」には，武器の管制計算や航法計算機能，レーダなど電子機器の作動モードコントロール機能や表示機能コントロールなどのミッションコントロール機能を持つミッションコンピュータが搭載される.

・モニタ装置

「モニタ装置」は，統合表示装置の画像，パイロットの音声を記録して飛行後の戦果確認，戦術情報収集などのための TV センサや VTR，機体の疲労解析用データ収集，電子機器やエンジン整備用データ収集の信号記録装置，電子機器の BIT 機能やその結果表示などを統合的に行なう BIT コントロールパネルなどがある.

9. 武装装置

「武装装置」とは機関砲，パイロン・ラック，ミサイルランチャなどで，機関砲は機体内に常時搭載される内装型，任務上必要に応じて胴体下や翼パイロンなどに搭載される外装ポット型がある.

爆弾類は翼下や胴体下のパイロンに搭載し，高速機では爆撃時に爆弾類を突放して投下しないと機体に衝突する恐れがあるため，火薬のガス圧力でピストンを突出して爆弾類を突き落とすエジェクタラックを組み込んでいる機体が多い．また大部分のパイロンは，機外燃料タンクを搭載するために必要な配管やディスコネクタが装備されている.

ミサイルは「ミサイルランチャ」と呼ぶ専用発射機に搭載し，発射方式によってエジェクション方式とレール方式がある．エジェクタ方式は，機体下面埋込み

あるいはパイロンに吊るし，ランチャに組み込んだ投下機構で打ち出した後にロケットモータが作動する．

　一方，レール方式は主翼端やパイロンに吊るし，ロケットモータが規定推力に達するとランチャに組み込んだデテント機構から解放されてレールに沿って発射される．

10.6　艤装の実際

　1940年代の航空機は飛ぶだけの必要最小限の艤装であったため，比較的機体内部の空間もあり，艤装作業の工数も全機製作の10～15%程度にすぎなかった．しかし，最近開発される航空機は，搭載電子装備の増加や操縦系統の機力化とデュアルシステム化，可動部分の増加，空調システムの採用などで艤装工数が大幅に増加して20～25%程度になり，超音速戦闘機では電子機器関係の増大で30%にも達する例もある(**表10.3**)．

　従来からの伝統的な艤装作業では，モックアップ(実物大模型)や初期の製造機体に合わせてチューブやケーブル，ワイヤハーネス(電気配線)などの形状や長さを決め，その結果を設計図面に反映していた．しかしこの製作法は，開発日程の長期化やコスト増大の大きな要因の1つだったため，最新の航空機開発では設計段階から3次元CAD/CAMシステムを使用し，艤装設計を含む機体全体の数値モデル化を行なって，品質向上や日程短縮，コスト低減に大きく役立てている．

　艤装品は機体内の狭い空間に集中することが多く，機体構造組立のサブ組立段階から順次，チューブ，ケーブル，ワイヤハーネスなどとともに機体構造に組み込んで組み立てられる．

　複雑な艤装作業も，単位作業に分解すれば，電気・電子配線，低圧・高圧配管，機器の取付け，機構部品の取付けと調整などに分けられる．

1. 電気・電子艤装

　機能系統ごとに組み立てるワイヤハーネスの製作は，始めに電線類にユニット番号，回路機能，線番，線の区分，線サイズなどの表示番号を，整備時にどの系統の配線かが一目で分かるように，活字を約200℃に加熱しタイプするワイヤマーキング装置，またはレーザマーキング装置などを使用して印字する(**図10.33**)．次にワイヤ

表10.3　マッハ2クラス戦闘機の艤装工数比率

項　　　　目		工　　数(%)
部品製作と構造組立		62
艤装	燃料系統	2
	電気，電子	11
	油圧	7
	武装	4
	機器取付け	5
	小　計	29
整備，飛行		9

Part.10　構造組立と艤装，整備と試験飛行，定期修理，品質保証　299

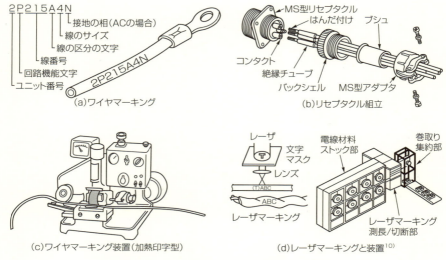

図10.33 ワイヤマーキングとリセプタクル組立

ストリッパを使用して，手作業で電線端部の絶縁体を剥ぎ取って導体であるワイヤを露出させる．

航空機の電気配線で一般に使われるクリンプ型ターミナルの銅線と銅ターミナル接続法は，ターミナルに電線を巻き込んでハンドクリンプ工具で確実にクリンプする．一方，コネクタ類の一種であるリセプタクル組立は，コンタクトに電線をはんだ付けやクリンプで接続して組み付ける．

航空機のワイヤハーネスは相当量で，とくに対潜哨戒機のように電子機器の搭載が多い機体はさらに複雑になる．この配線を個別に機体の狭い空間に取り付ける作業は非効率なので，方向系統の同じ電線組立をまとめてサブ組立ユニットとして機体に取り付ける．

そのため，「ハーネスボード」と呼ぶ電線組立用の治具を使用し，能率的にワイヤハーネスを製作する（図10.34）．

ハーネスボードはベニヤ板に機体現寸の2次元配線図を張り付けたもので，この配線図に従ってピンを立てて電線組立作業ができ，ボード裏側には回路チェック用の配線が施してある．このハーネスボードを使用してクリンプ型ターミナルやリセプタクル組立などをまとめて組み立て，導通試験などを行なう．その後，約150mmごとに電線を束ねてサブ組立ユニットにして機体に取り付ける．

電気・電子装備の購入品は，事前に専門メーカーで機能試験を行なった後，機体メーカーの受入検査で品質が保証される．一方，機体メーカーで製作する電線

組立の場合，比較的少量のワイヤハーネスの回路試験であればハーネスボードを使用してできるが，大量の回路試験にはサーキットアナライザ(回路試験機)を使用し，リセプタクル内の絶縁不良などの欠陥がないことを検査する．

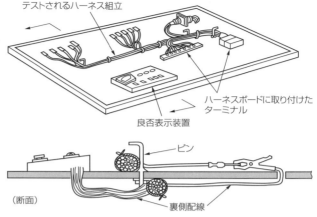

図10.34　ハーネスボードとハーネス組立

2. 配管艤装

配管の種類は一般に，低圧系統としては計器用真空，静圧系の0〜負圧，燃料，滑油系の0〜3.5kgf/cm^2，高圧系統としては油圧作動，乗員酸素用の1,000〜3,000psi 程度に大別される．最近は，油圧系統の重量軽減や容積縮小を目的として，より高圧に移行し，5,000psi を使用した実用機が登場している．

チューブやホース継手組立品は，耐圧試験後清掃されて捨てキャップを付けた状態で組立職場に供給され，エルボやクランプなどで配管を連結して機体構造に取り付けられる(図 10.35)．

エルボやクランプなどの締付けには必ずダブルスパナを使用し，必要に応じて容易に緩みをチェックできるためにトルクマークを付け，各系統の配管には系統を表示するテープを張る．

0〜3.5kgf/cm^2 程度の低圧配管は，機体に取り付けた後に配管漏洩試験機で

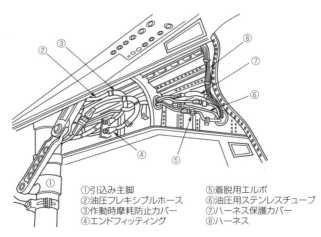

図10.35　主脚作動配管の艤装例

Part.10　構造組立と艤装，整備と試験飛行，定期修理，品質保証　301

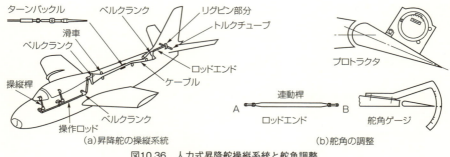

図10.36 人力式昇降舵操縦系統と舵角調整

規定の空気圧を負荷し，圧力低下状態を試験する．圧力低下があれば配管系統から漏れているので，次にフレオンガスで加圧し，このガスに含まれる塩化物を感知するガスリークディテクタで漏洩箇所を検出する．なお，この方法は燃料タンクの漏洩試験にも適用される．

一方，チューブやホース継手組立品，油圧機器などの高圧配管や機器類は，一般には単体部品の状態で油圧テストスタンドを使用して耐圧，流量，機能などを試験する．これらの系統は，機体に取り付けた後も艤装ラインや整備ラインで，配管漏洩試験機，可搬式の油圧や燃料用ラインテスタ，酸素系統試験機，与圧室漏洩試験機など各種の試験装置を使用してその機能をテストする．

3. 機構部品の取付け，調整

航空機の操縦系統，脚引込み，風防，脚ドア開閉とロック機構などは，リンク，カム，ばねなどを利用したメカニカルな機構が多い．これらの機構は，ブラケットを介してボルトなどで構造部品に取り付けられるが，その作動に公差があるため調整が必要になる．機構部品の取付け，調整例として，ジェット練習機の昇降舵の人力式操縦系統を取り上げてみる．

図10.36の操縦系はきわめて簡素なメカニズムで，直線的配置のプッシュプルロッド，ベルクランク，トルクチューブなどで構成され，操縦桿を固定してベルクランクをリグピンで固定，調整する．

次に昇降舵を翼挟みで固定し，この系統を動かないようにする．操縦桿のロッドエンドを調整し，たとえばA，B間距離の適切な長さに決めてロックナットを締める．次に，ターンバックルでケーブルに張力を与え，ケーブルテンションメータで規定の張力にする．

これで連結を終了し，リグピンの固定を外して，締付部にからげ線をかける．最後に，プロトラクタ（分度器）と舵角ゲージで舵角を調べる．

最近は，機体の大型化，高速化に伴って大きな操舵力が必要とされることから，

アクチュエータを使用した機力操縦装置が採用されている．

4. エンジン，計器，客室艤装

エンジンメーカーから供給される航空機用エンジンは，エンジン自体の駆動に必要な機器類は装備されているが，それ以外の発電機，油圧や真空ポンプ，ジェットエンジン排気ダクトなどの機器類は，機体メーカーのエンジンショップで組み立てる．また，周辺機器専門メーカーから購入した計器類は，機体メーカーの計器ショップで，すべての計器を作動させて機能試験を行なう．

合格した計器類は，計器ショップで可能な限り計器盤に取り付けて配管，配線をし，電気的試験を行なってから機体に取り付ける．エアラインで使われる旅客機の場合は，乗用車と同じように客室に美しい内張りやシート類を取り付ける．とくに戦闘機や小型機などの場合は，サブ組立時にできるだけ艤装作業を先行させても，コクピット周辺に艤装が集中する．

5. 艤装ライン

構造組立は，その作業量に応じて組立作業を分割することで生産レートに対応できるが，艤装作業は限られた作業員が機体の狭い空間で作業しなければならないため，艤装工数が増大するにつれて艤装期間が長くなり，艤装ラインの方式は重要になる．

たとえば総工数12,000工数の機体で，作業員が2人しか入れない狭いコクピット艤装が3％かかるとすれば360工数必要となり，1人あたり180時間必要となる．これは1日9時間，1か月20日間の艤装作業で月産1機の航空機生産レートとなり，月産20機生産するには少なくとも20機を艤装ラインに並べなければならない．

この艤装ラインを短縮するには，昼夜2直作業か複数の艤装ラインを計画しなければならない．このため，戦闘機などの量産ラインでは自動車工場なみの艤装ラインを設け，一定時間ごとに位置を移動する「タクトシステム」と呼ぶ艤装ライン方式を採用する場合がある．この艤装ラインには，必要な各種試験装置を導入して能率化をはかっている（図10.37）．

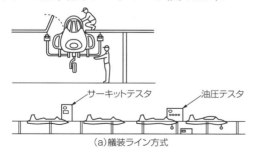
(a)艤装ライン方式

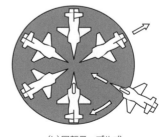
(b)回転テーブル式

図10.37　タクトシステムによる2つのライン方式

6. シェークダウン検査とラインオフ

　機体は艤装ラインですべての艤装が完了すると,「シェークダウン」検査 (shakedown inspection) を実施してラインオフする.「シェークダウン」とは性能試験などを意味し,同検査は組立,艤装作業がすべて完了し,機体を整備工場に搬出する直前のラインオフ時に行なう検査である.

　試験項目は,重量重心,各翼のアライメント,舵角の測定,脚や動翼の作動,キャノピー開閉,ダイブブレーキなどの油圧や電気・電子機器の作動試験などである.しかし,エンジンの電子機器の場合は,配線や配管の状態を確認するだけでエンジンの始動は行なわない.

7. 737型機のMAL導入

　「10.6 5.艤装ライン」の項で,航空機の高い生産レートの艤装ライン構成の考えかたについて説明した.ボーイング社は近年,次世代737型機の最終組立ラインに「ムービングアセンブリライン」(MAL：Moving Assembly Line＝流れ作業組立ライン)を導入して,大型航空機の最終組立期間を大幅に短縮し,民間航空機で最短の組立期間という新たな歴史を打ち立てた(**写真10.7**).

　同社レントン工場(アメリカ・ワシントン州)で組み立てられている737は,月産20〜30機にも及ぶ高い生産レートで,1999年以来導入した「リーンマニュファクチャリング」(無駄取り工法)により最終組立期間の短縮をはかってきた

写真10.7　MALを導入した737型機の最終組立ライン[11]

が，近年はこの手法に加えて MAL を採用することにより，最終組立日数を従来の半分の 11 日に短縮できた．

また，航空機の最終組立ラインへのリーンマニュファクチャリング組立法と MAL の導入によって，組立期間の短縮だけでなく「ジャストインタイム」（JIT）などの採用ともあいまって，仕掛品在庫 55％削減，および保管在庫 59％の削減も実現している．

737 ムービングアセンブリラインは，毎分 2in.（= 5.08cm，約時速 3 m）の速度で機体を移動させながら，最終組立の艤装作業を行なう組立法である．1 日で最大72 mの移動が可能であり，約42mの機体全長の 1 組立ステーション（Part.2.4 項参照）を 1 日以内で移動することができる．

すなわち，この流れ作業組立ラインでは，1 日 2 シフトの 16 時間作業で 48 m 移動し，日産の生産レートは1機から最大1.5機程度の最終組立作業が可能となる．

たとえば，1 日で 1 機を生産する場合は，1 ラインに 4 機が在場し，フロータイム 4 日で，最終組立開始後 4 日目にラインオフとなる．ラインオフ後は，塗装，飛行前点検，試験飛行などを経て最終組立作業が終了し，ユーザーに引き渡されることになる．

このように機体の最終組立期間が短縮されることで，航空機を運航する航空会社は，機体受領の直前まで客室やシステムの仕様についての検討が可能になるなど，大きなメリットを享受できることになる．

10.7 整備と試験飛行

1. 整備

整備の目的は，航空機の性能と信頼性を維持，向上させることであり，航空機メーカーでの新製機の整備やオーバホール会社での整備と，エアラインなど運用部門での整備などがある．各種の整備によってそれぞれ特徴があるが，ここでは主に航空機メーカーにおける新製機の整備やオーバホール会社での整備について見ていく．

整備に共通する作業項目は，機体を安全に飛行させるための地上点検と調整，飛行準備作業である．整備が完了した機体は，整備会社と顧客側の双方が試験飛行を行ない，飛行性能，諸機能が調整される．

2. 整備工場

新製機工場をラインオフした機体は，牽引車に引かれて装着車輪またはドーリーに載せられ，飛行場付属の整備工場に搬入される．整備工場は，電気ドリル，火気，スパークなどは厳禁で，空調は困難であり，格納庫を兼ねる場合がある．

整備員には国家試験の資格が必要な作業項目もあり，相当広範囲の知識が要求され，責任と権限も大きい．また整備作業上，一般にトラブルが多いのは電子機器であり，整備工場には電子機器の整備ショップが併設されている例が多い．

整備工場に備えられる施設としては，電子機器の整備ショップの他，航空機を野外繋留してエンジンの試運転が可能な数千 m² のコンクリートエリアで，アースのターミナル，アンカーなどを備えたエプロン，試験飛行を管制する指令所が必要である．

さらに，風向計や風力計，各種無線装置を備え，飛行試験機と試験データなどを交信するための管制塔，燃料などのタンクと燃料積込み設備，タンクローリなどを備える燃料貯槽施設，吸気スクリーン，排気偏向，消音などの設備を備えたジェットエンジン試運転場，鉄骨構造や電車，自動車の外乱から 100m 以上離れた場所で方位修正が可能な地磁気コンパス修正エリアなどがある．

またヘリコプタの地上試運転用には，ヘリコプタの揚力に耐えて機体を地上に固定することができるヘリコプタタイダウン施設も必要である．

3. 整備作業

ラインオフして整備工場に搬入された機体の受入作業として，ラインオフ時に申し送りのあった残工事があればその作業を完了させ，機体の可動部分を中心に徹底した調整を行なう．

この整備作業は，各機体に定めた TO (Technical Order) および詳細な手順書に従って行なう．

たとえば，ジェット練習機の整備項目は一般に次のようなものである．

・脚作動試験
・酸素系統の補給および湿気排除
・コンパス誤差修正試験／ ADF ラジオコンパス修正／無線障害試験／無線機の作動試験
・操縦系統ケーブルテンション試験
・コクピットの与圧，暖房の点検
・燃料計の校正／燃料系統機能運転試験
・運転前準備

点火栓の機能点検／燃料系の防錆解除／燃料系統の空気抜き／ドライモータリングサイクル／ウェットモータリングサイクル／エンジン始動前点検／エンジン始動／エンジン停止／エンジン調整運転／アイドル点検調整／最大回転数の点検調整／電圧回転数の点検調整／電圧調整器およびジェネレータ出力点検／加減速の点検など

このうち点検項目の多い整備作業は，エンジン試運転関係である．エンジンの試運転は，全体指揮者1名，外部電源車係1名，機内操作員2名の合計4～5名が行なう．

4. 飛行前点検

整備を完了した機体は，試験飛行前に小型機では1名，複座ジェット練習機では約2名が，チェックリストに従って約200項目の点検を60分程度で実施する．点検は，可動翼類はすべて動かしてガタを点検し，次にコクピットに入り，緊急脱出装置や脚作動など以外の可動部分はすべて動作させる．

無線関係も感度を確認し，1つでも不具合があれば整備をやり直す．さらに，気圧計，時計，速度計を調整する．

5. 試験飛行

試験飛行には，「初飛行」と呼ぶ開発機の評価試験飛行と，量産新製機および修理機の試験飛行がある．この他，研究の一環として必要な技術データの収集や実証を目的とする試験飛行などがある．

(1)開発機の試験飛行

試作機の初飛行にあたって，試作機の操縦は高度な航空工学を習得した熟練パイロットが行なうのはもちろんであるが，単に飛行時間が多いというだけではなく，いろいろな機種の操縦経験を持つことが望ましい．初飛行後は，数機の試作機によって徹底的な実用評価試験を行ない，その機体の制式化の可否，量産機に対する改良点などを検討する．

試験飛行項目には，飛行性能，飛行特性，失速やスピン，フラッタ，飛行荷重および系統機能などがある．

(2)量産新製機，修理機の試験飛行

量産新製機および修理機の試験飛行は，航空機の各種機能の作動状況確認と，飛んで初めてわかるいろいろな調整を行なうためのものである．各機種ごとに定めた「飛行試験実施要領」手順書に従って，一定のフライトパターンのなかで規定の点検項目について性能，エンジン，油圧などの諸数値が一定範囲に入っているかを検査する．

(3)ヘリコプタの試験飛行

ヘリコプタの操縦は，固定翼機に比べて複雑である．その特徴がよく出ているのは，「オートローテーション」と「ホバリング」である．オートローテーションは，エンジンが停止した場合でも安全に着陸できる方法であり，試験飛行でも種々のケースのオートローテーションを行なうように規定されている．

またヘリコプタは，メインロータを約300rpmで回転させているので，少しでもアンバランスがあると振動の原因になる．そこで，まず地上で「トラッキング

Part.10 構造組立と艤装，整備と試験飛行，定期修理，品質保証 307

テスト」と呼ぶ，複数のメインロータが同一平面内で回転しているかどうかを試験する．

ロータ先端に高低がある場合はロータピッチが不具合なので，ピッチングで修正する．トラッキングテストは，従来はブレードチップに赤白のチョークを塗り，布製の旗にマークさせて段差を見たり，方向性を絞ったストロボスコープでブレードチップを付けた反射片から反射の差を計測し，ピッチの不揃いを修正するなど手間のかかる繰返し作業が必要な試験であった．

最近は，このブレードトラッキングテストは機体に付けた光学や磁気回転センサ，加速度計などで振動を計測，その結果のデータをコンピュータ解析して，直ちに修正方法を指示する自動振動解析装置が開発されている．

この装置を利用して，ヘリコプタの地上運転での横振動調整，試験飛行での縦横振動や全体振動調整などが能率的に行なえるようになり，振動解析や調整作業の容易化と精度向上がはかられている．

10.8　定期修理

航空機は，飛行安全の維持，稼動率向上を目指して各段階の整備が規定されている．整備には「計画整備」と「計画外整備」があり，計画外整備は運用中に発生した不具合の修理，あるいは計画外に実施せざるを得ない臨時修理または改修などの内容が含まれる．この計画外整備が頻発する項目は，作業カードを整理して計画整備の点検項目への訂正，追加などを実施する．

一方，計画整備は，「飛行前点検」，「基本飛行後点検」，「定時飛行後点検」，「定期検査」，「定期修理」，「取付品定期交換」などに分類され，このうちたとえば1,000時間または3年程度を目安に，航空機メーカーまたはオーバホール会社が定期修理（IRAN またはオーバホールなどと呼ぶ）を行なう（**表10.4**）．

定期修理の手順は，機体受入作業としてインベントリーチェック，運転検査などを行ない，整備工場に搬入する．その後，機体を分解する前に各系統の作動検査などの受入検査結果に基づいて，構造修理，機能部品修理などを行ない，再度

表10.4　航空機の計画整備の種類

名称	略号	内容
飛行前点検	PR	飛行準備としての点検（Pre Flight check）
基本飛行後点検	BPO	毎飛行後に行なう点検（Basic Post Flight check）
定時飛行後点検	HPO	25 時間，50 時間など機種により設定（Hourly Post Flight check）
定期検査	PE	100 時間，200 時間など機種により設定（Periodic Inspection）
定期修理	IRAN	定期的に行なう修理（Inspection And Repair As Necessary）
取付品定期交換	—	エンジン，機能部品などの定時間または暦日による交換

＊一部では IRAN にほぼ相当するものを「オーバホール」と呼ぶ

組立と艤装作業を実施して，整備，試験飛行をする．

1. 受入検査

搬入された機体は，分解前にまず受入検査を行なう．この検査は，機体がどの程度損傷しているかを検査し，修理作業の内容を決定する，定期修理作業で最も重要な作業の1つである．

検査の程度は，機体の運用状態に基づいて事前に決められた分解の程度に従って3段階に分けられる．一般的には，ステップ1とステップ2までの定期修理が実施される．

(1)ステップ1：機体構造組立以外の艤装品の全面取外し

この定期修理の機体分解の程度は，構造組立以外の艤装品，シール，ガラス，配線，配管，内張りなどをほとんど取り外すと考えてよい．取り外した部品は，機能部品のベンチテストや時間交換品の交換を行なう．

(2)ステップ2：機体主要構造結合部の分解，塗装剥離

ステップ1の修理作業に加え，機体の主要構造結合部を分解し，塗装を剥がして外板のキャンやリベットの緩み，フレーム類の亀裂検査，結合金具や重要ボルトなどの非破壊検査，腐食，傷，風防の損傷点検を行なう．

すべての検査および修理が完了後，機体塗装，機体組立と艤装，調整を行ない，ラインオフ後，整備と試験飛行を実施して顧客に納入する．

(3)ステップ3：TDI (Tear Down Inspection)

通常の修理は一定レベルの分解，修理しか行なわないが，TDIは機体運用の適当な時期に機体分解レベルをさらに進めて，翼内の内張りや外板の一部剥ぎ取り，燃料タンクの切開などを行なう．このTDIの結果から，定期修理の方法の当否やTDI結果の確認，改善事業の摘出など，技術データを取得して定期修理の点検項目を改訂する．

2. 構造修理

受入検査で発見された損傷は，標準手直し修理法に基づいて修理する．標準化されていない修理項目は，技術指示に従う．内容は，腐食，凹み，割れ，変形した外板や構造部品の交換，ダブラ当て，風防交換などがある．

損傷の激しい修理は，機体の構造組立治具に載せて部品交換などを行なう場合もある．通常，損傷の激しい脚，風防，尾動翼などは，航空機の運用をスムースにするため，事前に補機部品を準備しておき，時間交換あるいは損傷の度合によって交換する．

また，航空機は長期にわたって運用するため，運用経験によって常に改良が加えられている．これらの改良項目を定期修理時に逐次全機体に適用して，機体の標準化をはかる場合がある．

3. 機能部品修理

降着装置，操縦装置など航空機メーカーで製作した部品は社内で修理するが，計器や電装品，購入機能部品などは各専門メーカーに返送して分解や修理を行なう．これらの部品は過去の運用実績からリストアップして準備するが，修理内容の程度で修理期間などが左右されるため，購入する機能部品などをスムースに補給することは，定期修理業務遂行上重要な項目の1つである．

4. 試験飛行

すべての修理が完了し，組立と艤装を行ない，ラインオフした機体は，整備後航空機メーカーまたはオーバホール会社と顧客側の双方で試験飛行を行ない，合格後，引き渡し納入される．

10.9 品質保証

航空機の安全性や信頼性を確保するため，法的にも品質保証体系の確立が求められている．とくに軍用機や官需航空機などの場合は，契約上で品質保証共通仕様書や MIL-Q-9858 品質管理プログラムなどの適用が要求されてきたが，近年では世界標準に対応する ISO9000 国際品質保証規格や JIS Q 9100 航空宇宙産業用品質システム規格などを適用する方向に変わってきている．

これに対応して航空機メーカーは，品質保証体系の指針となる個別の品質プログラムを制定し，品質保証活動を実行する．

航空機製造での品質保証の基本姿勢は，「生産に関係するすべての部門，すなわち営業，技術，管理，生産，検査に従事する人々が，品質管理手法を適用して，より高い品質の製品を，より安く，より早く市場に提供して顧客の満足を獲得する」という「トータル QA」(Total Quality Assurance) の考えかたに基づいている．

このような考えかたを推進する生産管理の手法として，OR (Operations Research)，VA (Value Analysis)，IE (Industrial Engineering) などが実施されるが，これらは QA と共存，補完し合うもので，競合するものではない．

1. 航空機製造の品質保証の特徴

航空機は構成部品点数がきわめて多く、部品，組立品，購入品，標準部品，支給品など，すべての適正品質を確保しなければならない．たとえば軽飛行機で数千点，小型機で1万〜2万点，中型機では5万〜10万点の異なった部品が必要になる．この他に各種の標準部品が必要となり，たとえば零式艦上戦闘機では22万本ものリベットを必要とした．

標準部品は，リベット，ボルト，ナット，ワシャ，クレビス，エルボなどで基準化され，通常，専門メーカーで製造される．これら標準部品を含む部品点数は，

大型輸送機では100万レベルの点数となり，たとえばボーイング777の場合，300万点にも及ぶ部品点数で構成され，世界62か国，1,500社から調達されている．このように膨大な点数の製品を管理して，号機ごとに常に一定の品質を確保する必要がある（Part.2　引用文献7参照）．

次に，構成する各部品が多様でかつ形状が複雑であり，品質特性項目が多いという特徴がある．しかも，複雑形状部品にもかかわらず多品種少量生産であるということから，その製造は熟練作業者に頼る割合が多い．

検査員は，多くの人手作業で作成された製品を図面や仕様書，作業手順書，検査指導書などで要求されるすべての寸法や要求項目を，あらゆる部品，組立について検査，試験をしなければならない．抜取り検査を適用する場合は，顧客と事前調整したうえで統計的手法を適用し，その有効性を確認してから実施する必要がある．

検査にあたっては，計測または検査すべき点を明確に規定した検査指導書を作成して，誰が検査しても検査項目の見落としや図面解釈などの違いがないように計画する．

一方，各部品の要求精度が高いという特徴がある．自動車や家電製品の場合もミクロン単位の寸法精度要求は多くあるが，部品形状の一部分に限られる場合が多い．

航空機部品に要求される精度は，強度を確保しながら極限の軽量化をはかるため，各部品形状はすべての寸法に公差を規定し，号機ごとや左右対称部品の重量がばらつかないように管理すると同時に，あらゆる寸法が直接，強度に影響を与える．

外板や桁，縦通材などは，複雑形状で長尺，幅広の薄肉部品にもかかわらず，高い信頼性を保証する精度が求められ，このようなCAD/CAM適用部品の検査は，製造部門のデータを検査に使用せず，品質保証部門が直接，技術部門から抽出した検査データを使用することでソフトウェア上の誤りを予防している．

航空機の場合，わずかなヒューマンエラーが重大な事故を引き起こし，品質欠陥から生ずる結果は深刻で，人命に直接影響を及ぼす．このため，製品の受注から研究開発，設計生産から納入に至る工程の品質確保，および納入後の運用段階での品質維持を体系的に保証する必要がある．

2. 製造工程の流れと品質保証活動

図10.38は，航空機の製造工程の流れと品質保証活動を体系的に表わしたものである．

材料や標準部品は，材料試験機，国家標準器に対応した標準器で定期的に校正を行なう各種の寸法測定器，3次元測定機，非破壊検査装置などを使用して，強

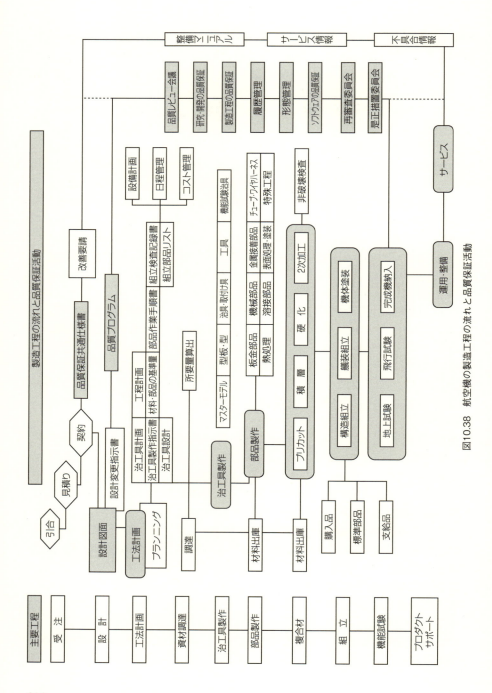

図10.38 航空機の製造工程の流れと品質保証活動

度や組織，寸法形状，内部および表面欠陥などを検査し，製造工程などを審査する．

装備品などの購入品類は専門メーカーによって検査，出荷されるが，航空機メーカーは受入時に各種の機能試験装置を使用して，輸送中の損傷などの有無を含めて装備品が性能，機能，構造，寸法などの技術要求を満足していることを検査する．

一方，部品や組立品の生産に使用する治工具の製作では，各種の寸法測定器や3次元測定機などを使用して，完成した治工具類の寸法，形状，機能を検査する．

原則として，治具や取付具類の公差に関しては，製品の精度に関係する要求寸法公差は製品公差の1/2，マスターモデルやゲージ類は1/3の厳しい公差が適用される．

板金部品や機械部品は，各種の寸法測定器や3次元測定機の他に硬度計，電導率計，非破壊検査装置，検査治具などを使用して，寸法や形状，材質，熱処理状態，表面欠陥などを検査して，作業手順書の検査工程に検査記録を記入する．

金属接着・複合材部品および溶接，熱処理，表面処理，特殊工程などの検査は，寸法の他に各種の非破壊検査装置を使用して，設備検定，作業者認定，工程・条件の認定管理（プロセスコントロール）などの生産環境で，材料試験を含む製造工程全般を管理し品質を保証する．

検査項目としては，「製造工程」，「作業者」，「設定条件」，「強度」，「内部」，「外部欠陥」などである．

構造組立は，汎用の計測器や検査補助具などを使用して検査を行ない，組立治具の定期検査を実施することで各号機の組立品の品質を保証する．

検査の内容は，号機ごとに組立構成品の数量や設計変更の編入確認，寸法，形状を含む構造や組立状態の設計要求との適合性検査を行なう．さらに艤装組立は，各種の作動試験が追加される．

機能試験は，航空機の機能試験を地上で行なえる各種の試験装置を使用して，各系統の機能や性能をテストするものである．その後最終的に飛行試験を行ない，飛行状態での各系統や各系統相互間の機能を確認して完成機となる．

さらに，製造工程の全般的な品質保証活動の一環として，材料の製作から部品や組立品の生産，納入までの工程中に，製品の材料ロット，熱処理バッチ，部品シリアルナンバーなどの履歴を，製品自体と記録の双方に残すことで，納入後の追跡性や他機への波及性の限定を可能にする「履歴管理」（trace-ability control）活動を行なっている．

また，航空機の開発，生産過程における設計，製造，購入，試験などのあらゆる活動に対して，設計者や顧客が要求した形態に製品が一致していることを確認

し，保証する「形態管理」(configuration control)活動を採用している．

　もし製造過程で設計図面や仕様書の要求から外れた製品が発見された場合，顧客，技術，品証部門からなる「再審委員会」(MRB：Material Review Board)に諮り，すべての不具合品は技術的な判定を受けて是正措置を行ない，対処する．

　顧客が運用中の航空機の品質保証は，開発当初から後方支援に対する事項を設計に反映し，航空機システムとして最も効率的で経済的な運用が行なえるように計画する．さらに，当該航空機が運用されて廃棄されるまでのライフサイクル全体にわたって，顧客の運用データの収集，分析，機体の能力維持，安全性，信頼性向上などの管理活動を行なう．

3. 品質とコスト

　「ものづくり」に対しては，常に，Q (Quality：品質)，C (Cost：コスト)，D (Delivery：日程) の生産管理が不可欠である．コンピュータの飛躍的な発展により CAD/CAM 技術が進歩し，設計技術や生産技術のグローバル化によって均質で一定の水準が確立された．

　近年，産業界全般で「品質とコスト」が重要なテーマになっており，生産管理の分野ではコスト重視の傾向はますます強くなっている．それは航空機産業でも例外ではない．しかし，コストダウンや日程短縮は，常に品質，すなわち飛行安全の確保や地球環境の保護などを前提に考えるべきで，品質とコストを車の両輪としてとらえるのではなく，品質は常にコストや日程よりも優先されると考えるべきである．

　図 10.38 でも述べたように，品質がコストや日程の輪を上回って，初めてコストダウンや日程短縮など日々の生産活動の周囲を回るしくみづくりが成就することを忘れてはならない．ややもすると技術の伝承を司る「技能や経験に基づく知見」が軽視されがちであるが，常に「ものづくり」の精神を服膺しながら取り組むことが肝要であると痛感している．

<引用文献>
1) D.F.ホーン／半田邦夫・佐々木健次共訳／「エアクラフト・プロダクション・テクノロジー」第10章「組立」(大河出版) p.209〜238
2) 澤口敏司／「767胴体パネル構造組立作業の自動化」(1988年第26回飛行機シンポジウム講演集．日本航空宇宙学会) p.448〜451
3) 「航空宇宙工学便覧」／日本航空宇宙学会A8.10組立・艤装法，p.256〜261，A8.13品質保証 (丸善) p.266〜268
4) 応用機械工学編集部編／「航空機と設計技術」第6章「生産技術」航空機の組立技術 (大河出版) p.250〜262
5) 神保政幸・佐野英之・大庭一宏・平原誠／「電磁打鋲法による組立技術の研究」(1996年第34回飛行機シンポジウム講演集 (日本航空宇宙学会) p.569〜572

6)田村純一・天田聡・深川仁／「生産技術の将来動向－組立技術」（1999年第37回飛行機シンポジウム講演集　日本航空宇宙学会）p.193～196

7)中田正知・土屋順司／「レーザトラッカーの航空機製造への適用技術」（1999年第37回飛行機シンポジウム講演集　日本航空宇宙学会）p.441～444

8)ASTME（AME）編著／半田邦夫・佐々木健次共訳／「航空機＆ロケットの生産技術」第3章　マスターツーリング　第4章　オプチカルツーリング（大河出版）

9)宮部智彦・吉田幹夫／「自動打鋲技術の適用例」（1993年第31回飛行機シンポジウム講演集．日本航空宇宙学会）

10)寺本光紀／「レーザーマーキング装置の導入」（1999年第37回飛行機シンポジウム講演集．日本航空宇宙学会）p.201～204

11)写真提供：ボーイング社

12)川向利和／「航空機部品生産性向上のための機体部品加工ソリューション（CFRPおよびチタン合金）」（サンドビック）2010年6月10日，サンドビック社HP

おわりに

　航空機産業は，今後とも新しい構造材料の出現やそれに伴う軽量化構造設計の要求に応えるべく，絶え間ない生産技術の開発が重要となる．とくに複合材構造では，設計と品質保証の方法を含めた「ものづくり」技術を，設計部門と製造部門とが一体となって研究開発することが大切である．

　日本の民需航空機産業においても，より一層の設計，製造技術力向上を目指して，完成機の最終組立ライン生産体制の構築に向けてステップアップをはかるべく，継続的に航空機産業の生産基盤を維持向上させていくことがますます重要になっている．

　本書は，航空機の生産に必要とされる生産技術全般について，とくに「ものづくり」としての航空機生産に関する普遍的な原理原則や基本となる必須事項を中心に，関連する各分野を網羅してできるだけ平易に記述した．

　飛行機の誕生から百余年，この間，日本の航空機産業は戦前の航空機開発に携わった経験豊かな先達の貴重な技術ノウハウを受け継ぎながら，戦後70年を経過して技術者の世代交代も著しい．

　国際標準であるISO規格などの制定に伴い，標準のグローバルスタンダード化が促進されたが，その拠りどころとなった技術とはどのようなものであったのか，それを理解することが重要であり，単に標準化の上辺だけでものづくりにかかわることは厳に慎まなければならない．このような観点も踏まえながら，本書が航空機生産の一助となることを願っている．

■索　引

あ〜お

アームドリル	123，126
アームルータ	126
アクセスホール	286
アプセット力	281
アライメントテレスコープ（心出し顕微鏡）	273
アラミド	185，200，201，204，206，213
アルクラッド	73〜75，240
アルミニウム合金	65〜84，90〜131，136〜160，167〜176，215〜291
アロジン	246，248，255
イオン化傾向	73
イオン蒸着法（IVD）	258
維持治工具費	106，107
維持費	41，106
1次結合	186
一方向テープ	207
一貫番号	192
一般管理費	41，45
インタフェランスリベッティング	282，283
インタフェランス量	282，283
インテグラル燃料タンク	100，101
インバー	215
インプリグネート（封孔）	84
インベストメント	243
ウェブ面	131，159
ウォータジェット	213，216
ウォータジェット加工	216
ウォータプレン	115
エアベンディング	128
エッチング	103，149，152，193，246，247
エナメル	170，253，254
エポキシ樹脂	103，104，120，205〜207，212，222
エレクトロン	84，85
円錐曲線画法	112，113
塩素系溶剤	246，259
エンドミル	155，159〜168，170〜174，179，180
オートクレーブ成形	206，207，219，223，224
オーバースプレー（霧化塗料）	255
オーバホール機体	255
置き割れ	94
送り	155，159，160，172〜180，238，269，270，271
送り速度	159，160，172〜180，270，271
押出し型材	70，79〜81，85，124，133〜136，155
オプチカルツーリング	274
オレンジピール	133

か〜こ

カークサイト	119
ガータクレーン	57
外接組立治具	272
外注加工費	41，62
回転軸	163
開発コスト	31
開発償却費	41
開発大日程	59〜61
界面力	186
カウンタサンクヘッド（沈頭）	278
化学結合	186
化学剥離法	259
架橋反応	212
拡散接合	65，87，123，145〜147，229
加工基準点（ツーリングポイント　T/P）	169
加工硬化率	155，156
加工しろ	171
加工手順	89，124，125，162，171
加工能率	157，242
加工費	28，31，36，41，62，68，107，147
加工費レート	41
化合物皮膜（化成皮膜）	247，248
荷重試験（プルーフテスト）	184，289
ガス浸炭法	93
ガスリークディテクタ	302
化成処理	248
カゼイン	187
型材ストレッチ	135，136
型棒	144
型彫り放電加工	240，241
可撓性	187，205
カバレージ（被覆率）	141
ガラスクロス	102，114〜118，131，211
ガラス繊維	114，200〜203，206，270
側フライス	159，168
還元処理	259
干渉チェック	144，165，167
慣熟逓減曲線	31，35，38，41〜44
慣熟率	33，36〜38，40〜45
間接労務費	41
ガントリー	167
規格ボルト	285，286
基準座標系	273，275
艤装	53〜56，58，261，272，292，299〜305，309，310，313
機体コスト	27，32

索引　317

基本設計段階 28 〜 31
基本線図 109, 111, 114, 115, 118
ギャップシャー 87, 125
強化繊維 185, 200 〜 202, 205, 206, 213
共振法 214
強靭鋼 89, 161, 170, 171
局部電池(ガルヴァーニ電池) 73, 74
切込み深さ 160, 180
金属型 215, 243
金属接着治具 196
金属表面板 215
空虚重量 32
空気炉 69, 77, 78, 171
組立位置(ポジション) 53, 54
組立治具 54 〜 57, 271, 276, 278
クラッド層 74, 75, 151
クランプ 159, 279 〜 282
クリープ 86, 142, 143
クリーンルーム 196, 206, 207
クリアラッカー(透明塗料) 253
クリティカルパス 59
グルーブシール法 101
グレンフロー効果 79
クロフォードの理論 39
クロム酸アノダイズ 193, 194, 246 〜 249, 258
クロメート処理 85, 250
形態管理 314
ケーブルテンションメータ 302
ゲーリン法 131
ケブラー 202, 204
ケミカルミリング(ケミミル) 84, 123, 147
ケミミル型板 149
原価低減活動 31
現在価値 45, 46
検査記録 64, 199, 313
検査指導書 311
現図 109, 111, 115, 116, 118, 120, 121
コイニング 128
高圧成形 206
高エネルギー加工法 123, 213
硬化サイクル 197 〜 199, 212, 223
工具軌跡 165
工場レイアウト 56, 58
工数 31 〜 44, 62 〜 64, 105 〜 109, 299, 303
構成刃先 172
構造用接着剤 103, 187, 189, 191, 197
高速度鋼(ハイス) 159, 172
購入品費 41
硬ろう 229, 239

コーディネート(同格化) 10, 118, 120
互換性 106, 107, 110, 118, 120, 278
コキュア方式 210
コストコントロール 31, 59
コスト推算式 32, 33, 109
固相溶接 229, 237
コバルトハイス 159
個別工数 38 〜 43
個別工数逓減曲線 38
個別工数理論 38, 44
ゴムプレス心金 116, 131
コンタバー 226, 272 〜 275
コントロールセクション 113
コントロールライン 112, 113
コンプレッションピーニング 140, 141

さ〜そ

サーキットアナライザ(回路試験機) 301
サーフェスモデル 165
サイジング(集束) 202
材料費 32, 41, 62 〜 64, 68, 87, 147
材料歩留まり 82, 125, 172, 176, 209, 229
作業可使寿命 208
作業係数 31
作業手順書 61 〜 64, 311, 313
サブ組立治具 107, 272
皿押し(ディンプリング) 188, 261, 279, 280
皿取り(カウンタサンク) 148, 261〜269, 279〜285
皿リベット 279, 280
サンドイッチ構造 188, 202 〜 207, 210, 214
3本ローラ 77, 129
シアボルト 279, 285, 286
シートストレッチ 133 〜 135
シーリング 194, 248, 269
シール効果 188, 282
シェービング 280 〜 282
ジェットエンジン試運転場 306
治具タイプ 215, 216
治具トランシット 275
試験飛行項目 307
時効 69 〜 71, 75 〜 79, 84 〜 87, 143, 230
治具装備 105 〜 107, 122
治工具費 31, 43, 44, 62, 105 〜 109
資材費 28, 31, 62
視準線(LOS) 273
自然時効硬化 76, 77
下穴 126, 266, 279
自動交換方式パレット 168
自動工具交換装置(ATC) 162

自動振動解析装置	308
自動プログラム言語	165
自動リベッティングサイクル	281
磁粉探傷	96, 172
シミュレーション画像	165, 167
社内加工費	41
樹脂型	215
主軸頭	167, 168
手動リベッティング	280
ジュラルミン	13, 65, 90, 154
蒸気脱脂	245, 246, 258
衝撃破砕加工	213
詳細設計	28, 29, 31
硝酸洗い	246
硝石炉	77
硝フッ酸洗い	246
将来値	42
初号機工数	31, 37, 41, 42
ショットピーニング	94, 139 〜 142, 172
初度治工具費	106, 107, 109
シルクスクリーン	256
心金型板	116, 131
真空口金	211, 212
真空チャック	159, 168, 175
真空度	197, 235, 236
真空バッグ成形	206
真空漏洩チェック	211
ジンクロメートプライマ	104, 183, 253, 255
人工時効	69, 76 〜 79, 85, 169, 230
人力式操縦系統	302
水浸法	214
水平旋回軸	167
スウェージング	288, 289, 292
数値制御（NC）	17, 161
スキーザ	279
すくい角	156, 157, 172
スクェアシャー	125
スクライビング	149
スタンドオフ距離	138
ステーション	115
ステーションプラナイザ（直角儀）	274
ステップケミル	150
ステンシル	256
ストレスキン	146
ストレッチラップ成形法	133, 135
砂型鋳造	243
スプリングバック量	83, 116, 143
スプレーラット	255
スラグリベット	101, 266, 281, 282

青化浴法	250
生産用ツーリング	111
生産レート	53, 54, 106, 107, 303, 304
脆性破壊	172
製造間接費	41
製造計画書	28, 59
整備項目	306
整備ショップ	306
精密鋳造	87, 227, 243, 244
セオドライト	275
積層構造	206, 207, 210 〜 212, 214
セコスタンプ成形	123, 136
設計構想検討書	28, 59
切削剤	172
切削速度	155, 160, 161, 172 〜 175, 180, 270, 271
切削塑性場	157
切削抵抗	157, 159
接触圧成形	205, 206
接着治具	119, 189 〜 199, 206 〜 216
接着フィルム	189, 192
接着力	149, 186, 187, 194 〜 196
設備償却費	41
セラミックモールド鋳造法	244
セルフシーリングリベット	101, 266, 280, 282
先行生産治具	106, 107
繊維方向	209, 210
全周かしめ	183
線状分子	200, 201
線図	109 〜 115, 118 〜 121
剪断角	157
専用治工具	105
造型	243
総工数	37, 39, 44, 303
ソリッドモデル	165 〜 167
損益分岐点（BE）	42 〜 44, 50
損益分析	41, 42, 44, 62, 108

た〜と

ターゲット（視準標）	273, 276
耐圧試験	290, 291, 301
大気開放	211, 212
ダイキャスト	243
退色性試験	257
舵角ゲージ	302
タクトシステム	303
脱気	209, 211, 212
タック溶接	230
脱ろう（ロストワックス）	243
ダブルテンパー（2段焼戻し）	172

単位切削馬力	157
短繊維	200, 202
炭素繊維	17〜25, 185, 200〜213, 220〜223
チオコール	205
置換性	106, 107, 110, 118, 120
チタンカドミウムめっき	172, 250
チタン合金	82〜90, 123〜161, 177〜180
チップフォーミング	128
ツーピースファスナ	281
ツーリング	105, 109〜111, 118〜121, 216, 223, 225
ツーリングホール(治具穴)	115, 116, 126, 131
つくり頭(加工頭)	279
中央翼組立	219, 276, 282
鋳造法	243, 244
超音波探傷	199, 213, 214, 232, 249
超硬合金	159, 174
超高速加工(UHSC)	172
超超ジュラルミン	13, 154
直接工数	41
直接労務費	41
直交座標系	163
低温焼鈍し	171
締結(ファスニング)	188, 261〜271, 276〜286
抵抗溶接	227〜239
ディンプリングマシン	279
テーパケミミル	150
テーパロール曲げ	130
デカール	256
でき頭(既成頭)	279
デジタイズ	140
デバッグ	209, 210
デバルキング	209, 210
点群データ(MDI)	120
テンションボルト	285〜287
電磁リベット締結	268
電鋳表面板	215
電流密度	193, 194, 242, 252
投下資本利益率(ROI)	44, 45
透過法	214
投資減価法(DCF)	45〜47
胴体パネル結合	268
トータルQA	310
塗装工場	255
塗装ブース	255
トップコート(上塗り)	104, 254, 259
塗膜形成主要素	253
塗膜形成助要素	253
塗膜形成副要素	253
ドライブマチックリベッタ	281

トラッキングテスト	308
トランシット(転鏡儀)	273〜275
トリミングマシン	128
トルクマーク	301
トルクレンチ	286
トレードオフ	28, 29, 68, 136, 225
ドロップ成形型	119, 146

な〜の

内接組立治具	272
ナイタルエッチ	96
内部残留応力	79, 160, 171, 230
ナイロンバッグ	210, 211
難削材	87, 91, 170, 177〜180, 215, 218, 262
ナンバリング	170
2次結合	186
2段人工時効硬化	76
ニッケルめっき	215
日程計画	50, 58, 62, 64
ニトロセルロースラッカー	253
ニブリングシャー	125
認定管理(プロセスコントロール)	313
抜取り検査	215, 311
ネスティング	125, 127, 209
熱影響部	229, 230, 234, 239
熱可塑性樹脂	200, 201, 206, 222
熱間矯正	170
熱間皿押し(ホットディンプリング)	279
熱硬化性樹脂	200, 201, 204, 205, 207
熱処理歪	171
熱電対	211, 212
熱浴焼入れ	171
燃料タンク	100, 101, 236, 282, 294, 295, 302
ノーメックス	202, 204
軒高	56, 57

は〜ほ

ハードアノダイズ	248, 249
ハーネスボード	300, 301
配管漏洩試験機	301, 302
ハイブリッド	202
破壊試験	199
バギング	191, 196, 197, 210〜212, 219
曝露時間	209〜210
バットスプライス(突き合わせ接合)	209
発泡接着剤	210
バトックプレン	115
ハニカム材	202
パラメトリック手法	28

パルス反射法 214
バルブステムカッタ 173
半硬化 191, 223, 224
はんだ 229, 239, 300
バンドソー 87, 118, 125, 128
ハンドルータ 123, 127, 128
ハンドレイアップ 205, 206, 219
販売価格 42, 43, 45
販売費 27, 41, 45
汎用治工具 105
ビード下割れ 229
ピーニング強度(インテンシティ) 141
ビーム孔 234
ピクチャーフレーム 263, 272
飛行試験実施要領 307
被削性 155～157, 177
被着体 186～188, 192～195
非破壊検査 96, 147, 199, 213～249, 309～313
ヒューマンエラー 311
標準時間 31, 62
標準単極電極 73
品質プログラム 64, 310
品質保証共通仕様書 310
ピンルータ 125
ファスニング 265, 269, 271, 276
ファン・デル・ワールス力 186
封孔処理(シーリング) 194, 248
フェノール樹脂 103, 188, 201, 205
不可逆性 188
複合材成形工程 206
複利投資減価法(CI・DCF ROI) 47
フッ化物処理 246
筆めっき 251
不飽和ポリエステル樹脂 200, 204
プライマ膜厚 195
プラスタモールド鋳造法 244
ブラスト剥離 259
フラップキャリッジ 169～171
フラップレール 65, 90, 95, 155, 161
ブリーダクロス 196, 211
プリキュア 210, 224
プリプレグ 206～224
プリプレグの自動裁断 209
フレーム組立 273
フレア加工 290
フレアレス加工 290
プレートナット 276, 283, 287
プレス型 107, 116, 119, 121, 138
プレステンパー法 95

フローチャート(流れ図) 50, 53～55
プロトラクタ(分度器) 302
分割(ブレークダウン) 50
粉末ハイス 159
ペイント 253
ベーキング 250
ベークライト 205
へら絞り成形 138
ヘリコプタタイダウン施設 306
変性エポキシ樹脂 205
ボイド 192, 196, 197, 206, 209
ホイロン法 132
芳香族ポリアミド繊維 204
ホウ酸・硫酸アノダイズ法 258
ホウフッ化法 251
ホール to ホール組立法 266
ホットサイジングプレス 87, 145, 146
ポットライフ(有効可使寿命) 256
ボトミング 128
ポリアクリロニトリル繊維 203
ポリエーテルエーテルケトン(PEEK) 103, 201
ポリエステル樹脂 204

ま～も

マイラー 114, 115
マイルストーン 59
間口(スパン) 57
マグネシウム合金 84, 85, 148, 160, 161, 248, 288
マスキング 148, 150, 255, 256
マスターゲージ 107, 110, 118, 120
マスターツーリング 111, 118
マスターモデル 110, 118～120, 313
マトリクス樹脂 200, 212, 213
マルテンパー(マルクエンチ) 171, 172
水噴射法 214
密着性試験 257
面直 261
木製モノコック構造 187
目標初号機工数 31

や～よ

焼入れ 88～97, 171
焼戻し 88～97, 171, 172, 181
焼割れ 89, 94, 96, 171
油圧テストスタンド 302
有効寿命 207
融接(溶融溶接) 229
輸送の限界 55
輸送費 31

索引 321

ユニバーサルヘッド (丸頭)	278
陽極酸化皮膜処理 (アノダイズ)	150, 245〜249
溶接金属	229, 233
溶接プロセス	227, 229, 231, 232
溶体化処理	80, 85, 90, 98, 99, 132, 136, 169
溶着金属	229〜231, 233
翼構造組立	266

ら〜ろ

ライセンス生産	11, 15, 19, 22
ライトの理論	36〜39
ライフサイクル	61, 314
ラッカーエナメル (着色塗料)	254
ラップスプライス (重ね合わせ接合)	209
ランド式	32
リーク漏れチェック	197
離型フィルム	211
リスク＆レベニューシェアリング	27
リセプタクル組立	300
リダックス	185, 187, 188
リベッティングガン	279, 283, 284
リベッティングクランプ	263, 279
リベット締結	188, 261〜283
硫酸・重クロム酸ソーダエッチ処理	246, 247
硫酸アノダイズ	248, 249, 258
履歴管理	313
臨海工場	55
リン酸アノダイズ	103, 194, 246
累計平均工数	36〜40
累計平均工数逓減曲線	36
累計平均工数理論	38, 42, 44
ルータビット	125, 172, 174
レイアウト図	111
レーザトラッカ (レーザ追尾測定器)	276
レーザマーキング装置	299
レートアップ治具	107
レベル (水準器)	273
ろう付け	100, 227, 229, 239, 261
ローラかしめ	183
ロール幅	209
6自由度	274, 275
ロケータ	266, 272〜278
ロッドエンド	292, 302

わ〜を

ワイヤフレーム	165
ワイヤ放電加工	240, 241
ワニス	253

■英略字索引

AMPR 重量	32, 33, 108, 109
APT 言語	165
ATC	162, 167, 168
A スキャン	214
A ステージ	207
B スキャン	214
B ステージ	207
CAD/CAM	17, 19, 28, 111〜121, 266, 272, 299
CADAM	120, 121
CATIA	120, 121, 165
CER	32
CNC 自動リベッタ	280
CO_2 レーザ	213
C スキャン	214
C ステージ	207
D-IE	59
GCI	41, 45
GLARE	24, 218〜221
MAL	304, 305
MD/NC	120
MDD	120
MDI	120
MIG 溶接	228, 233
MRB	314
MTM	31
NC データ	114, 120, 144, 161〜167
NC ルータ	123, 126
NC 自動積層機	210, 219
Non-Recurring	32
PERT	62
Recurring	32
RTM	219, 222
SPF/DB	65, 147
TO	306
TDI	309
TIG 溶接	228, 233
WBS	33, 50, 261
WF	31
W 状態	69, 75, 78, 132
X 線探傷	213, 214, 232, 236

半田　邦夫（はんだ・くにお）

1943年栃木県生まれ．1965年岩手大学工学部機械工学科卒業．同年富士重工業㈱（現・㈱SUBARU）に入社，主に航空機関連の生産技術に携わり，自衛隊の中等練習機T-4，支援戦闘機F-2，大型旅客機ボーイング767，777などの開発に従事する．

同社航空宇宙事業本部生産技術部長，富士エアロスペーステクノロジー㈱取締役生産技術部長，同社顧問を経て，神和アルミ工業㈱顧問を歴任．

日本航空宇宙学会会員，同第24期生産技術部門委員長，日本大学理工学部航空宇宙工学科非常勤講師などを歴任．

著書に『先端複合材料』（技報堂・共著），訳書に『航空機＆ロケットの生産技術』（大河出版・共訳），『エアクラフト・プロダクション・テクノロジー』（同）がある．

航空機生産工学　Aircraft Manufacturing Engineering

初版発行	2002年10月20日
増補改訂2版発行	2006年3月6日
増補改訂3版発行	2010年5月4日
増補改訂4版発行	2018年4月7日
著　　者	半田　邦夫
発 行 者	辻　修二
発 行 所	オフィスHANS
〒150-0012	東京都渋谷区広尾2-9-39
TEL	(03) 3400-9611
FAX	(03) 3400-9610
E-mail	ofc5hans@m09.alpha-net.ne.jp
制　　作	㈱CAVACH（大谷孝久）
印　　刷	シナノ書籍印刷株式会社

ISBN978-4-901794-80-0　C3053　2018 Printed in Japan
定価は表紙に表示してあります．本書の無断転載を禁じます．

オフィス HANS の本　（本体価格，判型，ページ数）

●単行本

- 航空機生産工学（増補改訂4版）／半田邦夫・著（4,000円　A5判上製　324）
- 幻の名機再び─航研機復元に挑んだ2000日／水嶋英治・前田建　他・著（2,000円　B5判4色　184）
- 私のヒコーキ博物館／幸尾治朗・著（1,600円　A5判　232）
- コルセアKD431─文化財としての航空機修復／デイヴィッド・モリス・著／苅田重賀・訳（3,200円　A4判4色上製　208）
- それでも私は飛ぶ─翼の記憶1909-1940／日本航空協会・発行（4,800円　AB変形判上製　228）
- J-BIRD　写真と登録記号で見る戦前の日本民間航空機／日本航空協会・発行（5,000円　B5判　438）
- 日本の水車／川上顕治郎・著（1,600円　B5判4色　66）
- 石油文明を越えて─歴史的転換期への国家戦略／内田盛也・著（1,800円　四六判上製　348）
- イタリア通になれる本／G・セラヴェッツァ・著／岡本三宜・訳（1,600円　A5判4色　168）
- 新版・今昔メタリカ／松山晋作・著（2,000円　A5判　214）
- ものづくり実学入門─磨け！技術革新の技と心／吉永文雄・著（1,800円　A5判　160）
- 技術立国の400年─日本の工学を築いた人々／岡本義喬・著（1,800円　A5判　208）
- 機械式計算機─その魅力と修復の実際／渡辺祐三・著（2,200円　AB変形判4色CD付き　72）
- ニオイが消えた─VOC対策技術へのアプローチ／保母敏行・栗原清一　他・著（1,600円　A5判　174）
- フルート・セルフスタディ／吉倉弘真・著（1,300円　四六判上製CD付き　72）

●イントロシリーズ

- イントロ金属学（改訂4版）／松山晋作・著（3,000円　B5判　192）
- イントロ製図学（改訂3版）／小泉忠由　他・著（3,000円　B5判　226）

●「クリエーターのための『わかる』Q & A」シリーズ（各1,600円　A5判2色　120，一部130）

①図形がわかる（改訂2版）／佐々木義秀・著
②製図がわかる（改訂2版）／佐々木義秀・米澤稔邦・著
③材料がわかる／松木啓介・著
⑥組立がわかる／本田保宏・著

●「未来につなぐ人類の技」シリーズ

- 航空機の保存と修復／東京文化財研究所・監修（2,200円　B5判4色　86）
- 船舶の保存と修復／東京文化財研究所・監修（2,800円　B5判4色　154）
- 鉄道の保存と修復I／東京文化財研究所・監修（2,800円　B5判4色　156）
- Conservation of Japan's Aircraft（航空機の保存と修復・増補英語版）（3,000円　B5判4色　116）
- Conservation of Vessels（船舶の保存と修復・英語版）（3,000円　B5判4色　176）
- 日本画・書跡の損傷─見方・調べ方／東京文化財研究所・発行（1,800円　A5判4色　110）
- 世界遺産用語集改訂版／東京文化財研究所・発行（1,500円　A5判4色　152）

●映像（DVD）

- 機械製図入門─図形の描き方　①機械製図の基礎知識　②図形の描き方／モノづくりネット・発行（各28,000円）
- JISによる機械製図入門─①図示編　②要素編／モノづくりネット・発行（各28,000円）
- カム・リンク機構入門／モノづくりネット他・発行（60,000円）

ご注文はFAXかメールで下記へ.
〒150-0012　東京都渋谷区広尾2-9-39　FAX (03) 3400-9610　TEL (03) 3400-9611
E-Mail ofc5hans@m09.alpha-net.ne.jp